STARTUP FÜHRUNGSKRAFT EXISTENZGRÜNDUNG PROJEKTMANAGEMENT DAS GROSSE 4 IN 1 BUCH

Das 1x1 der erfolgreichen Selbstständigkeit, Unternehmensgründung, Businessplan-Erstellung & Mitarbeiterführung

2. Auflage

ISBN: 9798613612291

INHALT

DAS GROSSE 4 IN 1 BUCH

STARTUP

Das 1x1 zur Existenzgründung, Selbstständigkeit & Unternehmensführung. Wie Sie sich erfolgreich selbstständig machen, ein Unternehmen gründen und einen effektiven Businessplan erstellen

Definition Startup

Zu Beginn die trockenen Fakten in Form einer Definition aus dem Wirtschaftslexikon von Gabler (Quelle: https://wirtschaftslexikon.gabler.de):

DEFINITION STARTUP-UNTERNEHMEN

Junge, noch nicht etablierte Unternehmen, die zur Verwirklichung einer innovativen Geschäftsidee (häufig in den Bereichen Electronic Business, Kommunikationstechnologie oder Life Sciences) mit geringem Startkapital gegründet werden und i. d. R. sehr früh zur Ausweitung ihrer Geschäfte und Stärkung ihrer Kapitalbasis entweder auf den Erhalt von Venture-Capital bzw. Seed Capital (evtl. auch durch Business Angels) angewiesen sind. Aufgrund der Aufnahme externer Gelder wie Venture-Capital ist das Unternehmen auf einen Exit angewiesen, im Zuge dessen die Kapitalgeber ihre Investments realisieren.

IDEEN

Startups gibt es nicht erst seit gestern, deshalb können wir einmal einen Blick auf die Gründungen der letzten Jahre werfen. Ich wähle hier bewusst einige Unternehmen aus den verschiedensten Branchen aus, damit du dir ein Bild davon machen kannst, was auf dem Markt so alles aktuell ist. Die Liste weist natürlich nur einen kleinen Teil auf und ist lange nicht vollständig.

Geschäftsideen aus Verschiedenen Branchen

AUS DER IT

SkipQ

Diese App wurde 2016 auf der Cebit vorgestellt. Das Startup-Unternehmen aus Hessen möchte dir den Einkauf erleichtern, indem es eine mobile Bestellplattform zum Vorbestellen bietet. Damit kannst du im Restaurant, bei Bäckereien oder im Einzelhandel im Voraus bestellen und bezahlen. So sparst du dir lange Wartezeiten und lästiges zeitaufwändiges Suchen im Laden. Mit einem QR-Code authentifizierst du dich dann vor Ort und holst die Ware einfach ab. Außerdem kannst du eigene Informationen speichern und die aktuellen Angebote sehen.

blink.it

Das ist eine E-Learning Plattform von einem Startup aus Darmstadt. Der Hintergrund ist, dass man als Coach oder Trainer immer nur einen Kunden nach dem anderen beraten oder trainieren kann. Mit der App soll sich das ändern, indem die Kunden regelmäßig weiter betreut werden. Die Lerninhalte werden hinterlegt, sodass die Kunden jederzeit darauf zugreifen können und das völlig unabhängig davon, ob der Coach / Trainer gerade Zeit hat. So sind besonders die Lerninhalte, die häufig wiederholt werden müssen, an die App abgegeben und beim nächsten persönlichen Treffen kann der Kunde wieder ganz individuell betreut werden. Natürlich können auch Unternehmen die Weiterbildungsangebote buchen und ihre Mitarbeiter auf diese Weise schulen.

Mystery-Lunch

Das Startup TheInnerCrowd UG aus München bietet ein Online Tool an, mit dem Mitarbeiter verschiedener Abteilungen zum Mittagessen eingeladen werden. Der Hintergrund der Idee ist, dass zum einen die besten Ideen immer dann entstehen, wenn Menschen miteinander reden und zum anderen Mitarbeiter aus unterschiedlichen Abteilungen normalerweise selten miteinander in Kontakt kommen, wenn sie keine gemeinsamen Schnittstellen haben. Durch diesen Cloud-Service werden also Beschäftigte größerer Firmen beim Mittagessen miteinander vernetzt und können sich austauschen und ihr Wissen weitergeben. Ein Algorithmus lost regelmäßig Mitarbeiter unterschiedlicher Abteilungen aus, die dann eingeladen werden.

Airfy

Eine Idee aus Berlin ist es, öffentliches WLAN sicherer und weniger umständlich zu machen. Es kann wirklich nerven, wenn man sich ständig mit umständlichen Anwendungen ins öffentliche Netz einwählen muss. Oft möchte man nur schnell etwas nachschauen, ist aber erstmal mit der Anmeldung beschäftigt. Die Berliner haben dies gelöst und finanzieren es mit kurzen Werbeeinblendungen (10 Sekunden Werbung entsprechen einer Stunde kostenloses Surfen). Nach einer Stunde kommt der nächste kurze Spot. Verschlüsselt werden die Daten mit WPA2, sodass niemand mitlesen kann. Die Verantwortung für das Verhalten der Nutzer wird auch von Airfy übernommen, wodurch Betreiber von öffentlichen Räumen (zum Beispiel in der Hotellerie und Gastronomie) rechtlich entlastet werden. Das funktioniert, weil alle Gäste via VPN zum Server von Airfy geleitet werden.

Webwill

Auch in Schweden sind zwei Studentinnen aktiv geworden und haben im Rahmen einer Studienarbeit Webwill entwickelt. Hier geht es darum, was mit unseren Profilen auf Facebook & Co passiert, wenn wir sterben. Ziel ist es, Online Freunde zu informieren und eine Art Online Vermächtnis zu veröffentlichen. Auch der Zugriff von Hinterbliebenen auf die Profile soll ermöglicht werden, ebenso wie die Löschung.

DIENSTLEISTUNGSBRANCHE

recherchescout

Zwei Münchner haben eine Medienkontakt-Plattform entwickelt. Damit bieten sie Bloggern, Journalisten, Agenturen, Unternehmen und Verbänden die Möglichkeit, punktgenau recherchieren zu können und die besten Recherchequellen zu finden. Ob für Artikel, Backgroundinfos oder Meinungen von Experten, die Plattform bietet schnelle und unkomplizierte Hilfe.

Wie das Ganze funktioniert wird auf der Website super erläutert. Die Anfrage ist natürlich verschlüsselt, sodass niemand sehen kann, wonach recherchiert wird. Darüber hinaus können verschiedene Medieninhalte (Fotos, Videos, ...) zum Thema erfragt werden, sodass am Ende aus vielen Quellen und Experten das Passende ausgewählt werden kann.

selfstorage

Was vor 20 Jahren mit einer kleinen Idee von drei Männern aus Wien begann, ist heute eine riesige Erfolgsgeschichte. Damals suchten die drei einen Lagerraum und statt einen zu bekommen, landeten sie auf einer Warteliste. Zum einen waren sie von dieser Situation natürlich genervt, zum anderen brachte sie sie aber auf die Idee, den Markt zu analysieren. Und siehe da, die Analyse bestätigte, was die drei sich schon gedacht hatten: Sie waren nicht die Einzigen, die dringend einen Lagerraum suchten. So haben sie in Österreich begonnen, einen Markt für private Lagerräume aufzubauen. Heute, 20 Jahre später, sind sie zum Marktführer im deutschsprachigen Raum geworden. "MyPlace-SelfStorage" hat mittlerweile 47 Standorte in Deutschland, der Schweiz und natürlich Österreich mit 39.000 Lagerabteilen. Mieten kann man alles von kleinen Abteilen (0,5 m^2) bis zu großen Räumen (80 m^2). Wer heute einen Raum mietet, kann auch von weiterem Service profitieren. So gibt es Transporthilfen von kooperierenden Transportunternehmen, Verpackungsmaterial und Regale, aber auch einen Versicherungsschutz.

Droneseed

Droneseed ist ein relativ junges US-Startup, das mit Hilfe von Drohnen Wälder wieder aufforsten möchte. Im Jahr 2018 gab es in Kalifornien große und schwere Waldbrände und auch hierzulande liest man immer wieder, dass es aufgrund heißer Sommer zu verheerenden Waldbränden kommt. Wir alle wissen, wie wichtig Bäume für unsere Luft sind. Weltweit werden Millionen Hektar Wälder abgeholzt, um die Industrialisierung vorantreiben zu können. Mittlerweile schätzen Experten, dass es ca. 90 Milliarden Euro kosten würde, dieses Defizit wieder auszugleichen.

Droneseed hat spezielle Drohnen entwickelt, die mit Baumsamen gefüllt werden. Mit Luftdruck werden die Samen in den Boden geschossen. Durch eine Software wird die Drohne über ein vorher ausgewähltes Gebiet gesteuert, so dass flächendeckend neue Samen verteilt werden können. Außerdem können die Drohnen auch mit Pflanzenschutzmitteln beladen werden, um die heranwachsenden neuen Bäume vor Schädlingen zu schützen. Das ist natürlich um einiges effizienter, als Waldarbeiter los zu schicken. Ein geübter Pilot könnte bis zu 15 Drohnen gleichzeitig steuern.

Aktuell befindet sich das Projekt noch in der Testphase in den USA, wird aber bereits von der amerikanischen Bundesluftfahrtbehörde unterstützt.

E-COMMERCE UND HANDWERK

Idbeer

Idbeer wurde schon 2009 gegründet und die drei Inhaber haben sich von Utopia in Australien inspirieren lassen. Bei verschiedenen Anbietern kann oder konnte man seinen eigenen Namen auf Etiketten von Bierflaschen drucken lassen. Das war dem Trio aber nicht genug. Sie haben einen Editor entwickelt, der es dem Kunden ermöglicht, sein Etikett völlig frei zu gestalten. Neben verschiedenen Elementen und Motiven kann er sogar eigene Bilder hochladen. Das Bier in der Flasche ist auch nicht irgendeins, sondern stammt von einer kleinen Familienbrauerei aus der Nähe von München. Zukünftig könnte die Idee auch auf andere Getränkeflaschen übertragen werden.

reragu

Klingt nach Rehragout, hat aber nichts mit Essen zu tun. Es ist die Abkürzung für Rennradgürtel. Die drei Gründer aus Passau ließen seit 2010 aus alten Rennradschläuchen Gürtel von bis zu 1,20 m Länge herstellen. Die Idee, Accessoires aus recycelten Dingen herzustellen, ist nicht neu. Ich bin mir nicht sicher, ob die Idee überlebt hat. Die Website scheint down zu sein und auf der Facebook-Seite sind keine aktuellen Einträge zu sehen.

CUCULA

Hier kommt eine Geschichte, die irgendwie ans Herz geht und viel Gutes tut. Am Anfang (2013) haben 5 westafrikanische Flüchtlinge im Internationalen Jugendkunst- und kulturhaus Obdach gewährt bekommen. Um sie aber nicht nur vorübergehend irgendwo zwischenzuparken, wurde ein Bauworkshop von Sebastian Däschle arrangiert. Die Flüchtlinge sollten aus der Passivität geholt werden und zudem noch etwas Sinnvolles erlernen. Der Bau von Holzmöbeln nach Entwürfen von Enzo Maris eignete sich perfekt. Nach einiger Zeit hatte man fertige Möbel und die nächste Frage war, was mit den Möbeln passieren soll. Verkaufen lag nahe, aber nicht um reich zu werden, sondern um den Lebensunterhalt und die Bildung der Möbelbauer zu finanzieren.

Und so wurde ein Unternehmen von und für Flüchtlinge gegründet. Die Möbel wurden sogar auf der Mailänder Möbelmesse vorgestellt und Mitte 2014 wurde als Dachverband für die Designmanufaktur und das Bildungsprogramm der Verein CUCULA e.V. gegründet. Heute ist es ein Betrieb mit Lernwerkstatt, in dem Designobjekte produziert werden. Finanziert wurde alles mit einer Crowdfunding-Kampagne, unterstützt durch Promis und ehrenamtliche Mitarbeiter.

FITNESS & GESUNDHEIT

Truetape

Truetape ist eine Startup-Story aus Heidelberg, die aus der Not heraus geboren wurde. 2015 hat sich Fabian im Skiurlaub das Kreuzband im Knie gerissen. Während der Rehaphase wurde ihm klar, wie gut ihm Kinesiotapes tun. Problematisch war nur, dass die Tapes mit zunehmender Beweglichkeit nicht mehr komplett einsatzfähig waren und es für Laien daheim kaum Anleitungen gab, wie man die Tapes richtig verwendet. Deshalb haben es sich Fabian und sein älterer Bruder Dominik (selbst Arzt) zur Aufgabe gemacht, Tapes zu entwickeln, die auch im Spitzensport eingesetzt werden können. Außerdem gab es zu Beginn auch einige Tutorials, wie man die Tapes richtig anwendet.

Das ist mittlerweile ein paar Jahre her und heute gibt es über 40 Anleitungen (Step-by-Step) auf YouTube, die von über 1,5 Millionen Usern angesehen wurden. Profisportler und Sportvereine nutzen die Tapes und die Idee ist, die Tapes europaweit auch in Läden zu etablieren. Wichtig ist den Gründern aber, dass die Behandlung durch Ärzte oder Physiotherapeuten damit nicht angezweifelt wird. Es ist eine Methode, die ergänzend etabliert werden soll.

Apoly

Apoly ist ein recht junges Startup aus Leipzig und im Moment auch noch auf diese Stadt begrenzt. Es unterstützt angesiedelte Apotheken, die noch wenig online arbeiten mit einer Plattform, sodass die Apotheke die Ware ausliefern kann. Besonders stolz sind die Gründer auf ihren Pillen-Konfigurator. Er empfiehlt nach Krankheitssymptomen und Angabe, ob zum Beispiel homöopathische Mittel gewünscht sind oder nicht, das richtige Mittel. Der Konfigurator funktioniert rein technisch und kann natürlich nicht beraten, dafür werden dem Kunden aber die Kontaktdaten der Apotheke mitgeteilt, damit er sich rückversichern kann. Zukünftig ist eine Beratung via Skype oder über ein Onlineformular angedacht. Die Plattform ist im Hintergrund mit den am System teilnehmenden Apotheken verbunden, so dass jederzeit der aktuelle Stand der verfügbaren Mittel abrufbar ist.

Außerdem plant Apoly eine Beratung im Online-Marketing für Apotheken, damit diese sich von den großen Online-Versandapotheken abgrenzen, bzw. diesen Markt überhaupt erstmal für sich entdecken können.

Finanziert wird das Ganze aktuell aus Fördergeldern (Technologie Gründerstipendium und Merck) und Eigenmitteln. In den nächsten zwei Jahren wollen die Gründer das System deutschlandweit ausrollen.

HAPPYMED

Ein Startup aus Wien, dessen Geschichte 2013 mit einer Idee begann. Auch hier resultierte die Idee aus einer persönlichen Erfahrung, nämlich beim Zahnarzt. Philipp Albrecht, der Gründer, musste sich einer Wurzelbehandlung unterziehen und das war ihm so unangenehm, dass er nach einer Möglichkeit suchte, zukünftig besser damit umgehen zu können. Im Flugzeug kennen wir die Ablenkung durch Filme bereits. Jetzt soll dieses System auch im Gesundheitswesen etabliert werden. Und die Fakten sprechen durchaus dafür. Es gibt diverse Untersuchungen, die belegen, dass positive Ablenkung auch zur Entspannung beiträgt.

Genau dafür wurde ein System erarbeitet, das aus einer Videobrille, Kopfhörern, einem Media-Center und einer Fernbedienung besteht. Das komplette System kann autark eingesetzt werden, so dass keine Praxis oder Krankenhausabteilung etwas vorinstallieren muss. Eingesetzt werden kann es natürlich nicht nur bei schmerzhaften Behandlungen, sondern auch bei Chemotherapie-Sitzungen oder Dialysebehandlungen. So wird die Wartezeit angenehmer gestaltet und man kann den Krankenhausalltag ausblenden. Aktuell wird das System in Österreich und Deutschland an verschiedenen Kliniken und Arztpraxen eingesetzt.

TOURISMUS UND GASTRONOMIE

Robin Hood

Eine wunderbare Idee aus Spanien, die erstmals Ende 2016 umgesetzt wurde. Robin-Hood-Restaurants haben tagsüber ein völlig normales Tagesgeschäft, am Abend allerdings werden Obdachlose und Hilfsbedürftige eingelassen. Die Idee dahinter ist, dass Touristen den ganzen Tag Geld in das Restaurant bringen, so dass man am Abend etwas zurückgeben kann. Betrieben wird dieser Dienst von der katholischen Hilfsorganisation Mensajeros de la Paz in Madrid.

Verkehrte Welt

Die Bauherren Sebastian Mikiciuk und Klaudiusz Golos lassen in Trassenheide die Welt Kopf stehen. Was tatsächlich als Schnapsidee am Stammtisch begann, wurde schlussendlich für 30.000 Euro erstellt. Ab 2006 wurde die Idee in die Tat umgesetzt. Auf der Insel Usedom steht also das erste Haus weltweit auf dem Kopf. Die Idee wurde danach auch von vielen anderen umgesetzt und zieht nach wie vor zig tausend Besucher jährlich an.

Wein selbst zapfen

Gründer und Gesellschafter dieser Restaurantgruppe sind Visionäre aus Deutschland und Italien. Der Ideengeber hat auch das Konzept für Vapiano entwickelt. Das erste LaBaracca wurde 2010 in München eröffnet. Die Idee ist, dass sich der Gast so wohl wie daheim fühlen soll. Die Restaurants sind gemütlich eingerichtet, die Zutaten sind hochwertig und die Menükarte ist elektronisch. Das Highlight ist die Weinbar, an der der Gast seinen Wein selbst zapfen kann. 80 Sorten gibt es zur Auswahl und der Probeschluck kostet nichts.

KIDS UND FAMILIE

Firma Ganz

Ein Startup aus Kanada hat die Idee des Tamagotchi wieder aufgegriffen und neu belebt. Jeder, der hier ein Plüschtier kauft, kann es im Internet anmelden und ihm damit auch ein virtuelles Leben ermöglichen. Man sollte immer mal nach dem kleinen Freund schauen, ob es ihm gut geht, ob er Hunger hat oder Hilfe braucht. Das Kuscheltier erhält sogar eine eigene Wohnung im Web, die mit eigenen Ideen ausgestattet werden kann. Die Kosten dafür zahlt man mit virtueller Werbung.

Zippidoo

Noch ein Startup aus Österreich, das von zwei Schwestern 2014 gegründet wurde. Die Öffentlichkeit hat noch immer ein Problem damit, wenn junge Mamas in der Öffentlichkeit stillen. Nun können die Mamas entweder daheim bleiben oder auf das WC gehen (was ich ehrlich gesagt nicht sehr appetitlich finde). Die Lösung bietet die Marke Zippidoo mit einem zweiseitigen Reißverschluss auf Brusthöhe. So kann die Mama dezent in der Öffentlichkeit stillen, ohne dass sich jemand daran stört. Die Kleidung gibt es in verschiedenen Größen und neben Kleidern auch als Stillshirts.

HANDEL

Flissade

Zwei Architekturstudenten von der TU München haben im Rahmen ihrer Seminararbeit eine geniale Idee gehabt. Sie gehen unsere Balkons an. Wenn die Sonne scheint, ist der Balkon ein wundervoller Platz, aber wehe es stürmt, regnet oder schneit. Dann wird dieser Platz im wahrsten Sinne außen vor gelassen. Genau diese Platzverschwendung wollen die beiden vermeiden, indem sie eine bewegliche Fassade entwickelt haben. Wird das Wetter schlecht, kann die Konstruktion die komplette Front verglasen und abdichten, so dass der Balkon auch weiter als zusätzlicher Wohnraum genutzt werden kann. Ist das Wetter wieder besser, verschiebt man die Front wieder in den Innenraum, sodass davon nichts mehr zu sehen ist.

bin-e

Ein grünes Startup aus Polen. In Deutschland funktioniert die Mülltrennung relativ gut, in anderen Ländern ist sie eine Katastrophe. Auch in Polen ist proaktive Mülltrennung noch nicht angekommen. Und so dachten sich die beiden Gründer einen Müllbehälter aus, der die Trennung übernimmt. Es gibt nur eine Öffnung, in die der Müll kommt. Egal, was eingeworfen wird, die Kamera erkennt mit Hilfe der Bilderkennung, um welchen Müll es sich handelt und sortiert ihn automatisch der richtigen Kammer zu.

MOBILITÄT

Pace

In Karlsruhe sitzt ein junges Startup, das einen kleinen Adapter und eine dazugehörige App entwickelt hat. In Deutschland fahren nicht nur Neuwagen, die schon mit dem Internet verknüpft sind, sondern auch noch viele ältere Modelle, die diesen Vorteil noch nicht an Board haben. Genau das möchte Pace ändern. Der Adapter wird ganz einfach mit der Diagnoseschnittstelle des Autos verbunden und via Bluetooth mit dem Handy verbunden. So können auch Fahrer der älteren Modelle beispielsweise ein automatisches Fahrtenbuch führen, die Benzinkosten aufzeichnen oder von der Tankstelle in der Nähe die Benzinpreise liefern. Natürlich ist dann auch der Fehlerspeicher auslesbar. Das Ganze dient also zur Vermeidung von zu hohem Benzinverbrauch und einem sichereren Umgang im Straßenverkehr.

flinc

Gleich zu Beginn: flinc gibt es so nicht mehr, der Betrieb wurde am 01.01.2019 eingestellt. Aber von vorn: Im Mai 2008 hatten einige Studenten die Idee, eine Mitfahrzentrale aufzubauen, die auf Vertrauen basiert. Eine Neuerung war die Kooperation mit Bosch und Navigon, um das System in der Navigationssoftware zu integrieren. Es gab eine App und eine Facebook-App, sodass auch hier die Fahrten angezeigt werden konnten. Der Focus lag hier auf regionalen Strecken und schneller Nutzungsmöglichkeit. Es waren keine Absprachen mehr erforderlich, wann man sich an welchem Treffpunkt findet, weil die Vermittlung adressgenau angegeben wurde. Das Unternehmen wurde dann 2010 als AG gegründet und nach einigen Tests im Juli 2011 bundesweit ausgerollt. Nach kurzer Zeit hatten sich schon 10.000 Nutzer registriert. Warum genau das Projekt aufgegeben wurde, konnte ich nicht herausfinden. Fakt ist, dass die Daimler AG flinc im September 2017 übernommen hat und jetzt quasi unter anderen Voraussetzungen wieder neu damit startet.

Aktuelle Trends

Es gibt aktuell einige interessante und auch nützliche Trends. Die Gesundheitsbranche braucht Hilfe, da die Wartezeiten bei Fachärzten immer länger werden und gerade in ländlicher Umgebung kaum noch Ärzte zu finden sind. Das bedeutet für die Patienten, selbst bei kleinen Problemen kilometerweit fahren zu müssen, um eine fachliche Meinung einholen zu können. Hier gibt es die ersten Ideen mit virtuellen Sprechstunden oder Patientenakten bzw. Rezepte elektronisch vorzuhalten.

Unsere Freizeit spielt mittlerweile wieder eine größere Rolle. Hier setzen einige Startups auch heute schon an, um unseren Zeitplan so effizient gestalten zu können, dass uns Zeit zum Entspannen bleibt.

Künstliche Intelligenz (KI) ist auf dem Vormarsch. In der Versicherungsbranche kann man zum Beispiel eine künstliche Person mit Algorithmen so programmieren, dass sie die meisten Standardfragen rund um die Uhr beantworten kann. So muss der Versicherungsnehmer nicht immer auf die Öffnung des Büros warten. KI wird uns zukünftig in vielen Bereichen begleiten.

Auch bei Finanzdienstleistungen werden wir zukünftig digitaler werden. Ich könnte mir vorstellen, dass es hier Plattformen geben wird und sich im Hintergrund einige Unternehmen zusammenschließen werden. Daraus ergeben sich viele Möglichkeiten für Startups, einzugreifen und ihre Produkte anzubieten.

KÜNSTLICHE INTELLIGENZ (KI)

Wollen wir in Deutschland wieder vorn dabei sein, müssen wir uns langsam ein wenig ranhalten. Die Künstliche Intelligenz ist in anderen Ländern schon viel weiter entwickelt als bei uns. Hierzulande ist es tatsächlich noch ein Problem, sich zu entwickeln, weil viel zu viel reguliert wird. Zumindest wird innerhalb der EU mittlerweile über Leitfäden für FinTech-Kreditinstitute, einheitliche Regeln für Crowdfunding und andere Dinge gesprochen. Auch eine Strategie für die Künstliche Intelligenz wurde von der Bundesregierung beschlossen. Noch gibt es einige Hürden im Arbeitsrecht oder bei Neugründungen von Unternehmen. Auch steuerlich könnte man sicher noch einige Anreize schaffen. Die Finanzaufsicht BaFin hat einen Bericht zum Thema "Big Data trifft auf künstliche Intelligenz" veröffentlicht, in dem es um Datenverarbeitung, Verbraucherschutz und Finanzstabilität geht.

Trotz all der aktuellen Stolpersteine wird die Künstliche Intelligenz für Startups unheimlich interessant sein. Intelligente Implementierungen werden im autonomen Fahren, bei Chatrobotern, sprachgesteuerten Systemen oder in der Unterhaltungselektronik eine große Rolle übernehmen. Damit hat KI ein Potenzial für Startups, die innovatives Denken zur Normalität erklären.

INTERNET DER DINGE (IOT)

Ich habe nach einer Definition für IoT gesucht, aber keine Chance. Jeder, der IoT anwendet, definiert es für sich anders. Es geht darum, dass alles in unserer physischen Welt auch Teil des Internets werden kann. Alles wird smart bzw. digital. Für uns Kunden ist das natürlich super, denn uns stehen im Internet viel mehr Dinge zur Verfügung, die wir zu Fuß nicht erreichen könnten. Außerdem können verschiedene Dinge mit einem Gerät erledigt werden. Ich denke da an unser heutiges Smartphone, mit dem wir nur noch sehr wenig telefonieren, dafür aber im Internet surfen, den Kontostand abrufen, die Route zum nächsten Hotel finden oder fotografieren. Kennst du die Uhr von Limmex? Sie verfügt mittlerweile über eine eigene Website, Mikrofon und Lautsprecher und ein GSM Modul. Ja, die Uhrzeit zeigt sie auch noch an, sie kann aber auch einen Notruf an die Familie schicken. Noch ein Beispiel ist Canary aus New York mit einer Alarmanlage, die Bewegungs- und Temperatursensoren plus einer Kamera enthält. Die Grundfunktion ist die Überwachung, wenn die Hausbesitzer nicht da sind. Wenn etwas von der Norm abweicht, wird eine Nachricht an eine App auf dem Handy geschickt. Es sind aber noch weitere Gimmicks möglich, wie die Überwachung durch ein Call-Center.

Startups können Firmen dabei helfen, den Zugang zu neuen Technologien zu finden und für mehr Digitalisierung und Innovation zu sorgen.

GESUNDHEITSBRANCHE

Hattest du schon mal einen medizinischen Notfall und die Arztpraxis hatte schon geschlossen oder du wartest trotz Termin ewig im Wartezimmer, oder bekommst erst in einem halben Jahr einen Termin? Aktuell ist das ja schon fast die Norm. Ich denke, hier ergibt sich für Startups die Chance, einiges zum Besseren zu ändern.

Wie wäre es mit einer digitalen Sprechstunde? Fachärzte stehen via Telefon, Videokonferenz oder Chat zur Verfügung. Gut organisiert spart man sich so ewige Wartezeiten und bekommt dennoch die fachliche Auskunft.

Elektronische Akten sind effizienter und produktiver als die bisherige Papierakte. Sie können viel schneller von einem Arzt in eine Klinik oder Ambulanzen geschickt werden. Wenn die E-Akte vom Hausarzt an jeden weitergeleitet werden kann, können andere Ärzte auf Ergebnisse bereits durchgeführter

Untersuchungen zugreifen und ersparen sich weitere Tests. Es versteht sich von selbst, dass hier der Datenschutz im Auge behalten werden muss.

Eine weitere Idee ist auch, Rezepte elektronisch vorzuhalten. So können sie direkt aus der Praxis an die Apotheke geschickt werden und der Apotheker kann schon im Vorfeld schauen, ob es Wechselwirkungen mit anderen Mitteln gibt und ob das Medikament derzeit verfügbar ist oder erst bestellt werden muss.

Schon diese gerade genannten Beispiele können helfen, Milliarden Euro im Jahr einzusparen.

Aktuell gibt es Untersuchungen, wie der Körper auf Medikamente reagiert. Das könnte mit Genanalysen aus der Cloud weiter analysiert und ausgebaut werden. Je mehr Patientendaten in digitaler Form vorliegen, desto mehr können zukünftig auch in Echtzeit analysiert werden (die Zustimmung der Patienten vorausgesetzt). Daraus können dann Prognosen entwickelt werden, wer welches Medikament in welcher Dosis am besten verträgt.

Natürlich können automatisierte Arbeitsschritte während Operationen auch von Maschinen übernommen werden und damit das OP-Team entlasten. Man kann spezielle Kameras einsetzen oder spezielle Software entwickeln, die dem Chirurg anzeigt, was gerade gemacht wird und wie der nächste Schritt aussieht.

Was mir noch einfällt, sind unsere Senioren. Hier gibt es sicher auch einige Möglichkeiten, den Alltag zu erleichtern. Ich denke da an Bewegungsmelder, die einen Sturz in der Wohnung an eine Hilfsperson melden oder die Überwachung von Menschen, die an Demenz erkrankt sind. Wohnen die Personen allein, ist eine Info hilfreich, wenn zum Beispiel der Herd noch eingeschaltet ist.

NACHHALTIGKEIT

Früher hat man Menschen belächelt, die in ihrem Leben darauf geachtet haben, die Umwelt zu schonen und wieder von der Natur zu lernen und zu leben. Heute ist Nachhaltigkeit ein Trend, der aus unserem Leben nicht mehr wegzudenken ist. Man kann mit seinem Unternehmen selbst nachhaltig agieren, indem man umweltbewusst arbeitet, die Ressourcen schont und sich um fairen Handel bemüht. Im Moment gibt es noch nicht so viele "grüne" Startups. Hier kann man sich noch relativ schnell einen Namen auf dem Markt machen. Kunden suchen im Moment sehr viel nach ökologischen und nachhaltigen Produkten. Hast du schonmal die "Höhle der Löwen" gesehen? Sowohl in Deutschland, als auch beim amerikanischen Pendant erhalten Startups mit nachhaltigen Ideen recht oft einen Deal. SirPlus rettet Lebensmittel aus Geschäften, Restaurants und privaten Haushalten. Sie arbeiten mit Produzenten und Großhändlern zusammen und erstellen Lebensmittelboxen für die eigenen Läden. Natürlich können die Waren auch einzeln gekauft werden. ReCup bietet die Alternative zu Coffee-to-go-Bechern mit einem Pfandsystem. Und die LandPack GmbH bietet für das Versenden von Lebensmitteln Verpackungen aus Stroh an. Ich denke, auch in nächster Zeit werden Recycling, Bio und Öko eine Möglichkeit für neue Ideen liefern.

WIE ENTWICKLE ICH EINE IDEE?

Ich habe eine Weile darüber nachgedacht, ob ich diesen Punkt überhaupt anspreche. Die meisten Startups, die ich kenne, werden gegründet, weil sie eine Idee haben. Braucht es also hier Tipps, um Ideen zu finden? Ich denke ja, denn von einer Idee kann man nicht immer allein leben oder sie etabliert sich nicht immer so, dass noch Ressourcen für weitere Umsetzungen zur Verfügung stehen. Und es ist nicht immer klug, nur auf ein Produkt zu bauen. Es schadet also nicht, ein paar kleine Einblicke in die Ideenfindung zu geben.

Grundsätzlich gibt es die klassischen Kreativitätstechniken, die in großen Unternehmen gern genutzt werden, um ein Produkt weiter zu entwickeln oder ein neues zu etablieren. Darunter sind Begriffe wie Brainstorming oder Ableitungen davon (Brainwriting und Brainworking), die Relevanzbaumanalyse, die Walt-Disney-Methode oder die 6-3-5 Methode. Auf diese klassischen Techniken möchte ich gar nicht weiter eingehen. Ihr habt die Keywords und könnt, wenn es euch interessiert, selbst schauen, ob euch diese Techniken liegen.

Die meisten Startups gehen oft andere Wege. Hier stelle ich euch 7 Techniken vor, die häufig von jungen Unternehmern genannt werden.

Problembeseitigung

Jeder von uns hat im Alltag hier und da mal Probleme, wenn etwas nicht machbar ist oder man Hilfe bräuchte. Aus genau dieser Situation haben sich einige Startups gegründet. Die Tüftler wollten sich nicht damit zufrieden geben, dass etwas nicht funktionierte, sondern eine Lösung schaffen. Dann wurde gebaut und versucht, verworfen und nochmal neu begonnen und irgendwann war die Lösung da und konnte verkauft werden.

Bedürfnisorientierung

Hier geht es fast ausschließlich um die Bedürfnisse der Kunden. Worauf liegt der Fokus? Was wird gerade auf dem Markt verlangt? Im Vorfeld musst du dich natürlich auf eine bestimmte Zielgruppe festlegen und auch auf eine Richtung. Dann erfolgt eine Marktanalyse und danach die Überlegung, wie du dein Produkt von den anderen abgrenzen kannst, damit du zum "must have" wirst.

Business Model Generator

Der Generator wird schon weltweit genutzt, auch von großen Unternehmen. Im Kern beinhaltet er 55 Typen von erprobten Geschäftsmodellen wie Add-on oder Mass Customization. Du kannst also nicht nur die Idee finden, sondern den Rahmen direkt dazu. In 4 Phasen wird dir erklärt, wie du Ideen findest und diese implementieren kannst.

Startup-Idea-Matrix

In dieser Matrix geht es darum, Lücken zu erkennen. Wo ist noch Platz für innovative Ideen? Für welches Produkt braucht es eine App oder wo ist noch Potenzial, Kunden zu erreichen? Mittlerweile gibt es sogar die Unterscheidung zwischen B2C und B2B.

Inkubatoren

Im medizinischen Bereich ist der Inkubator ein Brutkasten. So ähnlich ist es auch hier. Du hast eine Idee, die aber noch nicht marktreif ist. Um dich in einen Inkubator begeben zu können, musst du dich oft für einen "Startup-Batch" bewerben. Wirst du ausgewählt, durchläufst du in mehreren Monaten ein Programm, um dein Produkt nach vorn zu bringen. Hast du noch keine Idee, kannst du dich mit einem Blick auf die Batches inspirieren lassen.

eingestaubte Branchen

Viele Unternehmen hängen in Sachen Digitalisierung noch weit hinterher. Sei es aufgrund von fehlendem Wissen oder der Angst vor der Umsetzung. Viele Geschäftsführer kleiner Unternehmen denken noch immer analog. Damit geht viel Potenzial verloren. Wenn du also Ausschau nach Branchen hältst, die mit geringem Digitalisierungsaufwand zu modernisieren sind, hast du eine Marktlücke gefunden. Das ist vor allem für IT-begeisterte Gründer interessant. Viele Prozesse in solchen Unternehmen können mit der richtigen Software vereinfacht und weniger zeitintensiv gestaltet werden.

Digitalisieren und Automatisieren

Wie die gerade vorgestellte Variante handelt es sich auch hier in erster Linie um SaaS, also Software as a Service. Hier werden manuell durchgeführte Arbeiten durchleuchtet, um Ideen für eine automatisierte SaaS Lösung zu bekommen. Ein Beispiel dafür ist die automatisierte Erstellung von Quoten im Social Media Bereich. Hier wird also mit einem bereits bestehenden erfolgreichen Produkt weiter gearbeitet. Vermittlungsplattformen werden aus Kundensicht analysiert und aus den Schwachstellen entstehen SaaS-Lösungen.

TRADITIONSUNTERNEHMEN

Viele Unternehmen, die heute vollkommen normal in unserem Alltag sind, haben mit einer Idee begonnen. Ich stelle euch mal einige Erfolgsgeschichten vor.

Tchibo

Carl Tchilling und der Kaufmann Max Herz gründeten 1949 einen Versandhandel für Röstkaffee in Hamburg. Damals kamen die Bohnen mit der Post zu den Kunden. Wisst ihr, wie der Firmenname entstanden ist? Es ist eine Zusammensetzung aus dem Namen des Gründers Tchilling und dem Wort Bohne (Tchi -Bo). Bis 1962 gab es noch einen kleinen Kobold als Maskottchen, der ebenfalls Tchibo hieß. 1952 erschien dann erstmals das Tchibo-Magazin, das sich mit Rezepten, Mode und Unterhaltung eher an die weiblichen Leser wandte. Auch dadurch wurde das Unternehmen immer bekannter. Ein Jahr später eröffnete die erste Verkaufsstelle direkt neben einer Rösterei. Ein weiteres Jahr später gab es die erste richtige Tchibo-Filiale. Im Jahr 1965 gab es bereits 400 Filialen. Seit 1973 gibt es neben Kaffee auch andere Produkte zu kaufen. Bei all dem Erfolg gab es aber auch Rückschritte. Die Eigenmarke TCM wurde ab 2007 nicht mehr fortgeführt. Sie dient nur noch als Gütesiegel für geprüfte Qualität. Heute arbeiten etwa 12.450 Mitarbeiter weltweit bei Tchibo.

Vaillant

Eine kaputte Bierleitung brachte diese Erfolgsgeschichte ins Rollen. Johann Vaillant hatte eine Ausbildung als Kupferschläger und Pumpenmacher abgeschlossen und kam 1874 nach Remscheid, wo er in einer Gaststätte eine Bierleitung reparierte. Der Wirt war so begeistert von seiner Arbeit, dass er ihm vorschlug, sich selbstständig zu machen. Und genau das tat er am 01.08.1974. Neben Instandhaltungsarbeiten tüftelte er an einem Gasbadeofen. 20 Jahre nach seinem Start brachte er seine Erfindung zum Patentamt und sorgte damit für die Revolution in deutschen Badezimmern. Auf einmal konnte man Wasser erhitzen, ohne dass es mit Heizgas in Berührung kam. Das war deutlich hygienischer und endlich konnte man auch die Wassertemperatur regeln. Der erste Boiler war erfunden. Schon drei Jahre nach dieser bahnbrechenden Erfindung musste die Firma Vailland in größere Räume umziehen und 1905 entwickelte Johann die Möglichkeit, den Badeofen an der Wand anzubringen. Dieser Badeofen mit dem Namen "Geyser" wurde in die ganze Welt exportiert. 1920 starb der Firmengründer, aber damit hörten die Innovationen nicht auf. Vier Jahre später erfand Vaillant den ersten Zentralheizungskessel der Welt. 1961 kam mit dem "Circo-Geyer MAG-C20" die erste Gas-Zentralheizung zum Aufhängen an der Wand heraus. Im gleichen Jahr wurde auch die Tochterfirma in Dänemark gegründet.

1967 kam die erste Heizung mit Warmwasserversorgung auf den Markt. Heute hat die Vaillant Group Niederlassungen in Frankreich, Belgien, den Niederlanden und anderen Ländern.

In den letzten Jahren wird konsequent auf Nachhaltigkeit gesetzt. Es gibt einen schadstoffarmen Thermoblock, Solartechnik und das erste Kraft-Wärme-Kopplungssystem, das für Ein- und Zweifamilienhäuser gleichzeitig Wärme und Strom erzeugt.

Der Standort in Remscheid ist heute noch aktiv und das Unternehmen ist im Familienbesitz geblieben. Weltweit arbeiten über 12.000 Angestellte bei Vailland.

Deichmann

Den ersten Schritt machte Deichmann vor dem 1. Weltkrieg mit einer Schusterei in Essen. 1913 eröffnete Heinrich Deichmann gemeinsam mit seiner Frau Julie sein Geschäft. Vor allem Bergleute zählten damals zu seinen Kunden, weil sie robuste, aber auch günstige Schuhe brauchten. 1936 eröffneten die beiden den ersten reinen Verkaufsladen. Vier Jahre später starb Herr Deichmann und seine Frau übernahm die alleinige Leitung. Nach dem 2. Weltkrieg hielt Deichmann das Geschäft mit Restbeständen und guten Ideen am Laufen. Es wurden zum Beispiel Schuhe aus Fallschirmgurten und Pappelholz gefertigt und es gab eine Tauschbörse für gebrauchte Schuhe. 1949 entstand die erste Filiale außerhalb von Essen. Fünfzig Jahre nach Firmengründung gab es 16 Filialen im Ruhrgebiet und 1975 waren es schon 100 Läden. Mitte der 50er Jahre hat Dr. Heinz-Horst Deichmann (der Sohn) das Unternehmen übernommen. In den nächsten Jahren übernahm Deichmann einige Schuhketten und expandierte nach Österreich, Tschechien, in die Türkei und viele andere Länder. Zum 100-jährigen Firmenjubiläum arbeiteten rund 35.000 Mitarbeiter in 3500 Läden weltweit.

Heinrich Deichmann hat 1999 das Unternehmen von seinem Vater übernommen und setzt auf neue Technologien. Schon im nächsten Jahr startete er den Onlineshop von Deichmann. Außerdem ziehen auch die Namen von Traditionsfirmen wie Gallus, Medicus und Elefanten, die übernommen und somit zur Eigenmarke wurden.

Otto

Otto ist Teil des Wirtschaftswunders. 1949 gründete Werner Otto den Versandhandel in Hamburg und stellte relativ schnell über 800 Mitarbeiter ein. Berühmt wurde Otto mit seinem Katalog, der zu Beginn nur 14 Seiten hatte und auf 300 Exemplare beschränkt war. Darin fand man 28 Paar Schuhe. Mit den Jahren erweiterte sich das Sortiment und der Katalog wurde größer. Das Markenzeichen – der Otto Katalog – erscheint auch heute noch drei Mal im Jahr neben einigen weiteren Kataloge mit speziellen Angeboten. Von 28 Paar Schuhen in 300 Katalogen kommen wir heute auf über 2 Millionen Artikel, die in 4 Millionen Exemplaren präsentiert werden. Ganz nebenbei hat sich Otto die Markenrechte von Versandhändlern wie Quelle und Neckermann gesichert.

Neben der Printausgabe ist Otto auch ins Onlinegeschäft eingestiegen und war 2013 sogar Digital Brand Champion. Das heißt, auch im Internet ist Otto zu einem der Großen geworden. Die Website des Shops ist mehrfach zur besten eines Jahres gewählt worden.

Auch Otto ist noch ein Familienunternehmen, das neben anderen Firmen in der Otto Group untergebracht ist.

Gründung

Wie du die richtige Idee für dein Business finden kannst, habe ich ja weiter oben schon erklärt. Wichtig ist aber auch, welche Voraussetzungen und persönlichen Eigenschaften du selbst mitbringst. Ein schnell wachsendes Startup ist nicht für jeden etwas. Manch einer kann vielleicht besser mit Menschen umgehen, ein anderer ist eher technisch versiert. Hier musst du wirklich schauen, was neben einer innovativen Idee noch dazu gehört, um dein Unternehmen aufzubauen und voranzubringen und wo du ggf. noch andere Experten an deiner Seite brauchst.

WIE MACHE ICH MICH SELBSTSTÄNDIG?

- eine Geschäftsidee finden

Wie du eine Idee findest, habe ich weiter oben schon erklärt. Hier kommt es auf deine eigenen Erfahrungen an und welche Eigenschaften du mitbringst. Nicht jeder kommt mit einem schnell wachsenden Startup klar. Andererseits kann auch nicht jeder Mensch mit innovativen Ideen einem Handwerksbetrieb auf die Sprünge helfen.

- den Businessplan schreiben

Dein Businessplan gibt dir selbst die Möglichkeit, einen Überblick über die kommenden Aufgaben zu erhalten und vor allem zeigt er dir, wie dein Unternehmen finanziell gestellt sein wird.

- eine Rechtsform wählen

Die Rechtsform ist zukünftig wichtig für die Haftung, die Pflichten in der Buchhaltung und die Steuern. Sie stellt allerdings auch ein Bild nach außen dar. Insofern solltest du hier schon ein wenig Zeit investieren, um eine Entscheidung zu treffen.

- ein Gewerbe anmelden

Ob du ein Gewerbe anmelden musst, regelt die Gewerbeordnung.

- Finanzierung

Dieses Thema sollte dir schon mit dem Schreiben des Businessplans präsent sein. Denn hier setzt du dich ja schon mit der Umsatzplanung und den gewünschten Gewinnen auseinander. Wenn du den Start nicht aus eigener Tasche zahlen kannst, brauchst du Unterstützer.

Auf dieses Thema gehe ich später noch gesondert ein.

- Marketing

Beim Thema Marketing kommen wir von Begriffen wie Corporate Identity, Brand oder Marke zu der Frage welcher Mix der richtige wäre.
Auch das Thema Marketing bekommt noch gesonderten Raum mit ausführlichen Beschreibungen.

BUSINESSPLAN

Ein Businessplan zeigt präzise dein Geschäftsmodell, er enthält die strategische und betriebswirtschaftliche Planung und die Finanzplanung. Er ist nicht nur für dich selbst, sondern auch für das Beantragen von Fördermitteln und anderen Hilfen nötig.

So ein Plan umfasst neben detaillierten Angaben zu den Finanzen im Allgemeinen 20 - 25 Seiten. Geldgebern zeigt dein Plan, wie das wirtschaftliche Potenzial deiner Idee aussieht und ob das Business grundsätzlich durchführbar ist.

Das zentrale Element ist die Planung aller strategisch wichtigen Unternehmensziele und Geschäftszahlen, aber auch eine klare Zielgruppen- und Markt-Analyse. Brauchst du Hilfe bei der Erstellung, gibt es im Internet Hilfestellungen oder du wendest dich an die IHK oder Handwerkskammer.

RECHTSFORMEN

Die Rechtsform ist nicht nur ein Bild nach außen. Sie besagt, welche Pflichten in der Buchhaltung auf dich zukommen, welche Steuern du zukünftig zahlen musst und wer wofür zu welchen Teilen haftet. Es ist also wirklich wichtig, hier genau zu recherchieren, bevor du entscheidest.

Hier die aktuell gängigen Rechtsformen für junge Unternehmer im Überblick:

GbR (Gesellschaft bürgerlichen Rechts) → § 705 BGB
Die GbR ist eine der beliebtesten Gründungsformen für Startups. Die Gründung ist formlos und mit wenig Aufwand verbunden. Sinnvoll ist es aber, einen Gesellschaftervertrag mit einem Notar aufzusetzen. Wichtig zu wissen: Investoren schrecken oft davor zurück, weil sie selbst genauso haftbar gemacht werden können.

Eigentümer	Gesellschafter
Personen für die Gründung	2
Stammkapital	-
Haftung	Beide Gesellschafter mit Privatvermögen
Leitung	Alle Gesellschafter nach § 709 BGB

GmbH - Gesellschaft mit beschränkter Haftung

Die GmbH ist eine Kapitalgesellschaft mit relativ geringem Aufwand bei der Gründung. Gegründet werden kann sowohl von natürlichen als auch juristischen Personen. Investoren investieren lieber in eine Kapitalgesellschaft, weil die Haftung klar geregelt ist.

Eigentümer	Gesellschafter
Personen für die Gründung	1
Stammkapital	25.000 € (ggf. 12.500 € zur Gründung, Rest muss zeitnah nachgereicht werden)
Haftung	beschränkt auf Stammkapital
Leitung	Geschäftsführung, Gesellschafterversammlung

UG - Unternehmergesellschaft (Mini GmbH) haftungsbeschränkt

Die UG ist die Sonderform der GmbH mit beschränkter Haftung und wenig Startkapital. Oft wird diese Form für den Start genutzt und später, wenn die ersten Einnahmen zu verzeichnen sind, in eine GmbH umgewandelt.

Eigentümer	Gesellschafter
Personen für die Gründung	Bis zu 3
Stammkapital	1 € (25 % der Gewinne bis 25.000 € erreicht sind)
Haftung	beschränkt auf Gesellschaftervermögen
Leitung	Geschäftsführung, Gesellschafterversammlung

GmbH & Co KG - Kapital- und Kommanditgesellschaft
Hier kannst du die Vorteile einer Kapitalgesellschaft mit denen einer Personengesellschaft vereinen. Es gibt mindestens 2 Gründer: Den Kommanditist und den Komplementär. Diese Gesellschaftsform ist allerdings nichts für Gründer, die noch nie ein Unternehmen gegründet haben.

Eigentümer	Komplementär (GmbH) und Kommanditist
Personen für die Gründung	2
Stammkapital	25.000 € / 12.500 € (§§ 5 Abs. 1, 7 Abs. 2 GmbHG)
Haftung	Komplementär uneingeschränkt Kommanditist mit seiner Einlage
Leitung	Komplementäre

SE - Societas Europaea (Europäische Aktiengesellschaft)
Eine Aktiengesellschaft zu gründen, ist ebenfalls nichts für Anfänger. Innerhalb der EU kann diese Unternehmensform überall in jedem Land eröffnet werden. Für ortsunabhängige Dienstleistungen ist das ein Vorteil, als Startup musst du allerdings international arbeiten.

Eigentümer	Holding-SE, Verschmelzung, Tochter-SE, Umwandlungs-SE
Stammkapital	120.000 €
Haftung	Aktionäre mit ihrem Aktienwert
Leitung	Vorstand, Aufsichtsrat- oder Verwaltungsrat

Wie alle anderen Dinge im Leben haben auch die verschiedenen Gesellschaftsformen Vor- und Nachteile. Vielleicht hilft hier auch eine Beratung bei einem selbstständigen Berater oder den Stellen der IHK.

WIE NENNE ICH MEINE FIRMA?

Diese Frage ist nicht unwichtig. Ein Firmenname soll einprägsam sein, vielleicht den eigenen Namen oder den Gegenstand der Firma beinhalten und zum Bestandteil der Firma werden. Allerdings gibt es auch hier einiges zu beachten.

Zum einen muss bei bestimmten Gründungsformen die Rechtsform mit angegeben werden (z. B. UG (haftungsbeschränkt), GmbH, AG, ...). Zum anderen gibt es Vorschriften aus dem Handelsgesetzbuch, dem Gesetz gegen unlauteren Wettbewerb und dem Markengesetz, die bei der Namensgebung deiner Firma zu beachten sind. Unter anderem gibt es da Grundsätze der Firmenklarheit und des Irreführungsverbotes. Es muss für jeden erkennbar sein, wer sich hinter der Firma verbirgt und was deine Firma macht. Dein Firmenname darf noch nicht vergeben sein und du solltest auch bedenken, wenn der Firmenname auch die Internetseite benennen soll, dass der Name der Website noch nicht vergeben sein darf.

Hier noch einmal die einzelnen Steps:

1. Prioritäten setzen

Es ist fast unmöglich, den perfekten Firmennamen zu finden. Oft ist er schon vergeben oder nur für die Gründer verständlich. Hier wirst du einen Kompromiss finden müssen zwischen Einzigartigkeit, SEO-Optimierung, Verfügbarkeit und Verständlichkeit. Was davon ist zukünftig am wichtigsten für dein Unternehmen? Du kannst eine Liste erstellen, auf der du die Prioritäten für dich aufstellst und dann anhand dieser Merkmale einen Namen finden.

2. Verfügbarkeit prüfen

Ob dein Wunschname schon vergeben ist, erfährst du beim Deutschen Marken- und Patentamt und für Domains bei checkdomain.de.

3. Fantasie oder Beschreibung

Soll es ein Fantasiename werden oder lieber dein Unternehmen beschreiben? Wenn deine Firma stark im Internet präsent ist, ist ein Fantasiename schon allein für die Einprägsamkeit besser, aber auch, um schnell eine Domain zu finden.

4. Kreativ sein

Besonders bei Friseuren kann man eine gewisse Kreativität in der Namensgebung finden. Ich erinnere mich da an KaiserSchnitt oder VorHair-NachHair. Wenn du kreativer sein möchtest, hol dir ein Team zusammen und frag in deinem Freundeskreis nach Vorschlägen. Du kannst auch zukünftige Mitarbeiter mit einbeziehen, so festigt sich direkt ein Zugehörigkeitsgefühl.

5. Schreibweise
Versuch, dich nicht von den aktuellen Trends anstecken zu lassen. Seit einiger Zeit tummeln sich Firmen wie Zalando, Opodo oder Trivago. Finde etwas eigenes, was dich einzigartig macht. Wenn möglich sollte der Name auch nicht so lang sein.

6. Abkürzungen vermeiden
Es gibt viele Firmen mit Firmennamen, die eine Abkürzung sind. Diese Unternehmen haben sich aus Tradition und Geschichte heraus entwickelt (SAP, DHL, H&M). In der heutigen Zeit ist es schwer mit einem Firmennamen, der aus einer Abkürzung besteht, Verständnis bei Kunden entwickeln zu können.

7. Namen testen
Hast du eine kleine Liste von möglichen Namen, solltest du sie im Freundes- oder Bekanntenkreis auf Verständlichkeit testen. Auch ein kleiner Test bei Passanten kann hilfreich sein, um zu schauen, ob dieser Name sich einprägen kann.

STANDORT UND RÄUME

Die Wahl des Standortes und der Arbeitsräume hängt von einigen Faktoren ab. Hast du zukünftig Kunden, die zu dir kommen oder arbeitest du eher per Internet und Telefon? Was kostet der Standort an Miete und musst du vielleicht mit weiteren Investitionen rechnen, z.B. Umbau oder Renovierung?

Lage
Investierst du in eine Immobilie, ist die Lage entscheidend. Wie ist die Verkehrsanbindung, welche Möglichkeiten der Versorgung gibt es, wie entwickelt sich das Viertel? Ohne eine Standortanalyse solltest du hier keine Entscheidung treffen.

Nachfrage
Vor allem bei Besucherverkehr ist die Frage, wie weit zu laufen deine Besucher bereit sind. Laufkundschaft läuft im Durchschnitt 10 min. zu einem Geschäft. Es ist also wichtig zu wissen, ob genug Kunden aus deinem Zielpublikum in der

Nähe wohnen oder arbeiten. Informationen über die Bevölkerungsdichte und Kaufkraft findest du im Internet oder bei den zuständigen Behörden.

Konkurrenz

Wichtig ist natürlich auch, mit wem du deine Kunden teilen musst. Gibt es schon größere Geschäfte mit der gleichen Idee? Gibt es vielleicht Traditionsunternehmen? Hier hilft oft schon einfach mal ein Spaziergang durch das avisierte Viertel.

Standortprognose

Neben dem Ist-Zustand lohnt es sich, die Entwicklung des Standortes zu durchleuchten. Wie könnte sich das Image des Stadtteils oder der Region entwickeln? Gibt es vielleicht größere Baumaßnahmen, die in der nächsten Zeit angedacht sind (Straßensperrungen oder langfristige Umleitungen wären kontraproduktiv)? Werden ggf. die Nachbarhäuser saniert in nächster Zeit?

Geschäftsräume

Wenn du den richtigen Standort gefunden hast, musst du schauen, ob dein Objekt der Begierde auch die nötigen Ressourcen mit sich bringt. Hast du Kundenverkehr, brauchst du Parkplätze. Als Einzelhändler wären Schaufenster von Vorteil. Willst du in die Gastronomie, brauchst du vielleicht einen Außenbereich.

Hier noch einmal die wichtigsten Faktoren im Überblick:

- Größe
- Konditionen bei Miete oder Kauf
- ist eine spätere Erweiterung möglich
- wie sind die Räume ausgestattet
- Verkehrsanbindung / Parkplätze
- Betriebserlaubnis

Rechte

PRODUKTRECHT

Beim Produktrecht geht es vorrangig um Hersteller, die Waren produzieren, importieren, bereitstellen oder verändern – so die nette Erklärung von Juristen. Es geht darum, welche Produkte markt- und verkehrsfähig sind, also den Anforderungen entsprechen und damit in die EU bzw. Bundesrepublik distribuiert werden dürfen.

Zu finden sind die Bestimmungen im BGB und dem Produkthaftungsrecht.

PRODUKTHAFTUNG UND -SICHERHEIT

Die Entwicklung in Sachen Gesetze und gerichtliche Entscheidung begann zum Großteil durch die Hühnerpest von 1968. Um den Konsumenten zu schützen, wurde ein abstrakter Schutz geschaffen, der die Haftung des Herstellers von vertragsrechtlichen Grenzen befreit. So ist nicht nur der Käufer, sondern auch jeder andere geschützt, der zufällig Schaden durch die mangelhafte Ware erleidet.

Die wesentlichen Rechtsgrundlagen für Sach- und Personenschäden im Zusammenhang mit Produkten sehen wie folgt aus:

- Deliktrecht: Schuldhafte Pflichtverletzung des Verkäufers oder Herstellers, die zur Folge Körper- oder Eigentumsverletzungen haben. Zu Schadenersatz führen auch Verstöße gegen das Produktsicherheitsgesetz, das Elektro- und Elektronikgerätegesetz und viele weitere.
- Bei der Verletzung von Sicherheitspflichten sprechen wir von der Produkthaftung nach dem Produkthaftungsgesetz.
- Bei Kaufverträgen reden wir von vertraglicher Haftung, wenn aufgrund eines Verschuldens (mit Vorsatz oder Fahrlässigkeit) des Verkäufers ein Problem auftaucht.
- Bei Körperverletzung, Totschlag oder Sachbeschädigung kommen wir zur strafrechtlichen Verfolgung, die als Folge Geld- oder Freiheitsstrafen nach sich ziehen kann.
- Vorstände, Aufsichtsräte und Geschäftsführer unterliegen der Organhaftung.

HAFTUNG NACH DEM PRODUKTHAFTUNGSGESETZ

In Kraft getreten ist das Produkthaftungsgesetz am 01.01.1990. Hier geht es darum, dass ein Hersteller für Folgeschäden verantwortlich und haftbar ist, wenn sie durch den Gebrauch seiner Produkte entstehen. Der Hersteller muss dafür sorgen, dass sein Produkt Sicherheit bietet. Ein Risiko, das bekannt ist und vermieden werden kann, ist kein Fehler. Grundsätzlich sind immer die höchsten Sicherheitsstandards zu gewährleisten.

PFLICHTEN ZUR VERMEIDUNG VON KONSTRUKTIONSFEHLERN

Als Hersteller bist du verpflichtet, durch sämtliche Maßnahmen dafür zu sorgen, dass deine Artikel auf dem neuesten technischen Stand sind und dem Sicherheitsstandard entsprechen. Ist ein Produkt fehlerhaft, muss der Fehler nach den wissenschaftlich technischen Standards ermittelt und behoben werden. Hier gibt es einschlägige Regelwerke wie die VDE-Bestimmungen oder DIN-Normen. Diese Regeln geben allerdings nur die Sorgfaltspflicht vor und nicht die Festlegung der Verantwortlichkeit. Ein Konstruktionsfehler liegt immer dann vor, wenn die ganze Serie diesen Fehler aufweist.

PFLICHTEN ZUR VERMEIDUNG VON FABRIKATIONSFEHLERN

Der Fabrikationsprozess muss so geregelt sein, dass sichere und einwandfreie Produkte erzeugt werden und fehlerhafte Stücke durch eine entsprechende Endkontrolle aussortiert werden. Fabrikationsfehler betreffen oftmals nur Einzelstücke.

CHECKLISTE PRODUKTSICHERHEIT

- Der Benutzer muss auf den Gebrauch hingewiesen werden. Warnhinweise und Informationen bei Fehlgebrauch (eines durchschnittlichen Benutzers) müssen angebracht werden. Auch vor Missbrauch muss gewarnt werden, hierfür wird vorher eine Gefahrenanalyse erstellt und der Gebrauch danach geklärt.
- Konstruktiv technische Schutzvorrichtungen werden nicht durch Warnhinweise ersetzt.

- Auf konkrete Handhabung und besondere Gefahren muss hingewiesen werden.
- Aufkleber weisen auf besonders gefährliche Situationen hin.
- Ist eine Person, die eine technische Anlage bedient, geschult und mit den Gefahren vertraut, können die Warnhinweise weggelassen werden.
- Ist ein Produkt schon auf dem Markt, muss es beobachtet und bei ersichtlicher Gefahr zurückgerufen werden.
- Um die Instruktionen verständlich, ausreichend, vollständig und verständlich zu machen, arbeite möglichst mit Symbolen. Damit wird auch gleich eine eventuelle Sprachbarriere umgangen.

PFLICHTEN ZUR VERMEIDUNG VON INSTRUKTIONSFEHLERN

Hier sind Hinweise gemeint wie zum Beispiel die Gefahr für Kleinkinder bei ständigem Trinken stark gesüßter Getränke oder dass Feuerwerkskörper nicht in die Hände von Kindern gehören. Auch das Fallenlassen einer Waffe oder eine Verletzung am Reißwolf fallen in diese Kategorie. Im Zweifelsfall unterliegt es einer Einzelfallentscheidung vor Gericht, wann das Erkennen einer Gefahr ohne Hinweis zum Allgemeinwissen des Benutzers gehört.

HAFTENDE

Damit ist nicht das Ende einer Haft gemeint, sondern von Zulieferern fehlerhafter Teilprodukte, Verkäufern, Vertriebshändlern, Importeuren und Herstellern die, nach dem Produkthaftungsgesetz, haftbar gemacht werden können.

Natürlich gibt es auch Haftpflichtversicherungen für Produkte, allerdings kommt es hier auf das Produkt an. In der Regel sind diese Versicherungen teuer und die Deckungssumme ist eingeschränkt. Im Fall der Fälle ist es immer ratsam, einen Anwalt hinzuzuziehen.

VERPACKUNGSRECHT

Seit Anfang 2019 geht es nicht mehr nur darum, ein Produkt einzigartig zu verpacken, sondern dass dies auch gesetzeskonform passiert. Das regelt das Verpackungsgesetz (VerpackG). Werden die Richtlinien nicht beachtet, drohen empfindliche Strafen. Wenn du also Produkte verkaufen möchtest, die mit einer Umverpackung an deine Kunden geschickt werden, brauchst du die Lizenz zum Verpacken. Mittlerweile ist das recht unkompliziert über Lizenzero zu erreichen.

Die Lizenz brauchst du ab der ersten befüllten Verpackung!

Schlussendlich geht es darum, dich mit einem Entgelt an der Rücknahme, Sortierung und Verwertung der Verpackungen zu beteiligen. Betroffen sind alle Verpackungen, die an private Endverbraucher vertrieben werden, wie zum Beispiel Serienverpackungen, Seidenpapier und Packband, Versandkartons aber auch Food-To-Go Verpackungen.

Außerdem musst du dich bei LUCID registrieren. Das ist die Datenbank der Zentralen Stelle des Verpackungsregisters (ZSVR). Sie dient als Kontrollorgan und sorgt für Transparenz und faire Bedingungen.

Wer jetzt Angst vor hohen Kosten hat, den kann ich beruhigen. Laut einem Rechenbeispiel von Lizenzero muss eine Firma mit jährlich 2500 kleinen Kartons mit Packband und Füllmaterial aus Papier knapp 50 Euro zahlen. Das wären 0,02 Euro pro Paket.

Im Gegensatz dazu sind die Strafen sehr hoch. Vergisst du, die Lizenz zu beantragen oder gibst falsche Mengen an, kann ein Bußgeld bis zu 200.000 Euro drohen oder sogar ein Verkaufsverbot. Da das Register öffentlich einsehbar ist, kann also jeder schauen, wer dort angemeldet ist.

Wenn du vom neuen Verpackungsgesetz betroffen bist, hier nochmal in Kurzform, was zu tun ist:

- ab 01.01.2019 über LUCID ins Register der Zentralen Stelle eintragen
- die jährlich benötigten Verpackungsmengen (hochgerechnet) bei einem Dualen System (Lizenzero) lizensieren
- im Folgejahr die tatsächlichen Mengen an beiden Stellen final bestätigen

AGB FÜR HÄNDLER

Die AGB brauchst du, um dich im Vorfeld schon gegen Haftungs- oder Gewährleistungsfälle von Kunden abzusichern. Es gibt verschiedene Möglichkeiten. Entweder wendest du dich direkt an einen Anwalt, der dir deine AGB´s passend für dich fertigstellt oder du nutzt einen AGB Generator und nimmst pauschale vorgefertigte Texte, die du dann individuell anpasst. Natürlich kannst du dich auch bei gleichartigen Firmen auf der Website schlau machen, wogegen sich die Konkurrenz so absichert.

Wichtig ist auf jeden Fall, dass auf deine AGB im Kaufvertrag hingewiesen wird und dass dein Kunde die Möglichkeit hat, die AGB zu lesen (vor Ort in einem sichtbaren Aushang oder im Internet, bzw. werden bei manchen Kaufverträgen die AGB noch dazugelegt). Und, wir kennen das alle von Onlinekäufen, der Kunde muss den AGB zustimmen.

FORMULIERUNG UND INHALT

Mit den AGB werden die Verbraucher geschützt und deshalb gibt es klare Vorschriften, wie die AGB´s formuliert werden dürfen. Der Verbraucher darf nicht überrascht werden bzw. dürfen die Klauseln nicht mehrdeutig formuliert sein (§ 305 c BGB), er darf auch nicht unangemessen benachteiligt werden (§ 307 BGB), was bedeutet, dass die Formulierung klar und verständlich sein muss.

Es gibt weitere Beispiele von Verboten bzw. Klauseln, die unwirksam sind. Verstößt du gegen diese, werden deine AGB unwirksam und die normalen gesetzlichen Regelungen treten stattdessen ein.

Als nächstes ein paar typische Punkte, die in den allgemeinen Verkaufsbedingungen zu finden sind:

Freibleibendes Angebot

Grundsätzlich ist jeder, der ein Angebot macht, auch gesetzlich daran gebunden. Du kannst dein Angebot aber als "freibleibend" bzw. "unverbindlich" bezeichnen. Das bedeutet, dass du dieses Angebot jederzeit zurückziehen und mit neuen Konditionen anbieten kannst.

Zahlungsbedingungen und Preise

Unter die Zahlungsbedingungen fällt die Möglichkeit der Bezahlung, ob man in Vorkasse gehen muss oder Skonto gewährt wird.

Die Preise müssen klar als Brutto oder Netto erkennbar sein. Außerdem müssen die Zusatzkosten angegeben werden (z.B. für Transport, Transportversicherung, Verpackung, ...).

Widerrufsbelehrung

Gerade bei Onlinekäufen, aber auch bei allen anderen, muss der Kunde über sein 14-tägiges Widerrufsrecht informiert werden. Dazu gehört auch, wie er den Widerspruch in die Wege leiten kann und welche Folgen er hat. Hier gibt es vom Gesetzgeber eine Musterbelehrung, die übernommen werden sollte.

Lieferort, Lieferzeit und Gefahrtragung

Hier gibt es eine Vielzahl an Varianten, wie etwas formuliert werden kann. Sinnvoll ist, dem Käufer verständlich zu machen, dass Liefertermine nur dann verbindlich sind, wenn sie als Fixtermin definiert wurden. Natürlich solltest du absichern, dass du nicht für Verzögerungen aufkommst, wenn der Kunde sie zu vertreten hat.

Eigentumsvorbehalt
Er besagt, dass das Eigentum erst dann an den Käufer übergeht, wenn alle Kosten und Nebenkosten bezahlt wurden.

Haftung und Gewährleistung
Die Haftung darf, nach dem Produkthaftungsgesetz oder bei Vorsatz und Personenschäden, nicht eingeschränkt oder ausgeschlossen werden. Es gibt allerdings dennoch Möglichkeiten, bei einfacher oder mittlerer Fahrlässigkeit im Bereich von Nebenpflichten, Pflichtverletzungen von Erfüllungsgehilfen und Mangelfolgeschäden eine Begrenzung einzubauen.

Bei den gesetzlichen Gewährleistungsregeln sind die Grenzen sehr eng gesteckt. Es gibt mögliche Einschränkungen z. B. bei anfälligen Waren (Hygieneschutz, Verderblichkeit, u.a.).

Auf weitere Themen gehe ich nicht im Einzelnen ein, du solltest sie aber dennoch in den AGB verankern: Datenschutz, Kundenservice, Rücksendungen, Entsorgung von Altgeräten, Verpackungen etc.

Wie du siehst, ist es nicht ganz simpel, seine AGB selbst zu gestalten. Du musst die aktuellen gesetzlichen Regelungen einbeziehen, aber auch die aktuelle Rechtsprechung vom Bundesgerichtshof und bedingt auch der Instanzgerichte. Deshalb ist es ratsam, hier ein wenig Geld in einen Anwalt zu investieren, der am Ende deine AGB zumindest rechtlich prüft.

MARKEN- UND PATENTSCHUTZ

In Deutschland werden jährlich ca. 65.000 Patente angemeldet (weltweit ungefähr 2 Millionen). Wann man ein Patent anmelden kann, wird im Patentgesetz geregelt. Grundsätzlich kann jede Neuheit, die noch nicht auf dem Markt ist, aus einer erfinderischen Tätigkeit hervorgegangen ist und gewerblich angewendet werden kann, patentiert werden. Die Definition lautet wie folgt: Eine erfinderische Tätigkeit liegt dann vor, wenn sie sich für den Fachmann nicht in naheliegender Weise aus dem Stand der Technik ergibt. Es gibt noch ein paar Einschränkungen und Sonderfälle, aber im Großen und Ganzen läuft es auf diese Definition hinaus.

Stolpersteine und Fallstricke
Eine Patentanmeldung kann man mit Hochleistungssport vergleichen. Neben Ausdauer muss man hier und da über Hindernisse springen und sich komplexen Herausforderungen stellen. Grundsätzlich führen häufig unprofessionelles Verhalten, strategische Fehlentscheidungen oder mangelhaftes Management zum Scheitern der kompletten Idee. Auch fehlendes Startkapital und Know-how,

fehlende Beziehungen zu den richtigen Ratgebern oder bürokratische Aufwände verhindern oft ein richtiges Durchstarten.

Investoren und Förderer überzeugen

Nicht nur finanziell können Dritte junge Unternehmer unterstützen. Oft haben sie Ratschläge, die sie durch ihre jahrelangen Erfahrungen am Markt sammeln konnten. Sie kennen die Anforderungen am Markt und die aktuelle Gesetzeslage. Genau deshalb wäre eine Überzeugung dieser Unterstützer ein großes Plus. Wenn du dich mit deiner Idee klar von den Wettbewerbern abgrenzen kannst, hast du schon viel gewonnen. Je ausgereifter die Entwicklung ist, desto größer ist die Chance auf eine Partnerschaft. Lässt sich deine Erfindung stark skalieren, kannst du Investoren ebenfalls überzeugen. Die Wachstumschancen und optimale Anpassung an den Markt schätzen viele Investoren. Für Kapitalgeber, die eigene wirtschaftliche Interessen verfolgen, ist ein Projekt auf dem Zukunftsmarkt sehr interessant.

Kritische Phasen

Hier helfen Mentoren bzw. Investoren mit dem nötigen Know-How und einem bestehenden Netzwerk. Natürlich stehen die Finanzen im Vordergrund. Ohne Geld geht es einfach nicht und gerade am Anfang fallen oft große Investitionen an. Deine Partner profitieren von ihren eigenen Erfahrungen und können dich bei strategischen Entscheidungen beraten. Dieses Wissen ist nicht zu unterschätzen. Damit wird ein Unternehmen manchmal generell neu ausgerichtet, Fehler lassen sich im Vorfeld vermeiden und Ausgaben können reduziert werden.

Netzwerken

In der heutigen Zeit geht ohne Networking fast gar nichts mehr. Selbst wenn du bereits Investoren an Land gezogen haben solltest, ist ein breites Netzwerk wichtig. Wenn du als junger Unternehmen noch kein großes Netzwerk hast, kannst du vielleicht auf das Netzwerk deiner Investoren zurückgreifen. Je mehr Menschen du im Netzwerk hast, desto mehr Wissen kannst du abfragen. Gerade bei Detailfragen kann sich ein passender Mensch aus dem Netzwerk als sehr sinnvoll erweisen. Vielleicht hat jemand in deinem Netzwerk etwas mit Marketing zu tun oder ein anderer kennt sich im Vertrieb bestens aus. Du kannst nicht alles wissen. Vitamin B oder die richtigen Beziehungen helfen oft, schnell Antworten auf Fragen zu finden. Auch politische Kontakte sind nicht zu unterschätzen.

Staatliche Beihilfe
Zu nennen ist hier vor allem WIPANO (Wissens- und Technologietransfer durch Patente und Normen). Das ist die "Hilfsabteilung" vom Bundesministerium für Wirtschaft und Energie. Nach der Antragstellung können max. 50% der Gesamtkosten (höchstens 16.575 €) innerhalb des zweijährigen Förderzeitraums erstattet werden. Das ist nicht wirklich viel, wenn man überlegt, wie viele Jahre manche Erfindungen gebraucht haben und was im Vorfeld schon investiert wurde. Diese Richtlinie läuft übrigens Ende 2019 aus. Man darf gespannt sein, was danach angeboten wird.

Bei der Normierung und Standardisierung von Patenten ist der Staat um einiges großzügiger. Wenn es darum geht, die Forschung in wirtschaftlich nutzbare Standards zu übertragen, stehen neben der organisatorischen Hilfe bis zu 200.000 € pro Projekt zur Verfügung. Dafür musst du jedoch mit einer Forschungseinrichtung oder Hochschule kooperieren.

Leitfaden für die Patenteinreichung
- Erfindererstberatung beim Deutschen Patent- und Markenamt nutzen
- Patentanwaltskanzlei für das Vorhaben wählen
- korrekte Formulierung beachten
- komplette Erfindung vollständig darstellen
- technische Beschreibung exakt formulieren
- Zeichnungen einreichen wenn nötig
- Patentansprüche durchdenken und gut formulieren
- Gebühr fristgerecht zahlen
- Patent online einreichen (Geld- und Zeitersparnis)

GEISTIGES EIGENTUM

Da man gerade in der ersten Gründungsphase viel Geld in diverse Dinge investieren muss, geht der Schutz des geistigen Eigentums oft unter, denn auch hier muss man Geld investieren. Einige Dinge können nur bis zu einem bestimmten Zeitpunkt geschützt werden, danach könntest du dein Design bei der Konkurrenz wiederfinden.

GEBRAUCHSMUSTER

Das Gebrauchsmuster ist ein ungeprüftes Schutzrecht. Deshalb gibt es mittlerweile schon einige nicht schutzfähige Gebrauchsmuster. Oft wird die Erfindung also ohne eine vorherige Prüfung angemeldet. Das kann auch nach hinten losgehen, da derjenige, der die Lizenzgebühren für ein unwirksames Muster gezahlt hat, diese auch vom Inhaber zurückverlangen kann. Auch die Löschung muss der Inhaber zahlen. Im Gegensatz zum Patent wird das Gebrauchsmuster nur für Produkte erteilt und nicht für Verfahren, und die Schutzdauer beträgt nur 10 Jahre.

DESIGN

Ist dir bewusst, dass einige Karosserien von Pkw oder ein klassischer Rollstuhl Designschutz genießen? Grundsätzlich kannst du jedes Design eines Gegenstandes schützen lassen. Wichtig ist natürlich die Prüfung, ob dein Design schon geschützt wurde und ob es schutzfähig ist.

Es gibt verschiedene Wege, zum Designschutz zu gelangen. Zum einen gibt es das Urheberrecht, das erst 70 Jahre nach dem Tod des Urhebers erlischt. Dieses Recht kann allerdings nur bei angewandter Kunst zum Tragen kommen. Der Gesetzgeber sagt, dass das Design die Durchschnittsgestaltung deutlich überragen muss. Beispiele findest du im Bereich Möbeldesign.

Dann gibt es den Wettbewerbrechtlichen Nachahmungsschutz (geregelt durch das Gesetz gegen unlauteren Wettbewerb - UWG). Hier wird nicht das Design als solches, sondern die Ausnutzung durch Konkurrenten geschützt. Hier bedarf es übrigens "nur" einer wettbewerblichen Eigenart und nicht angewandter Kunst. Deshalb greift dieser Schutz auch bei Messern oder Spielzeugen.

Ein Design kann beim DPMA angemeldet werden, vorausgesetzt es ist neu und besitzt eine Eigenart. Die Prüfung, ob die Voraussetzungen erfüllt sind, muss hier allerdings der Anmelder selbst vornehmen.

MARKEN

Der Markenschutz ist uns wohl am ehesten bekannt. Eine Marke kann alles Mögliche absichern, von Farben, Firmennamen, aber auch Logos und/oder Slogans. Er schützt davor, dass gleiche oder ähnliche Waren bzw. Dienstleistungen unter gleichen oder ähnlichen Bezeichnungen angeboten werden. Voraussetzung ist, dass die Marke die Produkte unter sich von denen anderer Unternehmen unterscheidet. Ein Merkblatt, was genau eine Marke ist, kannst du beim Deutschen Patent- und Markenamt (DPMA) bekommen. Geprüft wird hier vom DPMA im Eintragungsverfahren. Es wird allerdings nicht gecheckt, ob es schon ältere identische oder ähnliche Marken gibt, das muss der Anmelder selbst machen.

Coca-Cola ist eine der Marken, die wir alle kennen. John Pemberton erfand 1886 ein Getränk gegen Depressionen. Heute ist die Marke eine Maschine zum Gelddrucken. Schon ein Jahr nach der Entwicklung hat Pemberton den

Schriftzug schützen lassen und 1926 wurde Coca-Cola in Deutschland als Marke angemeldet.

Willst du eine Marke eintragen lassen, musst du erst einmal ein zweiseitiges Formblatt ausfüllen. Darauf musst du angeben, für welche Geschäfte der Schutz gelten soll. Hier hast du die Wahl aus unterschiedlichen Klassen wie Bekleidung, Hotels, Waschmittel und anderen. Außerdem musst du das Bild als Text, Bild oder Grafik bzw. bei Hörmarken als Tonträger beilegen. Eine Anmeldung für drei Klassen kostet 300 €, möchtest du noch weitere Klassen, kostet jede weitere 100 €. Nachdem du die Gebühr bezahlt hast, prüft das Amt ob dein Antrag schutzfähig ist oder nicht. Bei Ablehnung ist das Geld futsch. Die Prüfung kann bis zu vier Monate dauern. Besteht dein Antrag, veröffentlicht das Markenamt ein Markenblatt. Danach haben andere ein Vierteljahr Zeit, Widerspruch einzulegen. Passiert das nicht, kommst du mit deiner Marke ins Markenregister und der Schutz kann nur noch gerichtlich angefochten werden. Der Schutz beginnt mit dem Tag der Anmeldung und endet 10 Jahre später. Ein Jahr vor Ablauf kannst du um weitere 10 Jahre verlängern.

Sinnvoll ist, bei einer Markenanmeldung einen Anwalt an seiner Seite zu haben. Er weiß, wo im Vorfeld recherchiert werden sollte, er hat ggf. ein Analysebüro zur Hand und betreut das ganze Verfahren rechtlich.

GEHEIMHALTUNGSVEREINBARUNG

Ganze Konzepte kannst du in Deutschland nicht schützen lassen. Das verhindert der Gesetzgeber, weil er keine Alleinstellung von Ideen auf dem Markt möchte. Wenn du also eine innovative Idee oder ein tolles Konzept hast, kannst du es nur über den Weg der Geheimhaltung vorm Kopieren schützen. Vertraulichkeit ist natürlich das oberste Gebot, doch oft lässt es sich nicht vermeiden, seine Ideen mit anderen zu besprechen. Um zu verhindern, dass dein Know-how später von genau diesen Partnern oder Mitarbeitern weitergegeben wird, muss eine Geheimhaltungsvereinbarung getroffen werden. In dieser Vereinbarung musst du sehr genau beschreiben, welches Wissen nicht weiter gegeben werden darf und welche Konsequenzen die Nichteinhaltung mit sich bringt (z.B. Vertragsstrafen). Folgende Themen finden sich häufig in Geheimhaltungsvereinbarungen:

Parteien, Zielrichtung und Gegenstand der Gespräche, Dauer der Geheimhaltung, Rechtsfolgen ohne dass der Schadenseintritt nachgewiesen werden muss (Fahrlässigkeit muss gegeben sein).
Vertrauliche Informationen können u. a. sein:

Geschäfts- und Betriebsgeheimnisse,
Rezepturen, technische Aufzeichnungen, Berechnungen,
Zielstrategien, Vertriebskonzepte, Normblätter,
Arbeitspläne, Organisationsstrukturen, Verfahrensanweisungen,
Montagezeiten, Daten zu Betriebsabläufen
Zeichnungen von Vorrichtungen oder Werkstücken,
Designs, Modelle und Muster,
Fotos von Interna,
Informationen von Festplatten, Karteien oder Sticks,
anderes wichtiges kaufmännisches, technisches oder wirtschaftliches Wissen.

Vom Bundesministerium für Wirtschaft und Technologie werden Unternehmen, Hochschulen und freie Erfinder bei der wirtschaftlichen Verwertung und rechtlichen Sicherung ihrer Ideen mit dem Programm Signo geschützt (Schutz vor Ideen für die gewerbliche Nutzung). Dieses staatliche Förderprogramm kannst du dir hier näher anschauen www.signo-deutschland.de.

ARBEITSRECHT

Auch in diesem Kapitel geht es vorrangig um rechtliche Regelungen und worauf du achten solltest. Ich entschuldige mich im Voraus dafür, dass es etwas trocken werden könnte. Da die rechtliche Seite eine ernste Angelegenheit ist, werde ich nicht drum herum reden oder das Ganze locker gestalten.

ARBEITSZEITEN

Sind wir fest angestellt, dürfen wir nicht arbeiten, wann es uns am besten passt. Das gleiche gilt auch für deine zukünftigen Angestellten. Die Arbeitszeiten werden vom Gesetzgeber im Arbeitszeitgesetz geregelt.

Zuerst haben wir da die Mindestanforderungen, an die sich jedes Unternehmen halten muss:

- Die tägliche Arbeitszeit beträgt 8 Stunden, die höchste wöchentliche Arbeitszeit 48 Stunden → diese Zeiten dürfen nicht überschritten werden.
- Ohne Begründung ist eine zeitweise Arbeitszeit von 10 Stunden täglich und 60 Wochenstunden möglich, wenn der Durchschnitt innerhalb eines halben Jahres die 8 Stunden nicht überschreitet. Ein Ausgleich der hohen Belastung muss gewährleistet werden.
- Sitzen deine Mitarbeiter zwischen 6 und 9 Stunden am Schreibtisch, brauchen sie mindestens 30 min. Pause. Darüber hinaus ist mindestens eine ¾

Stunde nötig. Außerdem muss zwischen den Arbeitszeiten mindestens 11 Stunden Ruhezeit liegen (Ausnahmen gibt es für Branchen mit Bereitschaft).
- Sonn- und Feiertage sind arbeitsfrei (auch hier gibt es Ausnahmen).

Jetzt könntest du sagen, ich stelle keine Mitarbeiter ein (denn das Gesetz gilt nur für Angestellte), sondern arbeite mit freien Mitarbeitern oder du benennst einige Mitarbeiter zu leitenden Angestellten (auch hier können andere Regeln gelten). Sei an dieser Stelle gewarnt. Nicht du entscheidest über die Jobbezeichnung, sondern verschiedene Kriterien z.B. die Weisungsgebundenheit. Fühlt sich jemand nicht korrekt behandelt und klagt, kann es sein, dass du nachträglich sowohl die Steuern als auch die Sozialabgaben zahlen musst.

Machen deine Mitarbeiter zu viele Überstunden, drohen Nachzahlungen, Bußgelder und sogar Freiheitsstrafen.

Gerade am Anfang kann es gut sein, dass du kein großes Büro hast, aber genug Arbeit für deine Mitarbeiter. Hier kannst du als Alternative über den Arbeitsplatz im Homeoffice nachdenken. Das kann man auch zeitlich teilen, wenn zum Beispiel eine Mitarbeiterin am Nachmittag ihr Kind versorgen muss und eine andere am vormittags nicht arbeiten kann, dann reicht für beide ein Arbeitsplatz. Allerdings gibt es auch hier ein paar Vorschriften, weil du als Arbeitgeber trotzdem die Verantwortung für die Arbeitszeit deiner Mitarbeiter hast, obwohl du es an dieser Stelle schwer kontrollieren kannst.

Die aktuelle Gesetzgebung verlangt eine Zeiterfassung. Hier musst du eine Möglichkeit finden, wie sich deine Mitarbeiter im Homeoffice zeitlich verankern können (vielleicht mit dem Login im Mitarbeiterbereich der Firmenwebsite). Du solltest den Mitarbeiter auch nochmal explizit über seine Aufgaben, den Arbeitsumfang und die Ruhezeiten aufklären, am besten mit einer schriftlichen Vereinbarung. Auch feste Arbeitszeiten und Kernarbeitszeiten sind wichtig, damit der Mitarbeiter nicht zu jeder Tages- und Nachtzeit von anderen angerufen werden kann. Außerdem ist ein wöchentliches Meeting in der Firma nützlich, damit alle Mitarbeiter, ob daheim oder vor Ort, immer auf dem aktuellen Stand sind.

LEIHARBEITER, FREMDPERSONAL UND DAS AÜG

Das AÜG ist das Arbeitnehmerüberlassungsgesetz und wurde 2017 neu geregelt. Damit wird der Einsatz von Fremdpersonal ziemlich erschwert. Dieses Gesetz gilt nicht nur für Zeitarbeitsfirmen, sondern auch für Vermittler von Selbstständigen oder Freelancern. Die Höchstdauer für den Einsatz sind 18 Monate (durch Tarifverträge oder Betriebsvereinbarungen max. 24 Monate). Vergisst du die Fristen, wird dein Leiharbeiter automatisch zum angestellten Mitarbeiter mit Urlaubsanspruch, Kündigungsschutz und Abgaben an die Sozialversicherung.

Außerdem drohen strafrechtliche Konsequenzen. Auch das Gehalt muss spätestens nach 9 Monaten an das Gehalt des Stammpersonals angepasst werden (Equal Pay). Bei Verstößen droht ein Bußgeld bis zu 500.000 €. Ist die gesetzliche Frist erreicht, muss der Leiharbeiter mehr als 3 Monate aus deinem Unternehmen raus, bevor er erneut eingesetzt werden dürfte.

Der Leiharbeiter erhält einen Arbeitnehmer-Überlassungsvertrag (AÜV). Hier werden neben den Namen der Beteiligten auch andere Dinge geregelt. Bei Verstößen kann die Arbeitsagentur ein Bußgeld bis zu 30.000 € gegen beide Parteien verhängen. Außerdem verliert der Vertrag ggf. seine Gültigkeit und der Leiharbeiter wird zum festen Angestellten.

Einen "Ausweg" gibt es in diesem Fall mit dem schönen Wort "Festhaltenserklärung". Wenn unbeabsichtigt ein festes Arbeitsverhältnis entsteht, kann der Leiharbeiter innerhalb eines Monates eine Erklärung einreichen, in der er klar macht, dass er weiter als Leiharbeiter tätig sein möchte. So kann ein Leiharbeiter nicht ohne seinen Willen zum festangestellten Mitarbeiter werden. Die Erklärung muss persönlich bei der Arbeitsagentur bestätigt werden und spätestens nach 3 Tagen bei Ent- und Verleiher vorliegen.

Freelancer

Wenn du Freelancer über Agenturen suchst, ist auch Vorsicht geboten. Sie unterliegen einem Werks- oder Dienstvertrag über die Agentur. Da sie damit nicht frei über Ort, Zeit oder die Tätigkeit als solches entscheiden können, besteht hier ggf. wieder eine Scheinselbstständigkeit. Die früheren Fallschirmlösungen werden mit dem neuen Gesetz ausgeschlossen.

ARBEITSVERTRAG FÜR ANGESTELLTE MITARBEITER

Oft startet man ein kleines Business mit Freunden und einer Idee. Irgendwann kommt dann allerdings der Zeitpunkt, an dem man feste Mitarbeiter einstellen muss. Jetzt könntest du dir eine Mustervorlage aus dem Netz nehmen, aber hier ist Vorsicht geboten. Nicht alle Verträge aus dem Netz sind das, was du benötigst oder sie sind veraltet. Sie könnten Klauseln enthalten, die heute nicht mehr zulässig sind oder in der Gestaltung etwas zu optimistisch ausgelegt sein. Grundsätzlich ist der Abschluss eines Arbeitsvertrages formfrei und könnte theoretisch auch mündlich abgeschlossen werden, allerdings musst du als Arbeitgeber das Wichtigste dennoch schriftlich mitteilen (laut Nachweisgesetz). Hier droht ansonsten wieder Schadensersatz, wenn eine Prüfung kommt.

Grundsätzlich solltest du dir vor der Festeinstellung deines ersten Mitarbeiters über folgende Punkte Gedanken machen:

Vergütung von Überstunden
Normalerweise ist es unzulässig, eine pauschale Abgeltung der Überstunden pro Monat anzubieten. Eine Mitabgeltung dagegen ist möglich und wird auch häufig genutzt, z.B. eine Deckelung von 10 Überstunden pro Monat.

Bonusregelung
Hier gibt es relativ neue Urteile von Arbeitsgerichten, dass Formulierungen wie "freiwillig und jederzeit widerruflich" unwirksam sind. Klare Regelungen zu Boni sind kalkulierbar und motivieren die Mitarbeiter eher. Eine ganz einfache Regelung ist, den Bonus an das Betriebsergebnis zu koppeln. Wird das Ergebnis nicht erzielt, gibt es auch keinen Bonus.

Was gehört nun in den schriftlichen Arbeitsvertrag:

- Name und Anschrift von Arbeitgeber und Arbeitnehmer
- Beginn des Arbeitsverhältnisses
- Befristung (wie lange)
- Arbeitsort, bzw. wenn es mehrere Orte gibt, ein Hinweis darauf
- die vorgesehenen Tätigkeiten
- Arbeitslohn (einschließlich Zulagen, Sonderzahlungen, Prämien und anderer Zuschläge) und Fälligkeit des Lohns
- Arbeitszeit, Urlaubstage, Kündigungsfrist
- Wenn vorhanden der Hinweis auf Betriebs- und Dienstvereinbarungen oder Tarifverträge, die Anwendung finden
- Nebenbeschäftigungen (falls vorliegend)
- Freistellung bei Kündigung

Beim Urlaubsanspruch haben wir den gesetzlich vorgeschriebenen Urlaub. Der muss mindestens eingehalten werden und braucht nicht ausdrücklich erwähnt werden, da er geltendem Recht entspricht. Darüber hinaus kannst du jedoch mehr Urlaub gewähren. Dann sollte die Regelung im Arbeitsvertrag verankert werden und auch der Verfall davon bzw. eine Auszahlung.

Zu Nebenbeschäftigungen sei noch zu erwähnen, dass ein generelles Verbot grundsätzlich unzulässig ist. Außerdem sind ehrenamtliche Tätigkeiten im gesellschaftlichen, politischen oder karitativen Bereich ohne Zustimmung des Arbeitgebers möglich.

Ohne vorherige Regelung darfst du bei einer Kündigung deinen Arbeitnehmer nicht einfach freistellen, auch nicht, wenn du ihn weiter bezahlst. Du bist zur Beschäftigung deines Arbeitnehmers verpflichtet. Deshalb ist es sinnvoll, diesen Fall bereits im Arbeitsvertrag festzuhalten, sodass du später davon Gebrauch machen kannst.

ALTERNATIVE ZUR FESTANSTELLUNG

Neben einer Festanstellung in Vollzeit gibt es ein paar Möglichkeiten, wie du dennoch an fähige Mitarbeiter kommst, wenn es gerade nötig ist. Gerade zu Beginn hast du noch keine kontinuierlichen Einnahmen und musst dementsprechend flexibel auf Situationen reagieren können. Natürlich gibt es auch hier wieder Vorschriften vom Gesetzgeber. Freie Mitarbeiter oder Kurzarbeit kannst du nicht bedingungslos einsetzen.

Arbeiten in Teilzeit

Wenn du Arbeiten zu vergeben hast, die eine Vollzeitstelle nicht füllen würden, kannst du Mitarbeiter in Teilzeit einstellen. In der heutigen Zeit suchen gerade Mütter Teilzeitstellen, weil sie dann mehr Zeit für ihre Kids haben. Oder du findest Mitarbeiter, die bereits am Vormittag Teilzeit in einem Unternehmen arbeiten und für den Nachmittag noch einen Job suchen. Wenn das für dich vereinbar ist, hast du eine Win-Win-Situation. Eine richtig klare Definition der Teilzeitarbeit gibt es nicht, es ist weniger als Vollzeit. Wie du das Ganze umsetzt, ist also dir und deinem Arbeitnehmer überlassen. Ihr könntet einen Halbtagsjob vereinbaren, aber er kann auch an einigen Tagen voll arbeiten und den Rest der Woche frei nehmen. Der Einsatz kann auch variieren, je nach Bedarf, das muss aber spätestens 4 Tage vorher angekündigt werden. Ansonsten gelten die gleichen Bedingungen wie für Vollzeitangestellte.

Freie Mitarbeiter

Gerade zu Beginn arbeiten Startups gern mit freien Mitarbeitern. Sie werden für klar definierte Aufträge eingesetzt und dafür bezahlt. Rechtlich abgesichert wird alles mit einen Werk- oder Honorarvertrag. Sind die Aufgaben komplexer, solltest du Zwischenziele und Teilzahlungen vereinbaren. Weitere Verpflichtungen entstehen dir bei freien Mitarbeitern nicht. Du musst allerdings ein Auge darauf haben, ob dein freier Mitarbeiter auch mit anderen Firmen zusammenarbeitet. Tut er das nicht, rutschen wir wieder in die Scheinselbstständigkeit und es könnte sein, dass du Sozialversicherungsleistungen nachzahlen musst. Eine richtig klare Abgrenzung der Scheinselbstständigkeit gibt es nicht. Oftmals entscheiden Gerichte einzeln unter Bezug auf die gesamte Arbeitssituation.

Selbstständige arbeiten normalerweise ohne Weisung, können ihre Zeit frei einteilen und sind flexibel bei ihrem Arbeitsort. Abweichendes Verhalten könnte auf eine Scheinselbstständigkeit hindeuten. Könnte ... muss aber nicht.

Leiharbeit

Die rechtliche Seite von Leiharbeitern habe ich weiter oben schon beleuchtet. Wie der Name schon sagt, ist ein Leiharbeiter in einer Firma fest angestellt und wird dir ausgeliehen. Du musst dir also keine Gedanken über Lohn oder Urlaub machen. Schön wäre es, wenn du ein Auge darauf hast, bei wem du deine Mitarbeiter ausleihst. Es gibt zwar einen Mindestlohn, aber auch schwarze Schafe in der Branche.

Praktikanten

Praktikanten sind nicht nur zum kopieren und Kaffee kochen gut. In vielen Unternehmen leisten sie schon wertvolle Arbeit. Im Hinblick auf die fehlenden Fachkräfte wäre es vielleicht gar nicht verkehrt, einem Praktikanten Einblicke in verschiedene Arbeitsfelder zu geben. Vielleicht kommt er nach Abschluss seiner Aus- oder Weiterbildung als fester Mitarbeiter zu dir? Auch bei einem Praktikum gibt es einen Mindestlohn (Ausnahmen sind Praktika unter 3 Monate, Pflichtpraktika und das Praktikum von Minderjährigen ohne Ausbildung). Festgeschrieben werden die Regeln in einem Praktikumsvertrag.

INTERNETRECHT

Das Internet eröffnet uns heute enorme Möglichkeiten für Marketing, Recherchen und Onlinehandel. Allerdings bewegen wir uns auch hier nicht im rechtsfreien Raum. Ein paar Dinge werde ich hier erwähnen, ich weise aber darauf hin, dass es noch viel mehr zu beachten gibt.

DSGVO / DATENSCHUTZVERORDNUNG

Schon allein der Name dieser Verordnung ist eigentlich ein Unding (Verordnung (EU) 2016/679 des Europäischen Parlaments und des Rates vom 27. April 2016 zum Schutz natürlicher Personen bei der Verarbeitung personenbezogener Daten, zum freien Datenverkehr und zur Aufhebung der Richtlinie 95/46/EG). Diese Richtlinie soll Klarheit in den Internet-Dschungel bringen und Verbraucher schützen. Ob die Verordnung hilfreich ist, steht an dieser Stelle nicht zur Debatte. Sie ist da und muss umgesetzt werden.

Einfach ausgedrückt ist der Umgang mit personenbezogenen Daten verboten, wenn die Person nicht ausdrücklich zugestimmt hat.

Ein ganz simples Beispiel ist der Bewerbungsprozess. Hier bekommt man massenweise persönliche Daten. Das musst du heute nicht nur einfach dokumentieren, sondern jedem einzelnen Bewerber mitteilen:

- wer der Verantwortliche ist,
- wofür du die Daten verwendest,
- wer Zugriff auf deine Daten bekommt und
- wie lange du die Daten speicherst.

Die EU hat sieben Grundsätze festgelegt:
1. Artikel 5: Die Grundsätze für die Verarbeitung personenbezogener Daten
2. Artikel 6: Rechtmäßigkeit der Verarbeitung
3. Artikel 7: Bedingungen für die Einwilligung
4. Artikel 8: Bedingungen für die Einwilligung eines Kindes
5. Artikel 9: Verarbeitung besonderer Kategorien personenbezogener Daten
6. Artikel 10: Verarbeitung personenbezogener Daten über Verurteilungen und Straftaten
7. Artikel 11: Verarbeitung, die für eine Identifikation nicht erforderlich ist

Insgesamt findest du auf 88 Seiten die genaue Erklärung zu diesen Hauptgrundsätzen.

Nun reden wir alle immer von "Daten". Herunterbrechen kann man diese auf zwei Kategorien. Zum einen geht es immer um natürliche Personen (Privatpersonen). Juristische Personen sind hier ausgeschlossen. Zum anderen sind nur Unternehmen betroffen, die in der EU ansässig sind bzw. eine Niederlassung in der EU haben oder Daten von Personen mit dem Wohnsitz in der EU verarbeiten.

DATENSCHUTZBEAUFTRAGTER

Zu Beginn dürfte sich das Thema um den Datenschutzbeauftragten bei dir erstmal nicht bemerkbar machen. Das Gesetz schreibt erst ab 10 Mitarbeitern, die regelmäßig mit personenbezogenen Daten arbeiten, einen Beauftragten für den Datenschutz vor.

NEWSLETTER

Ich erinnere mich, dass ich nach Inkrafttreten des Gesetzes mit E-Mails bombardiert wurde. Jeder Onlineshop, jedes Portal und jede Seite, die mit Newslettern arbeitet schickte mir eine Mail, damit ich der weiteren Zusendung zustimme. Am nervigsten waren die, die mir monatlich eine erneute Zustimmung abnötigen wollten (für jeden neuen Newsletter). Das ist völliger Blödsinn. Liegt eine Zustimmung vor und habe ich den Nachweis dafür, muss ich nicht ständig wieder die Zustimmung einfordern. Nur wenn mir der Nachweis abhandengekommen ist, benötige ich einen erneuten Nachweis. Normalerweise stimmen Kunden schon per Double-Opt-In zu.

VERARBEITUNGSVERZEICHNIS

In Artikel 30 steht, dass jeder Verantwortliche, bzw. sein Vertreter ein Verzeichnis aller Verarbeitungstätigkeiten führen muss. Ganz so schlimm wird es für Gründer erstmal nicht, denn dies gilt nur für Firmen mit mehr als 250 Angestellten. Für kleinere Firmen gibt es Mustervorlagen, die als Beispiel dienen und die Sache ein wenig vereinfachen (z. B.
https://www.lda.bayern.de/media/muster/muster_9_online-shop_verzeichnis.pdf).

MIEZMAUS

So eine neue Verordnung kann schon irgendwie Respekt einflößen, vor allem, weil viele nicht genau wissen, ob sie betroffen sind, was genau sie jetzt unternehmen sollen und welche Konsequenzen das Nichteinhalten hat.

Miezmaus ist quasi eine Orientierungshilfe für Gründer:
Minimierung der erhobenen Daten
Information darüber, was mit den Daten passiert
Einverständnis für die Datenverwendung einholen
Zeitliche Begrenzung der Speicherung
Möglichst häufig anonymisieren
Außenstehende und Dritte bedenken
Untergebene für die Notwendigkeit sensibilisieren
Sachkundige befragen

SOCIAL MEDIA RECHT

Das ist jetzt nicht komplett neu. Wir alle nutzen YouTube, Facebook und Co bereits privat. Die Logik, die Netzwerke auch geschäftlich zu nutzen, liegt auf der Hand. Wo erreichen wir denn auf anderem Weg gleichzeitig so viele Nutzer?

So nutzt du solche Plattformen auch für dein Business:

Eigene Profile oder Seiten

Auf Facebook kannst du für dein Unternehmen eine eigene Seite erstellen und dort zu Veranstaltungen einladen oder Neuigkeiten posten. Auch Stellengesuche kannst du hier platzieren. Grundsätzlich ist alles zu beachten, was du auch bei deiner privaten Seite beachten musst. Die Namensrechte Dritter dürfen nicht verletzt werden, du musst ein vollständiges Impressum vorhalten und natürlich müssen deine Inhalte mit den gesetzlichen Regeln konform gehen. Wie du das alles auf den verschiedenen Seiten realisierst, kommt immer auf den Betreiber an. Bei Facebook reicht zum Beispiel schon eine Verlinkung auf das Impressum auf deiner eigenen Website.

Das Kopieren fremder Bilder oder Texte ist Tabu. Hier gilt das Urheberrecht und das Missachten kann teuer werden. Es gibt allerdings zahlreiche lizenzfreie Bilder im Netz, die unbedenklich genutzt werden können. Die sicherste Variante ist natürlich, selbst die Bilder zu machen. Wenn du Dinge teilst oder verlinkst, bleibt ja der ursprüngliche Inhalt so erhalten und der Bezug zum Originalpost ist gegeben.

Irreführende Werbung ist auch verboten. Hier sagt das Wettbewerbsrecht, was geht und was nicht. In den letzten Jahren kamen immer mal wieder Reportagen über Firmen die sich Likes, Freunde, Fans oder Follower gekauft haben. Der Sinn dahinter war natürlich, größer zu wirken oder etwas besser zu verkaufen. Dieses Verhalten ist irreführend, weil nicht real und verstößt ganz klar gegen den Wettbewerb.

Die Nutzung fremder Profile oder Angebote

Hier sind wir bei bezahlter Werbung auf anderen Profilen. In Facebook kannst du sogar deine Zielgruppe anpassen. Du solltest aber darauf achten, dass deine Werbung auch als Werbung erkennbar bleibt und nicht irgendwo im laufenden Text erscheint. Das würde dann wieder gegen das Trennungsgebot gehen.

Dann haben wir die Influencer, die selbst schon eine große Zahl an Followern haben. Kannst du einen Influencer überzeugen, dein Unternehmen oder Angebot zu verlinken, erreichst du noch einen weiteren Kundenkreis.

Konsequenzen

Prinzipiell haben Mitbewerber immer die Möglichkeit, eine Rechtsverletzung im Netz zu melden. Zu Beginn führt das zu einer Abmahnung und natürlich der Beseitigung des Verstoßes und oft auch zum Unterschreiben einer Unterlassungserklärung. Ist die Sache damit nicht aus der Welt geschafft worden, kommt es im zweiten Schritt zu einer Klage oder einstweiligen Verfügung oder zur kompletten Sperrung auf dieser Plattform.

IMPRESSUM

Von einem Impressum haben wir alle schon mal gehört. Ein Jurist spricht von der Anbieterkennzeichnungspflicht und geregelt wird das Ganze im § 5 des Telemediengesetzes (TMG). Im Prinzip geht es darum, dass man erkennt, wer für die Website verantwortlich ist. Aber wer braucht jetzt ein Impressum und was genau muss da drin stehen?

WER MUSS EIN IMPRESSUM NACHWEISEN?

Jede Seite, die nicht ausschließlich privaten Zwecken dient. Klingt eigentlich klar und einleuchtend. Das Problem ist, wenn du auf deiner privaten Website Partnerlinks oder Werbebanner einblenden lässt, ist es schon nicht mehr rein privat. Es geht gar nicht darum, dass du unglaublichen Umsatz über deine Website generierst, es reicht schon, wenn du direkt oder indirekt Einnahmen erzielst. Da sind die Gerichte mittlerweile ziemlich streng.

Fakt ist, als Unternehmen brauchst du immer ein Impressum, auch wenn du über deine Seite keine Verträge abschließt oder etwas verkaufst.

INHALT DES IMPRESSUMS

Der Gesetzgeber schreibt vor, dass die Angaben leicht erkennbar, unmittelbar erreichbar und ständig verfügbar sein müssen. Gemäß § 5 TMG sind folgende Angaben nötig:

1.

a) der Name und die Anschrift, unter der sie niedergelassen sind

b) bei juristischen Personen zusätzlich die Rechtsform, den Vertretungsberechtigten und, sofern Angaben über das Kapital der Gesellschaft gemacht werden, das Stamm- oder Grundkapital sowie, wenn nicht alle in Geld zu leistenden Einlagen eingezahlt sind, der Gesamtbetrag der ausstehenden Einlagen

2. Angaben, die eine schnelle elektronische Kontaktaufnahme und unmittelbare Kommunikation ermöglichen einschließlich der Adresse der elektronischen Post

3. wenn der Dienst im Rahmen einer Tätigkeit angeboten wird, die der behördlichen Zulassung bedarf, Angaben zur zuständigen Aufsichtsbehörde

4. das Handelsregister, Vereinsregister, Partnerschaftsregister oder Genossenschaftsregister, in das sie eingetragen sind, und die entsprechende Registernummer

5. bei bestimmten (reglementieren) Berufen Angaben über
a) die Kammer, welcher die Diensteanbieter angehören,
b) die gesetzliche Berufsbezeichnung und den Staat, in dem die Berufsbezeichnung verliehen worden ist,
c) die Bezeichnung der berufsrechtlichen Regelungen und dazu, wie diese zugänglich sind,

6. die Umsatzsteueridentifikationsnummer, wenn diese vorhanden ist
7. bei Aktiengesellschaften, Kommanditgesellschaften auf Aktien und Gesellschaften mit beschränkter Haftung, die sich in Abwicklung oder Liquidation befinden, entsprechende Angaben dazu

Ein wenig Hilfe beim Erstellen des Impressums gibt dir der kostenlose Generator von eRecht24 (https://www.e-recht24.de/impressum-generator.html).

KONSEQUENZEN BEI NICHTEINHALTUNG

Grundsätzlich erfolgt erstmal immer eine Abmahnung, verbunden mit ca. 1.000 € Gebühren. Jeder, vom Wettbewerber über Verbraucherverbände bis zum Kunden, kann eine Abmahnung initiieren. Möglicherweise musst du außerdem eine Unterlassungserklärung abgeben, dass du in Zukunft deine Homepage nicht mehr ohne Impressum führen wirst (oft mit einer Vertragsstrafe von 5.001 € bei Zuwiderhandlung verbunden).

Die Gründe für Abmahnungen sind folgende:

1. Du hast gar kein Impressum
2. Du hast zwar ein Impressum, das enthält aber nicht alle Daten (selbst die Abkürzung des Vornamens wie M. Mustermann statt Max Mustermann, stellt eine Verletzung dar)
3. Dein Impressum ist falsch gekennzeichnet (das Impressum heißt Pflichtangaben oder Über uns)
4.

Beispiel für das Impressum unterschiedlicher Rechtsformen

Einzelunternehmen
Max Mustermann
Musterstraße 1
12345 Musterstadt
Telefon: 0123 / 45 67 890
Telefax: 0123 / 45 67 89 10
E-Mail: info@mustermann.de
Umsatzsteuer-Identifikationsnummer: DE 123456789
Inhaltlich Verantwortlicher nach § 55 Abs. 2 RStV: Max Mustermann
GbR
Mustermann GbR
Musterstraße 1
12345 Musterstadt
Vertretungsberechtigt: Max Mustermann, Erika Musterfrau
Telefon: 0123 / 45 67 890
Telefax: 0123 / 45 67 89 10
E-Mail: info@mustermann.de
Umsatzsteuer-Identifikationsnummer: DE 123456789
Inhaltlich Verantwortlicher nach § 55 Abs. 2 RStV: Max Mustermann

GmbH
Mustermann GmbH
Musterstraße 1
12345 Musterstadt
Vertretungsberechtigter Geschäftsführer: Max Mustermann
Telefon: 0123 / 45 67 890
Telefax: 0123 / 45 67 89 10
E-Mail: info@mustermann.de
Registergericht: Amtsgericht Musterstadt

Registernummer: HRB 12345
Umsatzsteuer-Identifikationsnummer: DE 123456789
Inhaltlich Verantwortlicher nach § 55 Abs. 2 RStV: Max Mustermann

COPYRIGHT IM IMPRESSUM

Verwendest du Bilder auf deiner Seite, haben die Fotografen das Urheberrecht daran. Findet ein Fotograf sein Bild wieder ohne einen Hinweis auf seinen Namen oder Copyright, kann er dich abmahnen. Um sicher zu gehen, solltest du also den Hinweis auf Copyright mit rein nehmen und wenn du weißt, wer das Bild gemacht hat, den Namen unter das Bild schreiben.

HAFTUNGSAUSSCHLUSS

Früher nannte man ihn mal Disclaimer. Heute nennt man ihn Haftungsausschluss. Im Prinzip kannst du das weglassen. Eine komplette Haftungseinschränkung mit drei Sätzen ist nicht möglich. Dann bräuchten wir uns gar nicht mit den rechtlichen Dingen auseinander zu setzen, weil sich jeder mit einem Dreizeiler im Impressum abgesichert hätte. Wenn es ganz blöd kommt, wirst du sogar für die unzulässige Formulierung abgemahnt.

Möchtest du den Haftungsausschluss trotzdem haben, nutzt du am besten den Generator von eRecht24 (https://www.e-recht24.de/muster-disclaimer.html).

Datenschutzhinweise gehören nicht ins Impressum. Sie sollten einen eigenen Unterpunkt bekommen.

DATENSCHUTZHINWEISE

Über die DSGVO habe ich ja vorhin schon gesprochen. Natürlich gehören die Hinweise auch auf deine Homepage.

Es geht um personenbezogene Daten wie zum Beispiel:

Name, Vorname, E-Mail, Telefonnummer, Anschrift und IP-Adresse.

Zusätzlich nutzen wir im Hintergrund diverse Funktionen, Dienste oder Plug-Ins auf Webseiten die solche Daten übermitteln:

- Google Analytics (Tracking Tool)
- Facebook Like Button, Twitter Share Button
- Google AdSense (Werbenetzwerke)
- Google Maps, YouTube

- Server Statistiken

Auch für eine korrekte Datenschutzerklärung gibt es von eRecht24 ein Muster (https://www.e-recht24.de/muster-datenschutzerklaerung.html).

E-COMMERCE

Natürlich ist ein Onlineshop auch eine Website. Hier gelten also die gleichen Regeln, die ich vorher schon genannt habe und noch einige mehr. Der Onlinehandel wird in Deutschland von zahlreichen Gesetzen reglementiert (z.B. HGB, TMG, Urheberrechtsgesetz, BGB, Gewerbeordnung, Verbraucherkreditrecht, ...).

Besonders das **Telemediengesetz** stellt hier ein zentrales Regelwerk dar. Da ich darauf vorhin schon eingegangen bin, werde ich das hier nicht noch einmal ausführen. Im BGB wird geregelt, wer Verbraucher und wer Unternehmer ist.

Auch die **Fernabsatzrichtlinie** findet sich hier wieder. Seit 2002 ist diese Richtlinie im BGB verankert und anwendbar auf alle Verträge, die über sogenannte Fernkommunikationsmittel abgeschlossen werden (also E-Mail, Telefon, Briefe, Kataloge, ...). Sie enthält die Informationspflichten des Anbieters (Preise, Merkmale der Waren, Widerrufs- und Rückgaberecht, ...).

Seit 2001 gibt es das SigG – das **Signaturgesetz** – was den Umgang mit elektronischen Signaturen regelt.

Dann haben wir noch die **Preisangabe-Verordnung** (PAngV). Sie besagt, wie die Preise im Internet dargestellt werden müssen. Rechtsexperten sind sich aktuell noch uneinig, ob diese Vorgabe richtig umsetzbar ist, ohne selbst ein großflächiges Rechtswissen mitzubringen. Grundsätzlich geht es aber darum, dem Verbraucher vollständige und zutreffende Informationen zu liefern. Er muss genau wissen, was ein Produkt oder eine Dienstleistung kostet. Diese Angaben sollen möglichst von allen Verkäufern einheitlich dargestellt werden, damit der Verbraucher eine Chance hat, Dinge zu vergleichen.

Neben den deutschen Gesetzen gibt es auch die **EU-Richtlinie für den elektronischen Geschäftsverkehr**. Auch sie wurde verabschiedet, um Verbrauchern mehr Rechtssicherheit zu bieten. In ihren Geltungsbereich fallen u.a.:

- Online Werbung
- Online Informationsdienste (Zeitungen)
- Online Verkauf von Dienstleistungen oder Waren
- Unterhaltung
- Vermittlerdienste (Hosting von Websites)

Die **Leitlinie zur Sicherheit von Internetzahlungen** wurde auch neu geregelt. In erster Linie geht es darum, Betrügern beim elektronischen Bezahlen das Handwerk zu legen. Die Identität eines Kunden wird durch zwei verschiedene Merkmale aus drei verschiedenen Kategorien geprüft. Das sind zum einen Wissen (also Passwörter, Codes), dann Besitz (ein Token oder das Smartphone) und zuletzt Eigenschaften (Fingerabdruck, Netzhautscan). Eigenschaften dürfen nicht duplizierbar sein und alles muss auch voneinander unabhängig bestehen können. Diese Prüfung wird dann bei Zahlungen z. B. über PayPal, Lastschrift oder Kreditkarte vorgenommen. Ausgeschlossen sind nur Ratenzahlungen oder Rechnungskauf.

Natürlich spielen auch beim Onlineshop die **AGB**, das **Impressum**, das **Urheberrecht** und der **Datenschutz** eine Rolle. Darauf bin ich ja etwas weiter vorn schon eingegangen.

Fördermittel und Investoren

Es gibt eine Vielzahl von Möglichkeiten, wie du als Gründer zu Startkapital kommen kannst. Alle Varianten haben ihr Für und Wider. Manchmal musst du das Geld zurückzahlen, manchmal kaufen sich Investoren bei dir ein und können damit auch direkt auf dein Business einwirken, manchmal bekommst du Geld auch einfach "geschenkt". Schlussendlich musst du für jede Finanzierung gewissen Anforderungen genügen.

Als erstes stelle ich dir die Möglichkeiten der Finanzierung vor.

Bootstrapping

Das ist eine Firmengründung ohne Fremdkapital. Man versucht mit dem Geld, das einem zur Verfügung steht, das bestmögliche zu erreichen und die entstehenden Kosten gering zu halten. Es wird viel selbst gemacht um schnell kleine Einnahmen und irgendwann Gewinne zu erzielen.

Venture Capital

Venture Capital ist kein Kredit. Der Kapitalgeber sichert sich "Geld gegen Anteile" und ist somit auch mit dem Unternehmen verbunden. Diese Form des Kapitalgebers kennt man aus der "Höhle der Löwen". Es werden Finanzierungslücken geschlossen und das junge Unternehmen profitiert auch noch von einer gewissen Management-Unterstützung. Um seine Investition zu schützen, hat der Kapitalgeber allerdings oft ein Mitspracherecht und ist Kontrollinstanz. Ziel des Investors ist möglichst schnelles Wachstum, damit er mit Gewinn wieder aussteigen kann.

Business Angels

Hinter den Business Angels stehen vermögende Unternehmer. Sie sind schwer zu finden, weil sie selten inserieren. Wenn man das Glück hat, findet man oft einen Partner, der gern in innovative Geschäftsideen investiert und als Entwicklungshelfer zur Seite steht. Normalerweise haben sie das technische und organisatorische Know-how und viele Netzwerk-Kontakte.

Zu bedenken ist allerdings, dass die Investments nicht die größten Summen sein müssen. Aber für die Startphase sind sie ein Gewinn.

Crowd-Finanzierung

Hier gibt es zwei Formen: Crowdfunding und Crowdinvesting.

Das Einsammeln von Geld für bestimmte Produkte über Plattformen nennt man Crowdfunding. So kann zum Beispiel die erste Produktion finanziert werden und gleichzeitig erreicht man durch die Plattform eine gewisse Bekanntheit und Zugang zu Early-Adoptern. Plattformen hierfür sind z. B. Indiegogo oder Kickstarter.

Im Gegensatz dazu erhält man beim Crowdinvesting regelmäßige Darlehen von vielen kleinen Investoren, unabhängig von einem bestehenden Produkt.

Aber auch diese Finanzierung ist vorsichtig zu nutzen. Überleg dir rechtzeitig eine Anschlussfinanzierung, bedenke, dass du es mit vielen kleinen Investoren zu tun hast, die irgendwann auch kein Geld mehr liefern oder aussteigen.

Inkubatoren und Acceleratoren

Ein Inkubator unterstützt dich über das Kapital hinaus (oft als Venture Capital) auch noch mit Räumlichkeiten. Oft wird er zum Berater, der bei Analysen und der Entwicklung der Geschäftsidee hilft.

Acceleratoren kommen von Universitäten, VC-Gesellschaften oder aus der Finanzbranche. Das Unternehmen stellt das Kapital und einen Mentor zur Verfügung und erhält im Gegenzug Anteile am Startup.

Beide Möglichkeiten können sowohl ein Hauptgewinn als auch Zeitverschwendung sein. Du musst dich fragen, ob die Unterstützung tatsächlich etwas bringen kann oder wie viel Nutzen du von der Zusammenarbeit hast.

KNOW-HOW DER FÖRDERUNG

Ich persönlich bin immer wieder irritiert, welche Möglichkeiten der Förderung es gibt. Bei dem einen muss man das tun, beim nächsten darf man etwas nicht ... Wie das bei Finanzen gern mal so ist, überfordert mich die Vielfalt. Ich versuche, hier ein wenig Licht ins Dunkel zu bringen.

STAATLICHE MITTEL FÜR GRÜNDER

Laut Statistiken setzen über 80 % der Startups auf Bootstrapping, also Eigenfinanzierung. Danach kommen die staatliche Förderung und Family & Friends. "Verlierer" in diesem Ranking sind die Business Angels, sie rutschten 2016 um 7% nach unten in der Gegenüberstellung zum Vorjahr. Auch die Nutzung von Inkubatoren oder Venture Capital nimmt ab. Crowdfunding stagniert im Ranking.

Zuerst solltest du auf Gründerberater.de den Check durchführen. Hier kannst du in einem Telefonat schonmal klären, welche Fördermittel für dich überhaupt in Fragen kommen. *Wichtig ist vor allem, dass viele Förderungen nur greifen, wenn dein Projekt noch nicht gestartet wurde.*

ARTEN DER FÖRDERMITTEL

Folgen Arten gibt es für Existenzgründer:

- ➢ Zuschüsse
- ➢ Bürgschaften/Garantien
- ➢ Darlehen
- ➢ Beteiligungen
- ➢ Förderung für Beratungen

Zuschüsse für Gründer

Zuschüsse müssen nicht zurückgezahlt werden, deshalb sind sie eine wirklich beliebte Variante der Förderung. Oft sind Zuschüsse aber an spezielle Zielgruppen gerichtet. Bekannt dürfte der Gründungszuschuss sein, der Arbeitslosen die Gründung eines Unternehmens erleichtern soll. Auch Wissenschaftler werden bezuschusst. Hier hebt sich das Programm Exist hervor (darauf gehe ich später noch genauer ein). Dann gibt es noch Beratungsleistungen, die gefördert werden. Hier gibt es jedoch keine finanzielle, sondern sachliche Hilfestellungen.

Bürgschaften und Garantien für Gründer

Die Bürgschaft kennen wir von Krediten oder Mietverhältnissen. Es geht darum, dass eine dritte Person die fehlenden Sicherheiten ersetzt und bei Zahlungsproblemen einspringt. Eine Sonderform ist die Ausfallbürgschaft. Hier tritt der Bürge nur dann ein, wenn es zur Zwangsvollstreckung bzw. Insolvenz kommt. Solche Bürgschaften werden von Banken übernommen, die im Verband deutscher Bürgschaftsbanken zusammengeschlossen sind. Solche Banken sind dafür da, das Wachstum des Mittelstandes sicherzustellen. Beteiligt sind Wirtschaftsverbände, Innungen, Sparkassen, Kammern und Banken und zu finden ist eine Bürgschaftsbank in jedem Bundesland.

In eine ähnliche Richtung gehen die Garantien. Ein Garant sichert die Zahlungen von Verbindlichkeiten. Bei Beteiligungsgarantien wird die Vergabe von Kapital durch Business Angels oder VC-Gesellschaften erleichtert. Die Garantien vergeben Agenturen oder Bürgschaftsbanken, wenn die Beteiligung sonst platzen würde.

Darlehen für Gründer

Ein Darlehen ist ein Kredit, der allerdings sehr zinsgünstig ist. Hier kommen die ERP Förderkredite ins Spiel (auch darauf gehe ich noch näher ein). Diese Kredite sind ausschließlich dafür gedacht, die deutsche Wirtschaft zu fördern. Wer über Förderdarlehen recherchiert, landet zwangsläufig bei der KfW, denn sie ist die wichtigste Institution auf Bundesebene. Für Gründer gibt es das "Startgeld" und den universellen Gründerkredit oder Mikrokredite mit Darlehensbeträgen.

Parallel dazu gibt es auch auf Länderebene Kredite für Gründer. Sie sind ebenfalls zinsvergünstigt und bieten Haftungsfreistellungen. Oft ist es so, dass die Förderbanken selbst die Kredite nicht vergeben, sondern du den Weg über deine Hausbank gehst. Bei einigen Förderungen wird eine Haftungsfreistellung gewährt, die dann allerdings der Hausbank zugutekommt, denn sonst würde sie haften müssen. Damit soll gewährleistet werden, dass auch Gründer mit weniger Sicherheiten die Möglichkeit auf ein Darlehen haben. Das befreit dich natürlich nicht von der Rückzahlung.

Die Beantragung der Darlehen muss vor der Eröffnung deines Unternehmens passieren.

Beteiligungen für Gründer

Sprechen wir von Beteiligungen, dann reden wir von Risikokapital. Es gibt staatliche Unternehmen, die ganz speziell den Tech-Bereich unterstützen. Es gibt aber auch private Geldgeber und Venture Capital Unternehmen.

Für Beteiligungen brauchst du keine Sicherheiten, weil sie nicht zurückgezahlt werden müssen. Stattdessen beteiligt sich der Investor am Stamm- oder Grundkapital deines Unternehmens und tritt dann auch in der Außendarstellung mit auf. Die seltenere Form ist die stille Beteiligung, bei der sich der Investor im Hintergrund hält.

Beratungen für Gründer

Gerade in der Phase vor der Gründung kommt sehr viel auf dich zu. Da ist so viel zu bedenken und die Bandbreite an Informationen ist unsagbar groß. Hier kannst du die Gründungsberatung in Anspruch nehmen. Willst du deinen Businessplan erstellen oder dich an den Finanzplan wagen, damit du dann Zuschüsse beantragen kannst? Dann kannst du entweder auf regionaler Ebene in deiner Stadt nach einer Beratung suchen oder über die "Förderung unternehmerischen Know-hows" zum BAFA (Bundesamt für Wirtschaft und Ausfuhrkontrolle) gehen. Oft werden Zuschüsse von 50% - 80% gewährt, maximal jedoch 4.000€. In einzelnen Bundesländern gibt es auch Gutscheine oder Vorgründungsprogramme.

VORAUSSETZUNG FÜR DIE BEANTRAGUNG

Bei vielen Förderungen musst du evtl. branchenspezifisches Wissen nachweisen oder andere spezielle Dinge erfüllen. Für jedes Fördermittel gelten aber grundsätzlich folgende Bedingungen:

- ausreichende fachliche (ggf. auch kaufmännische) Qualifikation
- die Idee muss positive Perspektiven in der Zukunft haben
- ordentliche wirtschaftliche Verhältnisse des Antragstellers
- bei Landesfördermitteln muss es einen regionalen Bezug geben
- eigene Mitarbeit im Unternehmen

FÖRDERMITTEL DATENBANK

In Deutschland gibt es über 6000 Möglichkeiten öffentlicher Fördermittel und auch die EU öffnet weitere Türen. Jedes Bundesland hat noch einmal Möglichkeiten für eine lokale Förderung. Förderungen können Zuschüsse sein, aber auch sehr günstige Darlehen. Es lohnt sich also mal zu schauen, welche Förderung für dich hilfreich sein könnte. Ein paar Beispiele stelle ich dir hier vor:

MÖGLICHKEITEN DER FÖRDERUNG IN DEUTSCHLAND

ERP Gründerkredit - Startgeld
Das Startgeld kann jeder Gründer in Anspruch nehmen, solange er über mind. 10% der Gesellschaftsanteile verfügt und aktiver Geschäftsführer ist. Pro Person können bis zu 100.000€ als Kredit beantragt werden. Du musst nachweisen, dass das Projekt, das gefördert werden soll, noch nicht begonnen hat. Es gibt keine Förderung im Bereich erneuerbare Energien. Dein Unternehmen darf höchstens 5 Jahre alt sein.
(https://www.kfw.de/inlandsfoerderung/Unternehmen/Gr%C3%BCnden-Nachfolgen/F%C3%B6rderprodukte/ERP-Gr%C3%BCnderkredit-Startgeld-(067)/)

ERP Kapital für Gründung
Hier handelt es sich um ein Nachrangdarlehen. Es geht nicht darum, hiervon Betriebsmittel zu kaufen, sondern zum Beispiel die erste Teilnahme an einer Messe zu finanzieren. Du darfst höchstens 250 Mitarbeiter beschäftigen und dein Unternehmen darf nicht älter als 3 Jahre sein. Auch hier ist keine Förderung im Bereich der erneuerbaren Energien angedacht.

(https://www.kfw.de/inlandsfoerderung/Unternehmen/Gr%C3%BCnden-Nachfolgen/F%C3%B6rderprodukte/ERP-Kapital-f%C3%BCr-Gr%C3%BCndung-(058)/)

ERP Gründerkredit - Universell

Die Fördersumme geht bis zu 25 Mio. Euro. Der Kredit ist für junge Unternehmen und Gründer gedacht, die investieren wollen. Dein Unternehmen darf nicht älter als 5 Jahre alt sein und du musst weniger als 250 Mitarbeiter beschäftigen. Die Förderung im Bereich erneuerbare Energien ist auch hier ausgeschlossen. Außerdem ist diese Förderung nicht kombinierbar mit dem oben genannten Startgeld.
(https://www.kfw.de/inlandsfoerderung/Unternehmen/Gr%C3%BCnden-Nachfolgen/F%C3%B6rderprodukte/ERP-Gr%C3%BCnderkredit-Universell-(073 074 075 076)/)

Gründerwettbewerb Digitale Innovation

Wenn dein Business hauptsächlich auf Informations- und Kommunikationstechnik setzt, kannst du am Gründerwettbewerb teilnehmen. Dein Unternehmen sollte allerdings noch nicht gegründet sein, bzw. darf die Gründung höchstens 4 Monate zurückliegen. Es gibt jährlich bis zu 6 Hauptpreise zu je 32.000 € und weitere Preise zu je 7.000 €. Die Startsumme von 7.000 € wird direkt ausgezahlt, der Rest vom Hauptpreis ist gekoppelt an die Gründung als GmbH oder AG. Neben dem Geld gibt es noch umfangreiche Hilfen in Form von Coachings. Der Wettbewerb findet jedes halbe Jahr statt. https://www.de.digital/DIGITAL/Navigation/DE/Gruenderwettbewerb/gruenderwettbewerb.html.

Gründerstipendium Exist

Das Stipendium gibt es nur noch bis Ende 2020 und richtet sich in erster Linie an Studenten und Wissenschaftler von Hochschulen. Gefördert werden hier die praktischen Dinge für die Umsetzung wie die Entwicklung von der Idee zum Businessplan. Die Fördersumme erhöht sich je nach Abschluss und ist personengebunden (nicht an ein Unternehmen gekoppelt). So erhalten Studierende 1000€ pro Monat und promovierte Gründer 3000€ im Monat. Die Förderung läuft ein Jahr. Allerdings ist eine Kombination mit anderen Fördermitteln nicht möglich.

(https://www.exist.de/DE/Programm/Exist-Gruenderstipendium/inhalt.html)

High-Tech Gründerfonds (HGTF)

In den Fonds zahlen unterschiedliche Unternehmen ein und er richtet sich an Technologie-Startups. Dein Unternehmen darf höchstens ein Jahr alt sein und

muss sich ausgeprägt am Wachstum orientieren. Es muss mindestens 1 Prototyp bzw. “proof of concept” entwickelt werden. Du musst Eigenmittel von 10 % bereitstellen können. Die Fördersumme beträgt 600.000 €.
(https://high-tech-gruenderfonds.de/de/)

MÖGLICHKEITEN DER EUROPÄISCHEN FÖRDERUNG

European Angels Fond (EAF)
Die Angels beteiligen sich an deiner Firma, sie werden also für mindestens 10 Jahre Teil deines Unternehmens sein. Das hat Vor- und Nachteile. Zum einen kannst du natürlich vom Know-How und Netzwerk des Angels kräftig profitieren, zum anderen hat der Angel in den meisten Fällen ein Mitspracherecht.
(https://www.eif.org/)

KIC InnoEnergy Highway
Hier steht die Nachhaltigkeit im Vordergrund. Alles dreht sich um Innovationen rund um das Einsparen von Energien. Es geht nicht nur darum, die Energiekosten zu senken, sondern Systemleistungen zu steigern und neue Arbeitsplätze zu schaffen. Energien sparen kann man also auch, indem man wirtschaftlich rentabel arbeitet. Unterstützt durch das Europäische Technologieinstitut werden hier also Unternehmen im Energiebereich gefördert, auch hier in Form einer Beteiligung am Stammkapital. Die Investition erfolgt in verschiedenen Stufen, zuerst im “Highway Service”, bei dem das Gründerteam einen Betriebsmittelzuschuss von ca. 60.000 € erhält. Parallel dazu können zusätzlich für ein halbes Jahr 12.000 € über den “Acceleration Fund” für die Lebenshaltungskosten gewährt werden. Und die Weiterentwicklung sichert später der “Investment Fund”.
(https://www.innoenergy.com/)

Marketing

MARKETINGMIX

Schon 1960 hat Jerome McCarthy die 4 Ps des Marketings entwickelt. Hier handelt es sich um die vier Grundsäulen, damit das große Thema Marketing ein wenig greifbarer wird.

Die 4 Ps sind:
- ★ Produkt (Produktpolitik)
- ★ Price (Preispolitik)
- ★ Promotion (Kommunikation im Marketing)
- ★ Place (Vertriebspolitik)

Die 4 Ps besagen also, dass das richtige Produkt zum passenden Preis über den besten Weg im Vertrieb mit wirksamster Kommunikation bei der richtigen Zielgruppe platziert wird.

PRODUCT

Bei der Produktpolitik geht es in erster Linie um den Nutzen für potenzielle Kunden, das Design des Produktes und den Service rund um dein Produkt. Oberste Regel ist hier die Kundensicht! Natürlich bist du von deinem Produkt überzeugt. Aber was bringt es dem Kunden?

Kernnutzen
Der Kernnutzen ist wichtig für das Angebot an den Kunden. Ein Wasser löscht erstmal den Durst, das ist die Kernaufgabe. Es könnte aber auch weitere Zusätze bekommen wie z. B. den Geschmack. Wasser mit Geschmack löscht also nicht nur den Durst, sondern schmeckt auch noch lecker. Der Nutzen für den Kunden gehört übrigens mit in den Businessplan.

Design
Wie soll dein Produkt aussehen, welchen Namen soll es erhalten? Soll es sich vielleicht zu einer Marke entwickeln? Das sind Fragen zum Thema Design. Welche Form und Farbe soll die Verpackung haben? Hier kannst du auch besondere Verpackungen wählen, die man mitessen kann oder die durch Blinken auf sich

aufmerksam machen. Zu beachten sind hier die Schutzrechte. Auch dieser Punkt ist Teil des Businessplans.

Service

Auch der Service ist für deine Kunden wichtig. An dieser Stelle kannst du dich gut von Konkurrenten abgrenzen. Kannst du evtl. eine kostenlose Lieferung anbieten oder kostenlose Beratung? Gibt es für dein Produkt eventuell eine längere Garantie? Sicher fällt dir hier noch mehr ein, wie du den Service für deine Kunden am besten aufbauen kannst.

PRICE

Die Preispolitik dient dazu, deine Kosten zu deckeln und im besten Fall auch noch Gewinn zu machen. Einflussfaktoren sind hier andere Wettbewerber und die richtige Positionierung auf dem Markt. Natürlich sind auch Finanzierungsmöglichkeiten und Rabatte ein Thema in dieser Kategorie.

Den passenden Preis zu finden ist nicht so leicht wie es klingt. Orientiert man sich am Wettbewerber, deckt man vielleicht die eigenen Kosten nicht. Geht man von seinen eigenen Vorkosten aus, könnte das Produkt wieder zu teuer werden, um für Kunden noch interessant zu sein. Eine kleine Hilfe bei der Berechnung bietet hier ein Excel-Tool (https://www.fuer-gruender.de/businessplan-vorlage/preiskalkulation/).

Nach wie vor ticken wir Menschen auf der 0,99 Schiene. Wir wissen alle, dass es nur noch ein Cent ist bis zum Euro ist, runden im Kopf sogar auf und dennoch greifen wir eher zu einem Produkt, das 99,99 € statt 100,00 € kostet. Dieses psychologische Phänomen kannst du bei deiner Preispolitik nutzen.

Auch interessant sind schwankende Angebote. Dazu gehören Rabattaktionen, Lagerräumung und Ausverkauf und Staffelpreise. Bei Dienstleistungen gibt es eine Einstiegsaktion, die zeitlich begrenzt ist oder ein Schnupper-Abo. Solche Angebote gelten im Allgemeinen für einen bestimmten Zeitraum. Auch hier spielt die Psychologie des Verbrauchers wieder eine Rolle. Hat der Verbraucher das Gefühl, das gute Angebot zu verpassen, schlägt er lieber jetzt als später zu.

Bei einigen Angeboten lohnt sich ein Dreh an den Zahlungskonditionen. Längere Fristen für die Bezahlung, Skonto oder Finanzierungsmöglichkeiten können Kunden zu dir bringen.

Bei jeder dieser Varianten musst du aber im Hinterkopf behalten, dass du eventuell nicht mehr Kunden damit gewinnst. Dann kann dein Gewinn sinken, weil du vergünstigt und trotzdem nicht mehr verkauft hast. Auf der anderen Seite könnten dir die Kunden bei einem günstigen Angebot auch die Bude einrennen, so dass du mehr Artikel vorhalten musst. Solche Möglichkeiten sind immer eine Gratwanderung.

Natürlich gehört auch die Preispolitik in den Business- und Finanzplan.

PROMOTION

Hier steht die Zielgruppe und damit verbundene Maßnahmen im Mittelpunkt. Zum einen ist es also wichtig, dass du deine Zielgruppe genau definiert hast und zum anderen ist dann die Frage, auf welche Werbemaßnahmen deine Zielgruppe reagiert. Willst du etwas für Senioren verkaufen, bringt die Werbung auf Facebook vermutlich nicht den gewünschten Erfolg.

Zur Werbung zählen nicht nur das Platzieren deines Produktes in Printmedien oder online. Hierunter fallen auch Messen und andere Veranstaltungen und die Corporate Identity (darauf gehe ich im Nachgang noch explizit ein).

Zielgruppe

Werbeagenturen bestimmen häufig einen typischen Vertreter der Zielgruppe und erstellen ein detailliertes Profil von ihm. Zum Beispiel: Max Mustermann ist 33 Jahre alt, ungebunden und wohnt in Berlin; er ist im Büro eines Heizungsherstellers tätig; privat ist er Anhänger von Borussia Dortmund, geht in Clubs und spielt online-Spiele; er liest den Spiegel und den Focus und verreist gern in andere Länder, ...

Hast du deinen Beispielkäufer definiert, kannst du dir anhand seiner Person folgende Fragen stellen:

- Welche Kriterien beeinflussen seine Kaufentscheidung? (Image, Preis, Qualität)
- Wer beeinflusst seine Entscheidung mit? (Eltern, Freunde, Berater vor Ort)
- Über welche Medien erreiche ich meinen Kunden? (Fernsehen, Werbeartikel, Social Media, Werbung im Internet, Direktmarketing)

Im nächsten Schritt geht es darum, das Marketing auf die Zielgruppe auszurichten. Wichtig ist an der Stelle auch, dass du bedenkst, dass dein Marketing zur Strategie passt. Wenn du dich im hochpreisigen Segment bewegst, dann sollte deine Werbung auch hochwertig sein, sonst wirkt es unrund und kommt bei der Zielgruppe nicht an.

Werbung

Natürlich geht es hier darum, deine zukünftigen Kunden darüber in Kenntnis zu setzen, dass es dein Produkt gibt. Du willst also durch eine gute Darstellung einen Anreiz zum Kauf auslösen.

<u>Klassische Werbestrategie</u>

Als klassische Werbung werden aktuell noch die Offline Varianten geführt, also Printmedien (Zeitschriften, Zeitungen, Plakate) und Radio- bzw. Fernsehspots. Je nach Platzierung kannst du hier einen großen Radius informieren, allerdings ist dies auch sehr kostenintensiv.

Onlinewerbung
Natürlich gewinnt die Werbung online an Bedeutung und das nicht nur, weil sie deutlich günstiger ist, sie ist auch besser messbar und schneller anzupassen. Ähnlich wie in den Printmedien erreichst du auch hier viele Menschen.

Direktwerbung
Direkte Werbung passiert vor Ort (Point of Sale). Der Vorteil ist die direkte Reaktion des Kunden. Allerdings ist die Reichweite sehr eingeschränkt. Du kannst auch selbst Veranstaltungen ins Leben rufen, um ein größeres Publikum zu erreichen oder dein Produkt auf Messen vorstellen.

Welche Maßnahme(n) du auch ergreifst, du musst die Effizienz im Hinterkopf behalten. Wenn dein Produkt im mittleren Preissektor zu finden ist und du viel Geld ins Marketing investierst, musst du die Kosten irgendwie wieder reinholen. Das läuft unter anderem über den Preis deines Produktes. Sei erstmal zufrieden, wenn du nicht jeden in deiner Zielgruppe erreichst. Die ersten 20% sind immer recht einfach zu informieren, die letzten 5% kosten richtig Zeit und Geld. Hier bleibt die Frage, ob diese letzten Prozent deine Rendite noch so stark erhöhen könnten, dass sich die Investition lohnen würde.

Auch hier gibt es als kleine Hilfestellung ein Tool von Für-Gründer.de. (https://www.fuer-gruender.de/businessplan-vorlage/marketingtool-marketingbudget/)

PLACE

Vertriebsmöglichkeiten
Neben dem direkten Vertrieb gibt es auch noch die Möglichkeit, Vermittler einzuschalten oder Franchise zu nutzen.

Direktvertrieb
Hier bleibt dir der direkte Kundenkontakt erhalten. Gerade bei Produkten, die einen größeren Beratungsaufwand erfordern (z.B. Investitionsgüter), ist es sinnvoll am Kunden dran zu bleiben. Denn auch die Qualität der Beratung kann ein

Anreiz für Kunden sein, genau zu deinem Produkt zu greifen. Zum Direktvertrieb gehören neben dem klassischen Laden auch der Versand- und Onlinehandel.

Vermittler

Schaltest du einen Vermittler ein, ist er ein Bindeglied zwischen dir und deinem Kunden. Als Vermittler bezeichnet man Handelsvertreter oder Groß- und Einzelhändler. Hier musst du also nicht erst den Kunden, sondern deinen Vermittler überzeugen, dein Produkt in seine Palette aufzunehmen, denn er muss schlussendlich den Kunden überzeugen. Vermittler werden vor allem bei Konsumgütern eingesetzt, weil diese flächendeckend verteilt werden sollen. Oft wird auch nicht nur ein Vermittler genutzt, sondern mehrere, sodass auf ein großes Netzwerk aller Vermittler zugegriffen werden kann. Natürlich führt dieser Vertriebsweg auch zu höheren Kosten.

Franchise

Franchise ist nicht für jedes Produkt geeignet. Wenn du eine eigene Marke schnell aufbauen möchtest, wäre es wahrscheinlich eine gute Idee. Franchisenehmer sind eigenständige Unternehmen, die Struktur und die Rahmenbedingungen werden allerdings vorgegeben. Der Aufbau eines solchen Systems kostet viel Zeit und Geld. Über Franchise-Portale kannst du Franchisenehmer suchen.

Schlussendlich entscheidet deine Unternehmensstrategie, welcher Vertriebsweg für dein Produkt am besten geeignet ist und was du persönlich bevorzugst.

Auch dieser Punkt kommt in den Businessplan. Dem Leser muss klar werden, woher der Kunde dein Produkt bekommt und warum du diesen Weg gewählt hast.

CI - CORPORATE IDENTITY

Die Corporate Identity ist die Identität deines Unternehmens. Sie soll dich nicht nur von deinen Konkurrenten abgrenzen, sondern ist auch nach innen unheimlich wichtig. Hier geht es um die Philosophie und die Konzeption im Unternehmen. Sind deine Mitstreiter vom Unternehmen überzeugt, klemmen sie sich dahinter, die Philosophie zu leben. Sie werden auch privat positiv vom Unternehmen berichten und das ist kostenlose Werbung für euch alle.

Natürlich ist es auch wichtig, sich nach außen abzugrenzen und unverwechselbar zu sein. Das kannst du mit Botschaften auf der Website oder deinen Produkten erreichen oder mit grafischen Details, die andere nicht haben. Was grenzt deine Firma und dein Produkt vom Mainstream ab?

Wichtig ist, dass das Bild deines Unternehmens sowohl innen als auch außen stimmig ist. Wenn du z.B. Produkte für Kinder vertreibst und ein kinderfreundliches Image verkaufen möchtest, ist es wenig hilfreich, wenn die jungen Mütter in deinem Unternehmen die Kids aufgrund der Arbeitszeiten nicht aus der Kita abholen können. Wenn sich genau diese Mütter dann einen neuen Job suchen, könnte das zu einem Imageverlust führen. Hier ist also nicht nur ein einheitliches Logo, das zur Idee passt, und vielleicht ein passender Slogan wichtig.

Für die Außendarstellung hilft es auf alles, was sich anbietet, den eigenen Stempel aufzudrücken. Gerade in der Anfangsphase sollte dein Logo, die Idee oder ein Spruch ständig und überall zu finden sein. Hier eignen sich natürlich Visitenkarten, sämtliche Schriftstücke die rausgehen, Anzeigen, Flyer oder Give Aways. Ein einheitlicher Firmenstempel ist ein Must have (am besten mit Grafik, dann prägt es sich auch im visuellen Gedächtnis ein), auch Firmenwagen können verschönert werden oder du nutzt Werbeplakate.

USP - ALLEINSTELLUNGSMERKMAL

Die Omnipräsenz ist ein guter Start für den öffentlichen Auftritt. Im Zusammenhang mit der Unique Selling Proposition (USP) könnte sie vielleicht eine Marktnische öffnen. Du solltest dir also überlegen, was du kannst, was sonst keiner kann; was du deinen Kunden bietest, was die Konkurrenz nicht macht und warum ein Kunde gerade bei dir kaufen soll. Dir muss aber bewusst sein, dass dieses USP nicht ewig halten wird. Konkurrenten werden schnell auf den Zug aufspringen, sodass es kein Alleinstellungsmerkmal mehr bleiben wird. Im Klartext bedeutet ein Alleinstellungsmerkmal also einen Anschub, aber keine dauerhafte Lösung, um mehr Umsatz zu generieren.

Trotzdem solltest du dabeibleiben und dein Merkmal mit Leben füllen. Für deine Kunden ist es auch wichtig zu sehen, dass deine Ansagen keine Eintagsfliegen sind, dass du konsequent dabei bleibst und zu deinem Wort stehst, auch wenn andere vielleicht mittlerweile das gleiche machen. Dieser Gedanke überträgt sich wiederum auf dein gesamtes Unternehmen und der Kunde beginnt, dir zu vertrauen.

Marketing online

MOBILE ADVERTISING

Diese Werbung findet vor allem auf Tablets und Smartphones statt. Unterschieden wird zwischen der Erhöhung der Performance und dem Branding. Immer mehr Menschen nutzen mobile Geräte und haben sie 24 Stunden bei sich. So kannst du deine Kunden zu jeder Tages- und Nachtzeit erreichen. Früher waren die Werbeanzeigen auf dem Handy einfach nervig, weil sie plötzlich und über den ganzen Bildschirm auftauchten, oft mit Themen, die mich überhaupt nicht interessierten. Mittlerweile hat sich das geändert. Die Banner und Anzeigen sind an die Displaygröße angepasst worden und sie werden zwischen den Inhalten platziert, die ich gerade ansehe (intent-driven heißt das im Jargon). Und die Werbung wird "intelligenter". So werden häufig kontextbasierte Anzeigen eingebettet. Das heißt, der Nutzer recherchiert zu bestimmten Themen und dazu passend bekommt er Werbeangebote. Das ist für den Nutzer weniger nervig und damit steigt die Conversion, das heißt, du erreichst mehr Kunden mit deinem Produkt. Besonders für neue Apps ist diese Form des Marketings unverzichtbar. Im Gegensatz zur klassischen Werbung in Printmedien ist hier der Erfolg messbar. Du kannst deine Zielgruppe ganz konkret ansprechen und die Anzeige jederzeit optimieren. Neue Technologien wie Geolocating werden auch von anderen schon genutzt. Hotels geben ihren Gästen zum Beispiel die Flugdaten vom nahegelegenen Airport in Form von Werbung aufs Smartphone. Das wird gar nicht mehr als Werbung angesehen, sondern eher als Hilfestellung.

Für Startups ist Mobile Advertising deshalb auch wichtig, weil es ein riesiges Potenzial für ein relativ kleines Budget bietet. Über Facebook kannst du die ersten Versuche starten. Wenn du einen größeren Eindruck hinterlassen möchtest, solltest du mit ca. 10.000€ pro Monat rechnen, um KPI´s identifizieren zu können und deine Zielgruppe ganz direkt zu finden. Damit landest du dann aber auch ziemlich weit oben im App Store.

WERBEN AUF INSTAGRAM

Instagram ist aktuell eine gute Plattform zum Verkaufen. Die Nutzer werden mit Likes belohnt und das spornt zum nächsten Kauf an. Hier Werbekampagnen zu fahren ist nicht nur effektiv, sondern auch effizient. Du kannst deinen User die ganze Zeit während der Entscheidung zum Kauf begleiten und verschiedene Ziele verfolgen (Bekanntheit, Conversion).

Wenn du auf Instagram eine Werbekampagne starten möchtest, brauchst du ein persönliches Facebook Profil, eine Seite auf Facebook und ein Werbekonto dort. Außerdem solltest du ein Instagram Profil haben (vielleicht als Business Profil) und beides miteinander verknüpfen. Optional ist die Implementierung eines Facebook-SDK's und / oder eines Facebook-Pixels hilfreich.

Werbemöglichkeiten

Du hast 4 Grundformate zur Verfügung, die alle auf Visualisierung basieren.

1. Link-Ad und Photo-Ad

Das bekannteste Format sind die Foto-Ads, die im Homefeed der Nutzer erscheinen. Hast du den Link zu deiner Homepage hinterlegt, wird über die gesamte Breite der Call-to-Action-Button "Mehr dazu" angezeigt (alternativ kann auch "jetzt kontaktieren" oder "jetzt buchen" ausgewählt werden. So wird die Foto-Ad zur Link-Ad. Möglich ist auch, den User Generated Content mit entsprechender Freigabe der User einzusetzen. Für die richtige Aufmerksamkeit empfiehlt Instagram ein quadratisches bzw. 1:1 Seitenverhältnis mit 1080 x 1080 Pixel, 30 MB Dateigröße, JPG oder PNG und einer Bildunterschrift von 125 Zeichen. Für die Bildunterschrift stehen dir viel mehr Zeichen zur Verfügung, aber eine kurze, knackige Aussage ist besser zu erfassen. Auch sollte dein Bild so wenig Text wie möglich enthalten, da diese weniger oder gar nicht angezeigt werden. Um das zu verhindern, kannst du das Text-Overlay-Tool von Facebook nutzen (www.facebook.com/ads/tools/text overlay).

2. Video Link-Ad

Auch Videos werden im Homefeed der User abgespielt und starten automatisch (ohne Ton). Je nach Produkt oder Dienstleistung kannst du natürlich mit einem Video die Nutzer anders erreichen als mit einem Bild, hier kannst du auch noch Ton unterlegen. Da jedoch am Anfang der Ton nicht automatisch mit startet, muss das Video auch ohne Ton aussagekräftig sein. Aktuelle Studien haben gezeigt, dass Videos in Bezug auf Sales, Marken oder Werbung in den ersten 3 Sekunden zu 47 % Wirkung erzielen und auf 74 % innerhalb der ersten 10 Sekunden hoch springen. Instagram hat auf das Nutzerverhalten reagiert und eine eigene Videosuche über den Explorer eingeführt. Das zeigt, dass die bewegten Bilder aktuell gut genutzt werden. Eine ausführliche Ausführung findest du im Facebook-Ads-Guide.

3. Carousel-Ad

Wer es nicht kennt: Wir reden hier von einer interaktiven Slideshow oder Bildergalerie, durch die man wischen oder swipen kann. Du kannst hier 10 Karten einbinden (Videos / Fotos). Auch der Call-to-Action-Button kann hier wieder genutzt werden. Du kannst dem Nutzer also verschiedene Seiten deines Produktes zeigen oder unterschiedliche Produkte bzw. auch Screenshots deiner App oder ähnliches. Der Vorteil ist, dass der Nutzer bei Instagram bleiben kann und nicht auf eine andere Website wechseln muss. Auch hier findest du weitere Einzelheiten im Facebook-Ads.Guide.

4. Instagram Story Ad

Ähnlich wie bei den User Stories erscheint deine Botschaft bildschirmfüllend. Du kannst ein 15 Sekunden langes Video oder ein einzelnes Bild (ist 10 Sekunden sichtbar) schalten. Einzelne Stories werden nicht durch Werbung unterbrochen. Auch bei den Stories kannst du den Call-to-Action-Button hinzufügen.

5. Lead Ads

Die Lead Ads sind ein Sonderformat der Werbung, mit dem sich recht einfach Leads generieren lassen. Den oben beschriebenen Ads kannst du hier ein Kontaktformular hinzufügen, das schon für die Nutzer von Instagram optimiert wurde. Hierfür ist der Facebook-Account wichtig, denn die Daten werden darüber schon vorausgefüllt. So muss der Nutzer nicht nochmal alles eintippen und kann das Formular direkt versenden. Außerdem kannst du weitere Felder ergänzen, wenn noch mehr Daten für dich wichtig sind. Das geht ganz einfach im Facebook-Werbeanzeigenmanager. Lead Ads bestehen aus vier Seiten: optional kannst du dein Unternehmen und/oder Produkt kurz vorstellen und deine Kunden begrüßen, es gibt eine Seite auf der du Fragen stellen kannst, eine Seite für die Datenrichtlinie und die letzte Seite, um dich zu bedanken. Möchtest du diese Möglichkeit nur für Instagram nutzen, solltest du Facebook im Werbeanzeigenmanager deaktivieren.

6. Dynamic Ads

Sehen aus wie Foto-Ads, sind aber Werbeanzeigen die sich dem Nutzerverhalten dynamisch anpassen. Je nach Nutzerverhalten auf deiner App oder Website werden ganz individuell Produkte angezeigt. Am besten erstellst du eine Vorlage für die Werbeanzeige, die Bilder aus deinem Produktkatalog verwendet. Wie genau der Produktkatalog erstellt wird, kannst du auf Facebook Business nachlesen. Natürlich brauchst du hier eine Verbindung zwischen deiner Website und/oder App. Das funktioniert über Facebook-Pixel oder bei der App über Facebook-SDK.

CONVERSION OPTIMIERUNG

Im Marketing ist "Conversion" ein gängiger Begriff. Im Prinzip geht es darum, eine Reaktion auf Newsletter, Werbeanzeigen und andere Infos auf deiner Website zu bekommen und im optimalen Fall natürlich eine Bestellung deines Produktes. Es geht also darum, so viel Conversion wie möglich zu generieren, damit viele Konsumenten auf dein Produkt aufmerksam werden und es schlussendlich kaufen. Doch wie optimiere ich diese Möglichkeit?

Zum einen ist das kein einmaliger Prozess. Das Interesse deiner Kunden kann sich schnell wieder ändern. Hier musst du also immer dranbleiben. Egal, ob deine Besucherzahlen abnehmen oder steigen, eine Optimierung ist immer möglich. Auch kleine Steigerungen machen sich schon im Umsatz bemerkbar. Manchmal reicht es schon, eine Beschriftung oder die Farbe eines Buttons zu ändern. Es empfiehlt sich aber ein Test mit unterschiedlichen Landingpages. Beide stellen das gleiche Produkt dar, unterscheiden sich aber in der Message, den Farben und vielleicht auch anderen Aussagen. Anhand des Nutzerverhaltens erkennst du, welche Page besser aufgenommen wird und die kannst du dann weiter optimieren. Eine recht simple Lösung ist auch, Freunde oder Arbeitskollegen direkt an den PC zu setzen und alles gemeinsam durchzugehen. Oft zeigen sich hier auch schon Stolpersteine. Aus eigener Erfahrung weiß ich, dass man beim Bau seiner Website irgendwann betriebsblind wird. Wichtig ist, wenn du deine Ausgangsbasis gefunden hast immer nur ein Element zu ändern. Sonst wird die Aussage, auf welche Änderung mehr reagiert wurde, schwierig.

Hilfen und Tools zur Optimierung

<u>Visual Website Optimizer (VWO)</u>
Hier kannst du verschiedene Webseiten gegeneinander testen - der sogenannte Splittest.

<u>Smartlook</u>
Schau deinem Besucher über die Schulter, während er sich auf deiner Seite umschaut. Daraus kannst du z.B. ersehen wann er wo abbricht, ob deine Message überhaupt wahrgenommen wird oder was der Nutzer ganz grundsätzlich macht. Ein schöner Nebeneffekt ist das Aufdecken von kleinen Bugs, die dir vorher vielleicht nicht aufgefallen sind.

<u>ConversionXL</u>
Hierzu gibt es auch einen Blog, der dir nützliche Hinweise geben kann, selbst wenn du dich schon bestens auskennst.

KUNDENBINDUNG

Die Kundenbindung ist nicht nur finanziell wertvoll, sie beinhaltet auch kostenlose Werbung für dein Unternehmen. Ist ein Kunde von der Idee deines Unternehmens überzeugt und findet dein(e) Produkt(e) spannend, wird er seinen Freunden und Bekannten davon erzählen und das wiederum sind sehr sinnvolle Referenzen für dich. Denn wem glaubt man am ehesten? Seinem näheren Umfeld.

Im Marketing heißt der Aufbau der Kundenbindung Customer Journey. Hier entwickelst du ein besseres Verständnis dafür, wodurch dein Kunde zu der Entscheidung zum Kauf kommt. Es ist also quasi die Reise des Kunden, die du versuchst nachzuvollziehen, um spezielle Berührungspunkte zu finden, an denen du dein eigenes Produkt platzieren kannst.

Das Customer Journey ist sozusagen das Oberkonzept. Mittlerweile haben sich darunter verschiedene Modelle entwickelt, die an verschiedenen Stellen ansetzen. Der Klassiker ist das AIDA Prinzip. Es ist relativ leicht nachvollziehbar und baut in vier Stufen aufeinander auf:

Attention (Awareness): Hier wird die Aufmerksamkeit zum ersten Mal auf das eigene Produkt gelenkt. Der Kunde sucht nach einer Lösung zu einem Problem und sammelt dazu Informationen.

Interest: Nachdem dein Produkt die Aufmerksamkeit erregt hat, geht es nun darum, das Interesse zu halten.

Desire: Dein Kunde hat noch immer Interesse und im dritten Schritt soll jetzt der Wunsch zum tatsächlichen Kauf geweckt werden.

Action: Zum Schluss möchte dein Kunde dein Produkt tatsächlich kaufen. Heute reicht dafür ein letzter Call-to-Action Button, um den Abschluss zu erreichen.

Die Erweiterung dieses Prinzip besteht aus:

Satisfaction: Wie zufrieden ist mein Kunde mit meinem Produkt? Das gehört nicht direkt zum Customer Journey, ist aber der erste Schritt zu einer langfristigen Kundenbindung.

Conviction: Hier wird der Faktor Vertrauen zum ursprünglichen Modell angesprochen. Der Kunde ist also fest davon überzeugt, dass dieses Produkt besser ist als die Alternativen auf dem Markt.

Wie so oft bei klassischen Methoden hat natürlich auch diese Schwächen. Hier wird von einer geradlinigen Entscheidung des Kunden ausgegangen, die wenig praxisnah ist. Es wird nicht berücksichtigt, dass es verschiedene Möglichkeiten gibt, ein Produkt zu kaufen.

Procter & Gamble hat sich auch an einer Strategie versucht. Sie nennen sie "Moments of Truth". Diese Momente sind zuerst die erste Stimulation (z.B. durch Werbung), dann die Entscheidung für das Produkt und schließlich die Erfahrungen damit. Auch hier gibt es mittlerweile Erweiterungen, um dies in der digitalen Welt besser nutzen zu können. Schlussendlich bleibt aber auch diese Strategie linear.

McKinsey nähert sich dem Problem anders. Das Decision Journey-Modell geht von einer zyklischen Entscheidungsfindung aus, also quasi einem Kreislauf, bei dem der Kunden durch verschiedene Phasen geht:

- Am Anfang stehen die Überlegung des Kunden und der Überblick über die Anbieter.
- Daraufhin folgt die Suche nach Informationen, um die Anbieter vergleichen zu können
- Dann folgt die Entscheidung für ein bestimmtes Produkt
- An dem Punkt werden die gemachten Erfahrungen aufgegriffen und als mögliche Auslöser für einen erneuten Kauf benannt
- War die Erfahrung für den Kunden positiv, entsteht der "Loyalty Loop". Der Kunde erinnert sich im besten Fall an das gute Einkaufs- und Produkterlebnis und greift beim nächsten Mal wieder zu einem Produkt desselben Anbieters

Allein das schöne Kauferlebnis reicht im Allgemeinen aber nicht aus, um die Kunden langfristig zu halten. Weitere Maßnahmen sind heute Bonussysteme und spezielle Serviceangebote.

Keines der vorgestellten Modelle wird dem komplexen Kundenverhalten jedoch wirklich gerecht. Gerade in der heutigen Zeit können potenzielle Kunden auf weit mehr Informationsquellen zurückgreifen als noch vor 30 Jahren. Es gibt sehr viel mehr Schnittpunkte als die vorhin Genannten. Der Nutzer informiert sich parallel im Internet, bei Freunden und Kollegen. Deshalb ist es umso wichtiger, den Entscheidungsweg deines Kunden bestmöglich nachvollziehen zu können. So kannst du die Touchpoints zwischen dem ersten Interesse und dem finalen Kauf strategisch klug setzen.

Um diesen Weg des Kunden visualisieren zu können, nutzen viele das Customer Journey Mapping. Hier versetzt man sich in den Kunden und versucht auch, die Bedürfnisse mit einzubeziehen. Der Perspektivwechsel deckt oft auch schon Lücken zwischen der eigenen Marketingstrategie und der Kundensicht auf. Natürlich brauchst du hier genug Daten, um eine wirkliche Vorstellung von dem gesamten Prozess entwickeln zu können.

Es ist natürlich gut, so viele Touchpoints wie möglich zu identifizieren. Allerdings muss dir auch bewusst sein, dass du nicht jeden dieser Punkte steuern kannst. Du kannst sehr viel auf dem mobilen Weg tun (siehe Marketing online), du kannst auch mit Printmedien oder Radio und Fernsehen arbeiten. Die persönliche Meinung und die Beeinflussung durch Freunde kannst du aber nur bedingt beeinflussen.

Die Group-M-Agentur hat 75.000 Menschen in Deutschland befragt und im Ergebnis kommen die Käufer im Durchschnitt nach 6 Touchpoints zum Kauf. Auch Exactag hat eine Untersuchung durchgeführt und große Unterschiede zwischen den verschiedenen Branchen festgestellt. Sie kamen zu dem Ergebnis, dass durchschnittlich 20 Touchpoints nötig waren bis zum Kauf. Allein diese beiden Ergebnisse zeigen deutlich, dass wir hier von relativ neuen Analysemethoden reden und jedes Unternehmen anders an die Fragestellung herangeht. Daher rühren auch die recht unterschiedlichen Ergebnisse. Die digitalen Touchpoints sind auf dem Vormarsch. Sie werden mehr und komplexer. Hier eröffnet sich aber auch eine große Möglichkeit für junge Startups. Im Gegensatz zu alteingesessenen klassischen Unternehmen sind Startups schon im digitalen Zeitalter angekommen, sie agieren schneller, reagieren treffender und passen sich schneller Veränderungen an.

REFERENZEN (TESTIMONIAL)

Referenzen spielen auch heute noch eine große Rolle. Früher gab einem die Nachbarin einen Tipp, wo man etwas kaufen kann und heute läuft es zusätzlich noch über die digitalen Medien. Referenten sind im Prinzip persönliche Bewertungen und die rangieren auch heute noch ganz weit oben, wenn man etwas kaufen möchte.

Wenn wir von Bewertungen reden, fallen mir auch immer die Stories aus der Reisebranche ein, als gekaufte Hotelbewertungen die Runde machten. Lass die Finger von so etwas. Kunden brauchen nur kurz zu recherchieren und kommen schnell darauf, dass Menschen aus fernöstlichen Ländern ein Produkt bewerben, das für sie gar nicht relevant ist. So wirst du Kunden eher verlieren als gewinnen. Unabhängig davon ist es gesetzeswidrig.

Direkte Referenzen von Kunden

Hier kommt wieder ein wenig die Psychologie zum Anklang. Menschen bedanken sich gern für schöne Gefühle und sie werden gern gelobt. Das kannst du nutzen, indem du deinen Kunden nach dem Kauf aufforderst, seine Erfahrung zu schildern. Im besten Fall bekommst du ein positives Feedback. Aber auch, wenn deine Kunden auf einmal mit Kritik aufwarten, ist diese hilfreich, in dem Fall natürlich nicht für die Referenzen, sondern eher für die Verbesserung deiner Arbeit oder deines Produktes. Außerdem kannst du deinen Kunden so noch gnädig stimmen, wenn du reagierst. In jedem Fall ist es ein Mehrgewinn.

Statt einer Mail kannst du natürlich auch eine Telefonumfrage starten oder deine Kunden sogar persönlich aufsuchen. Wichtig ist hier ein vorher ausgearbeiteter Fragenkatalog. Beispiele sind:

- Was waren die größten Vorteile für Sie bei uns?
- Aus welchem Grund halten Sie uns die Treue?
- Was gefällt Ihnen am besten an unserer Leistung?
- Wieviel Geld/Zeit/Nerven sparen sie mit uns ein?
- Wie war es früher, als sie uns noch nicht genutzt haben?

Die positiven Antworten könntest du dann nutzen. Wenn dir etwas richtig gut gefällt, frag deinen Gesprächspartner, ob du seine Angaben nutzen darfst. Eine Begründung dafür wäre die Verbesserung des Kundenservice, eine Expansion oder die bessere Zusammenarbeit in der Branche. Am besten sendest du ihm seinen Text zur Freigabe zu. Im Text selbst müssen das Unternehmen und der Firmensitz benannt sein, der Name des Referenzgebers und, wenn möglich, ein Bild von ihm. Nicht jeder möchte namentlich genannt werden, dann musst du natürlich dem Datenschutz folgen. Bei diesen Fällen solltest du mit Kürzeln arbeiten, mit dem Hinweis, dass du auf Wunsch eine Verbindung zum Referenzgeber herstellen kannst. Danach bedankst du dich mit einer kleinen Aufmerksamkeit.

Facebook-Referenzen

Facebook gehört mittlerweile schon fast zum Standard der Empfehlungswerbung. Hier kannst du mehrere Möglichkeiten nutzen.

1. Sterne sammeln

Hierfür brauchst du eine Unternehmensseite, die dich als lokales Geschäft mit einer Adresse ausgibt. Damit erscheint die Ratingbox und du kannst schon weiterempfohlen werden.

2. Kommentare

Nichts ist schlimmer als eine "tote" Seite. Du musst deine Facebook Seite am Leben erhalten und Feedback sammeln. So bleibst du bei Kunden, Fans und

Freunden auf der Pinnwand. Achte darauf, dass du die Kommentarfunktion freischaltest.

3. gezielte Werbung

Die Sichtbarkeit kannst du mit Facebook Ads erhöhen. Hier kannst du gezielt Nutzer erreichen, die mit deiner Fan-Basis befreundet sind. Schon allein, dass ein Freund deines Nutzers die Seite gut findet, schafft Vertrauen und führt oft dazu, dass er dann selbst auch auf den Like Button drückt.

4. Rabattaktionen aktivieren

Auch nützlich ist das Tool der "Angebote"- bzw. "Offer"-Funktion. Als Unternehmen kannst du Aktionen mit Rabatten oder Coupons erstellen, die dann bei dir eingelöst werden können. Dies ist eine recht schnelle Variante für Kunden zu einem schnellen Kauf zu kommen und später auch noch positive Kommentare zu hinterlassen.

5. Glaubwürdigkeit der Referenzen erhöhen

Es gibt noch weitere Applikationen, die du nutzen kannst, um das Feedback auszuwerten. Bei Facebook wird mit jeder Bewertung das Profil im Hintergrund verlinkt. So ist der Wahrheitsgehalt besser gegeben und es schafft Vertrauen.

Referenzen richtig einsetzen

Zuerst kannst du die Referenzen intern nutzen. Deine Mitstreiter sind stolz auf euer Unternehmen und diesen Stolz kann man auch mit Referenzen unterlegen. Sammle die Referenzen in einem Ordner und mach sie deinen Mitarbeitern zugänglich. Sie haben schließlich alle zu den positiven Kundenstimmen beigetragen. Auch auf einer Firmenfeier kann man die gesammelten Werke gut als Dankeschön und Ansporn nutzen.

Natürlich sind die Referenzen auch für die Außendarstellung wichtig. Vielleicht führt eine gute Referenz dazu dich von einem fast identischen Produkt abzugrenzen? Oder du arbeitest viel in Projekten. So kannst du Referenzprojekte auswählen, in denen du die Geschichte erzählst und mit dem positiven Kundenfeedback schließt. Solche Stories kann man auch gut der Presse anbieten.

Hier noch eine Checkliste wie du Referenzen am besten vermarkten kannst:

- positives Feedback von Kunden im Intranet oder einer Mitarbeiterzeitung veröffentlichen, in Meetings den Punkt "das sagt der Kunde" einführen und Mitarbeiter berichten lassen
- passende Referenzen in Angeboten, Prospekten und Werbebriefen unterbringen

- auf deiner Website sollten die Kundenmeinungen direkt auf der Startseite zu sehen sein
- stell die Referenzen in öffentlichen Bereichen deiner Firma aus
- starte Anzeigekampagnen mit deinen Referenzkunden
- dreh Videos mit positiven Kundenstimmen, am besten vor Ort und lade sie in verschiedenen Netzwerken hoch
- initiiere öffentliche Meetings mit Pressevertretern und Referenzkunden
- Projektreferenzen als Presseberichte in Fachzeitschriften veröffentlichen
- Kunden ermuntern, positives Feedback auf deinen Bewertungsportalen zu hinterlassen

SEO

Die Suchmaschinenoptierung ist in aller Munde. Früher hat es gereicht, ein Keyword häufig im Text unterzubringen. Mittlerweile bewerten Google und Co. die Zusammenhänge und den Kontext. Aktuell solltest du also ein komplettes Set rund um dein Keyword festlegen, das heißt, auch Synonyme und Nebenbegriffe. Hier eine Möglichkeit, wie du bei der Recherche und Festlegung vorgehen kannst:

1. **Google AdWords Keyword Planner**
Für die Recherche nach Kennwörtern eignet sich nach wie vor dieses Tool am besten. Es gibt mittlerweile noch einige andere Tools, aber die Daten zum Suchvolumen sind nicht immer verlässlich. Grundsätzlich geht es darum herauszufinden, wie oft ein Wort oder eine Kombination durchschnittlich pro Monat von Nutzern gesucht wird. Außerdem bekommst du Vorschläge, welche Keywords thematisch zu deinem Wort passen würden. Du kannst auch dein Keyword gemeinsam mit deiner Zielgruppe suchen.

2. **Longtail Keyword Tool**
Dieses Tool hilft dir, die Kombinationen rund um dein Thema oder Keyword zu finden. So bekommst du ein klares Bild davon, welche Bedürfnisse der Nutzer bei diesem Thema hat. Bei answerthepublic bekommst du die Antwort mit einer Wortwolke. Das Keywordtool.io gibt dir in alphabetischer Reihenfolge Kombinationen oder Phrasen.

3. **Ein W Fragen Tool**
Über ein solches Tool kannst du konkrete Fragen der Nutzer bekommen. Der Questionfinder sucht im kompletten Web und gibt auch die Quelle mit aus,

auf die du direkt per Link gehen kannst. Dieses Tool findest du bei Termlabs im Bereich Brainstorming.

4. Keywords bewerten

Die Bewertung läuft über die Höhe des Suchvolumens. Allerdings gibt es noch eine weitere Möglichkeit, nämlich was hinter der Suchanfrage steht. Steht hier eine reine Informationssuche im Vordergrund oder ist es bereits Kaufinteresse? Das ist deshalb wichtig, damit du weißt, welches Keyword du wann einsetzen musst. Hast du auf deiner Seite Informationen, dann brauchst du eher das Wort, das bei der Informationssuche weit oben im Ranking steht. Das hilft dir aber nicht, wenn du zum Beispiel einen Onlineshop betreibst, denn du möchtest ja, dass deine Kunden kaufen und nicht nur schauen.

5. Keywords Clustering

Hier entsteht so langsam dein Keyword Set. Zunächst legst du ein Fokuswort fest und danach kannst du alle semantisch passenden Wörter oder Phrasen dazu ordnen. Am besten macht sich das in Wortwolken. Wichtig ist auch noch, dass dein Fokuswort im Titel, der Hauptüberschrift, der Meta Description und im oberen Textdrittel steht. So kannst du für jede Seite ein Keyword Set aufbauen um Content zu generieren.

6. WDF*IDF Tool

Das ist das letzte Tool, das du nutzen kannst, wenn alles andere fertig ist. Man geht heute davon aus, dass Google neben dem Haupt-Keyword auch noch andere Wörter oder Textstellen vermutet, die bei einer Suchanfrage wichtig sein könnten. Auch hier bietet termlabs.io das TF*IDF-Data an, um die Nebenwörter herauszufinden. Im Prinzip bekommst du die Ergebnisse einer Suchanfrage und die weiteren Wörter, die im Text verwendet wurden, priorisiert ausgegeben. So kannst du diese Wörter auch in deiner Seite einbauen.

Gründe des Scheiterns

Startups scheitern aus den unterschiedlichsten Gründen. Grundsätzlich kann man sie aber auf 5 Dinge herunterbrechen: Team, Produkt, Finanzierung, Kunden, Geschäftsmodell. Oft gibt es in einem dieser Bereiche eine Fehlberechnung. Entweder waren die Kosten zu hoch, oder das Produkt kam nicht so an wie gedacht oder das Marketing hat nicht optimal funktioniert. Der Deutsche Startup-Monitor hat ermittelt, dass ein Viertel aller Gründer schon in ihrem zweiten Startup arbeiten. Wie so oft im Leben lernen wir ja auch und besonders durch Scheitern. Wenn also die erste Firmengründung nicht direkt funktioniert, dann versuch es nochmal. Du wirst in jedem Fall auch schon beim ersten Mal unheimlich viel lernen, was dir später weiterhelfen kann.

Es gibt eine Rangliste der häufigsten Fehler, die von der amerikanischen Tech Market Intelligence Plattform CB Insights erstellt wurde. Am häufigsten scheitern Startups übrigens nicht an **fehlendem Geld**. Das landet erst auf dem zweiten Platz. Ein sehr deutlicher erster Platz wird vom **fehlenden Bedarf am Markt** belegt. Auf Platz drei kommen **Probleme mit der Teamzusammensetzung** zum Tragen, gefolgt von **Wettbewerbern, die zu stark sind** und **Schwierigkeiten bei der Kalkulation**.

Weitere Probleme sind kundenunfreundliche Produkte, schlechtes Marketing, falsches Timing im Vertrieb oder das Ignorieren der Kundenwünsche. Die Klassiker wie strategische Versäumnisse oder juristische Probleme rangieren relativ weit unten auf der Liste.

Einige dieser Probleme lassen sich durchaus vermeiden. Den Bedarf sollte man schon im Vorfeld gründlich recherchieren und der Fokus sollte immer auf dem Kunden bleiben. Ich glaube, wenn man nicht blauäugig an dieses Vorhaben herangeht, hat man mit einer guten soliden Planung gute Chancen, Probleme im Vorfeld zu erkennen und sie damit zu umschiffen. Dennoch lässt sich nicht immer alles vorhersehen oder steuern. Es können immer unvorhergesehene Dinge passieren.

Also lass dich nicht entmutigen, wenn etwas nicht auf Anhieb funktioniert. Such nach anderen Wegen und Lösungen und verliere nie deinen Kunden aus den Augen.

FÜHRUNGSKRAFT

PERSONALMANAGEMENT MIT ERFOLG

Wie Sie mit effektivem Leadership & angewandter Psychologie Ihr Team im Unternehmen leiten und als Chef die nötigen Kompetenzen und Charisma entwickeln

Was ist eine Führungskraft?

Wer nicht gerade selbständig ist oder freiberuflich arbeitet, hat in den meisten Fällen einen Vorgesetzten, der über ihm steht und weisungsbefugt ist. Nicht nur ausführende Angestellte werden von einer Führungskraft beaufsichtigt, auch Abteilungsleiter und andere Führungspersonen haben in der Regel Vorgesetzte. Doch was ist eigentlich eine Führungskraft? Warum gibt es gute und schlechte Führungspersonen, welche Qualitäten muss jemand mitbringen, und wieso wird heutzutage so eine Wissenschaft aus der Leitung gemacht?

CHEF, VORGESETZTER ODER FÜHRUNGSKRAFT

Eine Führungskraft ist ein Vorgesetzter ist ein Chef. Oftmals werden diese drei Begriffe synonym verwendet. Basierend auf der Semantik der Wörter, also der Bedeutung, ist dies auch vollkommen korrekt. Und trotzdem sehen viele Menschen einige kleine oder auch große Unterschiede zwischen einem Chef und einer Führungskraft. Das Wort „Chef" wurde aus dem Französischen entlehnt und wird mit '(Ober)haupt' übersetzt, seinen Ursprung findet es im lateinischen *„caput"*, zu Deutsch „Kopf". Aber der Chef löst nicht selten Assoziationen wie tonangebend, bestimmen, beherrschen, Leiter oder Oberhaupt aus.

Laut einer Studie des Vereins Deutscher Ingenieure (VDI) kann eine Führungskraft mit „Person mit Budget- und/oder Personalverantwortung" umschrieben werden. Auch wenn keine einheitliche Definition für Führungskräfte besteht, kann die Aufgabe von Führungskräften so beschrieben werden, dass sie in ihrer leitenden Tätigkeit die Befugnis haben, ausführenden Mitarbeitern Aufgaben und Tätigkeiten im Rahmen des Direktionsrechts vorzuschreiben. Dazu zählen sowohl die Weisung über vorzunehmende Handlungen, als auch die Unterlassung von Handlungen. Der Begriff Führungskraft zieht oft die Wörter Kraft, Führungskompetenz, Führungsqualität und Verantwortung mit sich.

Auch wenn also ein Chef und eine Führungskraft beide leitende und weisungsbefugte Personen sind, wird vor allem in der Gesellschaft ein großer Unterschied gemacht.

Allgemein wird der **Chef** als übergeordnete Person auf einer höheren Ebene als die Mitarbeiter betrachtet. Seine Weisungen stellt er, indem er fordert, dabei aber wenig fördert und hilft. Die Anweisungen eines Chefs wirken meist starr und hart, er verwendet häufig einen Befehlston und kommandiert. So vermittelt und verkörpert er Macht. Ebenso projiziert er seine vermeintliche Überlegenheit auf Fachkompetenz und Wissen, der Chef geht davon aus, stets die Lösungen für Probleme zu kennen und selbst keine Fehler zu machen. Dennoch sind seine Vorgaben und Ziele für Mitarbeiter oft nicht eindeutig formuliert. Während er seine Mitarbeiter und ihre Arbeitsleistungen überwacht, kann es zur Ausübung von Kritik seinerseits kommen, die die Mitarbeiter hinzunehmen haben. Dem Chef gegenüber selbst Kritik auszuüben ist unangebracht. So führt das Verhalten des Chefs letztlich dazu, dass sich einige Mitarbeiter eingeschüchtert und unwohl fühlen können. Der Chef sieht sich selbst als Maßstab, den die Mitarbeiter jedoch nicht erreichen können.	Die **Führungskraft** ist ebenfalls eine übergeordnete Person, die in der Befugnis ist, Weisungen zu erteilen. Diese formuliert sie jedoch nicht herablassend, sondern indem sie den Mitarbeitern Fragen stellt, sie in den Arbeitsablauf einbezieht und dahingehend ermutigt. Somit fordert sie nicht nur die Ausführung von erteilten Weisungen, sondern fördert gleichermaßen die Motivation und das eigenständige Denken der Mitarbeiter. Die Ziele und Anforderungen werden realistisch und klar ausgedrückt. Dabei legt die Führungskraft großen Wert auf die Übertragung von Verantwortung und verkörpert zwischenmenschliche Werte anstelle von Macht. Dass das Miteinander dabei nicht untergeht, zeigt die Kritikfähigkeit der Führungskraft. Feedback von beiden Seiten ist erlaubt und sogar erwünscht, denn die Führungskraft geht davon aus, dass offenes Feedback nicht die Persönlichkeit oder die Stellung angreift, sondern die Basis von Wachstum, Verbesserung und Steigerung des Erfolgs ist. Eigene Schwächen und Fehler ignoriert die Führungskraft nicht, sie ist in der Lage, diese offen zuzugeben und zu benennen, statt sie zu verstecken. Mit diesen Eigenschaften und Meinungen inspiriert die Führungskraft ihre Mitarbeiter und wird als Vorbild angesehen.

FÜHRUNGSSTILE

Aber egal ob Chef oder Führungskraft, jeder Vorgesetzte verfolgt einen oder mehrere Führungsstile.

Der deutsche Soziologe und Nationalökonom Maximilian Carl Emil Weber (1864-1920) konnte mit seinen Begriffen und Theorien vor allem die Wirtschaftssoziologie beeinflussen.

Unter anderem hat er verschiedene Stile von Führungspersonen klassifiziert und beschrieben. Auch wenn sie heutzutage noch immer nicht unbekannt sind, wurden seine beschriebenen Führungsstile in der Vergangenheit häufiger angewandt. Oft handelte es sich zudem nicht um die Ausführung eines Führungsstils in Reinform, die Einteilung ist daher eher idealtypisch.

autokratisch

Der autokratische Führungsstil wird von einem Autokraten ausgeführt, der als Alleinherrscher mit uneingeschränkter Entscheidungsgewalt auftritt. Jegliche Beschlüsse werden von der Führungsperson allein und unabhängig getroffen. Es werden Anordnungen und Anweisungen erteilt, die ohne Diskussion ausgeführt werden. Diese strenge Hierarchie kann in bestimmten Situationen, in denen schnelle Entscheidungen getroffen werden müssen, vorteilhaft sein.

Für Mitarbeiter kann der autokratische Führungsstil angenehm sein, da sie keinerlei Verantwortung übernehmen oder Entscheidungen treffen müssen, für die sie im Nachhinein hätten belangt werden können. Besonders kreative Mitarbeiter und sehr selbstständig arbeitende Menschen kommen mit dieser Art der Führung in der Regel jedoch nicht zurecht. Das fehlende Mitspracherecht und die fehlende Meinungsäußerung, die Entscheidungen über den eigenen Kopf hinweg sowie die vollständige Kritiklosigkeit können einige Nachteile mit sich bringen.

patriarchalisch

Wenn der Führungsstil patriarchalisch ist, bestehen viele Ähnlichkeiten und gleiche Ansichten wie beim autokratischen Führungsstil. Das Wort Patriarch stammt ursprünglich aus dem religiösen Kontext, wo es meist den Erzvater beschreibt. Es ist ein Amtstitel von Erzbischöfen, die in der katholischen und orthodoxen Kirche obere und leitende Positionen einnehmen. Im vorwiegend abwertenden Gebrauch kann ein Patriarch auch das älteste männliche Familienmitglied beschreiben, das als Familienoberhaupt traditionell die größte Autorität besitzt.

Diese familiäre Einschneidung ist auch der entscheidende Unterschied zum autokratischen Stil. Auch wenn hier ebenso Entscheidungen unabhängig und allein getroffen werden, weist die patriarchalische Führungskraft Fürsorge für die Angestellten und ein großes Verantwortungsgefühl auf. Sein Erfahrungsvorsprung basiert auf dem höheren Alter und dem größeren Wissen, wie es oft bei einem Vater gleichermaßen der Fall ist. Die Vor- und Nachteile der beiden Stile ähneln sich aufgrund ihrer Gemeinsamkeiten sehr, die eindeutigen und klaren Vorgaben der Führungsperson können dem Mitarbeiter Entscheidungen abnehmen und ihn dadurch entlasten, oder ihm das Gefühl einer Entmündigung und Unwichtigkeit der eigenen Meinung geben.

charismatisch

Bei einem charismatischen Führungsstil besitzt die Führungskraft, wie der Name es schon verrät, Charisma. Charisma bezeichnet eine besondere Ausstrahlung oder Ausstrahlungskraft eines Menschen, die andere in hohem Maße beeinflusst. Meistens verfügen solche Personen über ein starkes Selbstbewusstsein und ein hohes Machtmotiv, das Angestellte dazu verleitet, freiwillig die Anforderungen der Führungsperson auszuführen. Durch die Redegewandtheit charismatischer Führungskräfte haben Mitarbeiter das Gefühl, persönlich angesprochen und geschätzt zu werden, was sie anfälliger für eine Abhängigkeit macht. Diese Bereitschaft, aus eigenem Antrieb den Anweisungen der Führungskraft Folge zu leisten, stellt für die Führungsperson einen großen Vorteil dar, nimmt den Mitarbeitern jedoch oft die objektive Einschätzung und Bewertung der Arbeit und des Arbeitsverhältnisses.

bürokratisch

Im Gegensatz zu dem autokratischen, dem patriarchalischen und dem charismatischen Führungsstil ist der Bürokratische nicht an eine Person gebunden. Die Macht der Führung ist im bürokratischen Führungsstil also durch die Struktur gegeben, nicht durch einzelne Personen. Eindeutige Richtlinien, klare Vorschriften und Anweisungen sind schriftlich festgehalten und bleiben bestehen, während Führungspersonen gewechselt und ausgetauscht werden können. In der Regel hält die Führungskraft die Führungsposition so lange, wie sie dem Unternehmen zugehörig ist. Durch die fixierten Vorgaben ist ein geregelter Arbeitsablauf gesichert, der auch bei unterschiedlichen Führungskräften bestehen bleibt und für Kontinuität sorgt. Das sorgt dafür, dass die Mitarbeiter vor möglichen Ungerechtigkeiten wegen individueller Unstimmigkeiten oder Antipathien weitestgehend geschützt, und nicht der Willkür einzelner Personen ausgesetzt sind. Die festgelegten und schwer veränderbaren Vorschriften sorgen auf der anderen Seite allerdings auch dafür, dass ein flexibles und spontanes Reagieren, wie es beispielsweise in Krisensituationen notwendig wäre, nicht immer umsetzbar und möglich ist. Auch können die Selbstständigkeit und die Eigeninitiative der Mitarbeiter von den Richtlinien betroffen und eingeschränkt sein, was langfristig die Motivation und die Arbeitsbereitschaft senken kann.

Ebenso wie Max Weber hat Kurt Tsadek Lewin unterschiedliche Führungsstile wahrgenommen und schriftlich festgehalten, drei an der Zahl. Lewin wurde im September 1890 in Polen geboren und verstarb im Februar 1947 in Massachusetts in den Vereinigten Staaten. Er begründete die moderne experimentelle Sozialpsychologie mit und ist bis heute einer der wirkungsreichsten Pioniere der Psychologie. Zu Beginn der 1940er Jahre führte Lewin gemeinsam mit einer kleinen Arbeitsgruppe in Amerika das Experiment „patterns of aggressive behavior in experimental created 'social climates'" durch. Hier wurden das Verhalten sowie die Arbeitsleistung unter verschiedenen Führungsstilen untersucht, dem demokratischen, dem autoritären und dem laissez-faire Führungsstil. Die moderne Führungsstil- und Erziehungsstilforschung basiert noch heute auf diesem Experiment.

autoritär

Beim autoritären oder hierarchischen Führungsstil erteilt die Führungskraft Anordnungen, die befolgt werden müssen. Die Aufmerksamkeit wird einzig und allein dem Erfolg des Projektes gegeben. Kritik ist unerwünscht und wird nicht akzeptiert, Lösungswege werden von der Führungsperson vorgegeben, da sie den Anschein vermittelt, passende Antworten für alle Probleme zu kennen. Probleme und Wünsche der Mitarbeiter werden nicht angehört.

Für den Arbeitgeber kann diese Art der Führung sich als vorteilhaft erweisen, da Entscheidungen schnell getroffen werden, Kompetenzen und Aufgaben eindeutig geregelt sind und der vollständige Arbeitsprozess stets kontrolliert abläuft. Wenn die Führungskraft mit der großen Verantwortung jedoch überfordert ist, können Fehlentscheidungen und suboptimale Lösungen die Konsequenzen sein. Auch bei unerwartetem Ausfall der Führungskraft fehlt der Entscheidungsträger und zieht meistens ein chaotisches Ungleichgewicht nach sich. Mitarbeiter können sich wenig wertgeschätzt fühlen und aufgrund ihrer Unzufriedenheit und fehlenden Motivation eine geringe Arbeitsleistung erbringen.

Im Allgemeinen ähnelt die autoritäre Führung von Lewin dem autokratischen Führungsstil Webers, mit ähnlichen Vor- und Nachteilen für Arbeitgeber und Arbeitnehmer.

demokratisch

Eine demokratische oder kooperative Führung geht von der konkreten Zusammenarbeit zwischen der Führungskraft und den Mitarbeitern aus. Dabei stehen die Motivation der Mitarbeiter sowie das Übergeben von Verantwortung und Aufgaben auf der Liste der Funktionen der Führungskraft an oberster Stelle. Dank der offenen Kommunikation besteht die Möglichkeit zur Kritik. Eigeninitiative wird ebenso gefordert und gefördert wie Kreativität und Selbstständigkeit. Den meisten Mitarbeitern fällt eine Identifikation mit dem Unternehmen aufgrund der positiven Empfindungen in der Regel leichter. Aufgrund der Verteilung von Verantwortung zieht ein Ausfall der Führungskraft nicht so schwerwiegende Folgen mit sich und kann besser aufgefangen werden.

Entscheidungsprozesse können wegen der Diskussionen des gesamten Teams länger dauern und Konkurrenzgedanken und damit einhergehende Probleme unter den Mitarbeitern verursachen.

laissez-faire

Im 18. Jahrhundert prägten der französische Politiker René Louis d'Argenson und der Wirtschaftswissenschaftler Vincent de Gournay den Begriff *laissez-faire*, der mit „machen lassen“ oder „laufen lassen“ übersetzt werden kann. Im Vordergrund steht also die bewusste Nichtbeteiligung an verschiedenen Prozessen. So überlässt auch eine laissez-faire Führungsperson seinen Mitarbeitern eine große Handlungs- und Entscheidungsfreiheit. Aufgaben und Anforderungen werden selbst gestaltet und umgesetzt, ohne das Eingreifen der Führungskraft.

So entfallen in diesem Führungsstil Vorschriften, aber auch Hilfestellungen bei Problemen und Bestrafungen oder Konsequenzen bei Fehlern. Die Eigenständigkeit und das kreative Denken der Mitarbeiter können hier komplett entfaltet werden. Im Falle von unzureichender Kompetenz kann es jedoch zu Planlosigkeit und fehlender Kontrolle kommen. Chaos kann der Auslöser für Unstimmigkeiten innerhalb des Teams werden und einzelne Mitarbeiter ausgrenzen.

Jeder aufgeführte Führungsstil bringt unterschiedliche Vor- und Nachteile mit sich. Dennoch ist in der Praxis selten ein konkreter Stil anzutreffen, da es sich lediglich um theoretische Konstrukte handelt. In der Regel werden die Arten der Führung je nach Situation, Führungsperson, der Art der Arbeit und weiteren Umständen angepasst und können variieren. Auch hat sich im Laufe der Zeit einiges geändert. Ein weiterer Führungsstil hat sich entwickelt.

situativ

Der situative Führungsstil geht davon aus, dass sich die Art der Führung an die jeweiligen Situationen und ihre Umstände anpasst. Die Führungsperson, die

Mitarbeiter, die Art der Arbeit und die eigentliche Situation spielen hierbei eine Rolle und sind für den Stil ausschlaggebend. Die Flexibilität dieses Führungsstils passt sich je nach Bedürfnis an die jeweiligen Mitarbeiter an und unterscheidet vier verschiedene Stufen.

Denn je nach Reifegrad wird individuell entschieden, inwiefern der Mitarbeiter Instruktionen und Anweisungen benötigt, weil ein Berufsanfänger oder ein neuer Mitarbeiter andere Unterstützung benötigt, als ein seit 10 Jahren für das Unternehmen tätiger Mitarbeiter. Daher besteht die erste Stufe aus Dirigieren. Die Führungsperson ist für eine klare Anweisung und Kontrolle der Arbeitsabläufe des Mitarbeiters zuständig. Dem folgt das Sekundieren, bei dem bereits erlernte Prozesse eigenständig ausgeführt werden, der Mitarbeiter aber trotzdem weiterhin Unterstützung braucht und diese auch bekommt. Hat der Mitarbeiter die nötigen Kompetenzen erlangt, liegt es an der Führungskraft, ihn zu motivieren, seine eigenen Entscheidungen zu treffen und selbstständiges Arbeiten zu erlernen.

Wenn auch dieser Schritt erfolgreich absolviert wurde, delegiert die Führungskraft entsprechende Aufgaben und die damit verbundene Verantwortung an den Mitarbeiter. So bleiben auch die Kompetenzen und die Motivation stetig auf einem hohen Level.

richtungsbezogen

Der amerikanische Psychologe und Wirtschaftswissenschaftler Robert Rogers Blake (1918-2004) und die amerikanische Wirtschaftswissenschaftlerin Jane Srygley Mouton (1930-1987) entwickelten den richtungsbezogenen Führungsstil, der zwei verschiedene Bereiche fokussieren kann. Bei der Aufgabenorientierung oder der Sachorientierung stehen eindeutige Aufgaben, klare Zielvorgaben und die Führung durch die Führungskraft im Vordergrund. Auch wenn die Führungskraft in ihrer übergeordneten Position auch in der Lage ist, Druck auszuüben um Ziele zu erreichen, wird insgesamt auf ein gut funktionierendes und vor allem erfolgreiches Team geachtet.

Im Unterschied dazu liegt die Aufmerksamkeit bei der Personenorientierung oder der Beziehungsorientierung auf der persönlichen Ebene zwischen Führungskraft und Mitarbeitern. Die flache Hierarchie gekoppelt mit der offenen Kommunikation auf gemeinsamer Ebene ist die Ausgangssituation für die optimale Lösung eines jeden Problems.

Auch in diesem Führungsstil handelt es sich selten um die Reinform, in der Praxis werden die Orientierungen meist gemischt, um den bestmöglichen Erfolg auf wirtschaftlicher und auf zwischenmenschlicher Ebene zu erzielen.

DIREKTIV ODER KOOPERATIV

Wenn die Unterteilung von Führungsstilen etwas einfacher und schlichter gehalten werden soll, ist häufig von einem direktiven oder einem kooperativen Stil die Rede. Dies hat vor allem den Vorteil, dass nicht nur genau eine Art der Führung aus mehreren verschiedenen Stilen ausgewählt werden muss, sondern lediglich die Richtung angegeben wird. Denn der direktive Stil vereinbart grob ausgedrückt Begriffe wie Kommando, Kontrolle und Korrektur. Er ist also an den autoritären bzw. autokratischen Führungsstil angelehnt, weil es auch im direktiven Führungsstil eine Führungsperson gibt, die alleine Entscheidungen trifft und von seinen Mitarbeitern die Umsetzung der Anforderungen ohne Diskussion erwartet.

Auch wenn diese Reinform von direktiver Führung in der heutigen Zeit selten anzutreffen ist, gibt es durchaus Bereiche, in denen sie sinnvoll und sogar notwendig ist. Ein Beispiel ist das Militär, bei dem die Soldaten den Vorgesetzten in jeder Situation kommentarlos Folge leisten müssen, da sie unter Umständen ihr eigenes oder anderes Leben gefährden können.

Im Gegensatz dazu geht der kooperative Führungsstil eher von Begriffen wie Kommunikation, Kontext und Kultur aus. Mitarbeiter werden in Entscheidungsprozesse mit einbezogen, ihre Meinungen sind gefragt und Diskussion sogar erwünscht. Daher verfügen die Mitarbeiter einer kooperativen Führung meist große Entscheidungsfreiheiten und Handlungskompetenzen. Strategien und Ziele des Unternehmens werden offen mit den Mitarbeitern kommuniziert und diskutiert, andere Ideen und Kritik sind erlaubt und zeugen von einem funktionierenden Team. Dank der Kooperation zwischen Führungskraft und Mitarbeitern werden letztere zu selbständigem Arbeiten und Mitdenken angeregt, dem eine hohe Kreativität und Motivation folgt. Allerdings können Entscheidungsprozesse wegen der Mitsprache der Mitarbeiter auch erheblich länger dauern als unter einer direktiven Führung.

Da sich kein Stil als besser oder schlechter im Allgemeinen betiteln lässt, können in unterschiedlichen Situationen unterschiedliche Führungen die optimale Lösung darstellen.

Die direktive Führung eignet sich besonders für Routinearbeiten, die unter Druck ausgeführt werden, wie beispielsweise bei der Feuerwehr oder der Bundeswehr. Die Führungskraft greift hier auf etwa 90% Fachwissen und 10% Führungsfertigkeit zurück. Komplexe Arbeiten, die an Situationen angepasst werden können, werden in der Regel unter einer kooperativen Führung erfolgreicher ausgeführt. Vor allem Projektarbeiten können hier eingeordnet werden, da das Fachwissen lediglich bei 10%, die Führungsfertigkeit jedoch bei 90% liegt.

DIGITAL LEADERSHIP

Wer auf der Suche nach einer einheitlichen Definition des Digital Leadership ist, der wird auch hier nicht fündig werden. Denn die eine allgemeine Interpretation des Begriffes existiert bislang nicht. Eindeutig ist lediglich, dass sich der Terminus aus den Wörtern digital und dem englischen *Leadership* zusammensetzt, das auf Deutsch mit „Führung" übersetzt wird.

Beim Digital Leadership handelt es sich also um einen Führungsstil, der vor allem für die Zukunft als unumgänglich angesehen wird, weil sich die Herausforderungen am Markt ständig verändern und immer komplexer werden. So wie bei jedem Führungsstil ist auch hier das Ziel, mithilfe einer bestimmten Strategie die Stärken des eigenen Unternehmens zu nutzen und so davon zu profitieren. Bei dieser neuen Art der Führung geht es in erster Linie darum, dass digitale Tools dafür genutzt werden, auf allen Ebenen die Digitalisierung durchzusetzen und smarter zu arbeiten.

Hinter dem Wunsch, smarter zu arbeiten, steckt die S.M.A.R.T.-Formel, die ein Akronym darstellt und also aus Abkürzungen für Adjektive besteht. Das S steht für Spezifisch, es soll konkret überlegt werden, was erreicht werden soll. M ist die Abkürzung für Messbar, da es wichtig ist, quantitative und auch qualitative Größen bestimmen zu können. Das A findet sich in Attraktiv wieder, die Arbeit soll sich für den Mitarbeiter als reizvoll und als lohnend zugleich herausstellen. Das R steht für Realistisch, denn die Aufgaben müssen innerhalb der gesetzten Zeit mit den gesetzten Mitteln auch tatsächlich umsetzbar sein. Das T kürzt den Begriff Terminiert ab, und steht für die Wichtigkeit der zeitlichen Begrenzung, eine feste Ablieferungszeit muss festgelegt werden. Grob zusammengefasst soll mithilfe des Digital Leaderships also im Vorfeld klar überlegt werden, was wie und bis wann erledigt sein soll, um wirtschaftliche Ziele erreichen zu können. Das Internet und die Digitalisierung im Allgemeinen helfen den Prozessen dabei.

Einer der ausschlaggebenden Gründe, warum das Digital Leadership so wichtig ist und noch wichtiger werden wird, ist die dauerhafte Veränderung im gegenwärtigen Arbeitsleben. Aufgrund der digitalen Transformation werden die Innovationszyklen ständig kürzer, besonders auffällig ist das in den Bereichen von Computern und Smartphones. Neue Modelle kommen schon nach sehr kurzen Abständen auf den Markt, Innovation gehört zum Tagesgeschäft.

Dass sich dieser Druck auch auf die Organisationsstrukturen und die Führungsstile auswirkt, ist verständlich. Ein weiterer Druck wird durch die disruptiven Geschäftsmodelle ausgeübt, zu denen zum Beispiel AirBnB, Musik-Streamingdienste oder Elektroautos gezählt werden können. Denn disruptive Technologien ersetzen bestehende Produkte oder Dienstleistungen, oder verdrängen diese vollständig vom Markt und so werden aufgrund der Disruption manche Märkte in rasantem Tempo verändert oder gar zerstört. Veränderungen der Arbeitswelt können am Beispiel von dem 3D-Druck verdeutlicht werden. Im Ursprung als Erleichterung geplant, hat diese neue Technologie mittlerweile unzählige Arbeitsplätze überflüssig gemacht.

Dem entgegengesetzt hat sie dafür gesorgt, dass neue Arbeitsplätze entstanden sind, die sich mit der Anpassung der Technologien an neue Geschäftsmodelle und Produkte beschäftigen, da sich mit den Innovationen auch die Bedürfnisse der Kunden geändert haben. Die Begleitung eben dieser und weiterer zahlreicher Transformationsprozesse gehört zu den Aufgaben eines Digital Leaders, ebenso wie deren Organisation, Delegation und das Management des Wandels.

SITUATIONEN

Wenn Unternehmen in der heutigen Zeit scheitern und aufgegeben müssen, liegt das in den meisten Fällen am Fachkräftemangel, und nicht am Auftrags- oder Kapitalmangel. Mitarbeiter bekommen in anderen Firmen vielleicht mehr Geld oder Urlaubstage geboten, auch andere Extraleistungen können Mitarbeiter abwerben. Der erste Kündigungsgrund ist Umfragen zufolge allerdings der Chef selbst, dicht gefolgt von einem schlechten Betriebsklima. Dabei spielt der Führungsstil eine entscheidende Rolle, die offenbar weitreichende Konsequenzen nach sich ziehen kann.

Im Folgenden werden sechs Beispielsituationen aufgeführt, die insgesamt drei unterschiedliche Führungsstile darstellen. Dabei gilt es zu analysieren, in welcher Situation welcher Führungsstil angemessen bzw. unangemessen ist und wie er optimiert werden könnte.

Im Malerbetrieb:
In einem Dorf mit rund 6.000 Einwohnern ist der Malerbetrieb Schmidt ansässig. Geschäftsführer Heinrich Schmidt leitet den Betrieb nun in der dritten Generation, und beschäftigt drei Mitarbeiter im Büro, fünf Malergesellen und je einen Auszubildenden im kaufmännischen und im handwerklichen Bereich. Drei seiner Gesellen sind bereits seit ca. 15 Jahren in diesem Betrieb tätig, ein Geselle hat im vergangenen Jahr den Betrieb gewechselt und bei Schmidt angefangen, ein anderer Geselle wurde nach erfolgreich abgeschlossener Lehre vor einigen Monaten übernommen. Klassischerweise sieht ein Arbeitstag wie folgt aus: Zu Arbeitsbeginn morgens um 6.30 Uhr treffen sich alle handwerklichen Mitarbeiter mit Herrn Schmidt an der Lagerhalle, um die Tagesziele zu besprechen. Herr

Schmidt gibt vor, welche Baustellen an diesem Tag anstehen, und gibt die entsprechenden Unterlagen in die Runde der Handwerker weiter.

Damit verabschiedet er sich und macht sich auf den Weg ins Büro, das er aufschließt und anschließend anfängt, seine Aufgaben zu erledigen. Dazu zählen neben Personalangelegenheiten vor allem die Erstellung von Angeboten und die Annahme bzw. das Ablehnen von Aufträgen.

Die Handwerker hingegen sind selbst dafür zuständig, Teams zu bilden, die die entsprechenden Tagesaufgaben erledigen. In welcher Reihenfolge welche Baustellen angefahren werden, welches Material mitgenommen werden muss und was sonst noch bei den Aufträgen zu beachten ist, bleibt komplett ihnen überlassen. Es herrscht ein angenehmes Verhältnis zwischen den Mitarbeitern. Nach einem Sturz von einer Leiter fällt ein langjähriger Geselle für mindestens sechs Wochen aus. Zuerst kann die fehlende Arbeitskraft von den übrigen Kollegen gut aufgefangen werden. Als sich jedoch ein weiterer langjähriger Geselle für eine Woche krankgemeldet, droht die Lage zu eskalieren.

Der dritte langjährige Geselle fühlt sich in der Verantwortung, die Tagesplanung komplett alleine zu erstellen, und gibt seinen Kollegen kaum Raum zur Mitsprache. Seine Begründung für sein Verhalten ist die mangelnde Erfahrung und das fehlende Wissen. Um trotzdem die Tagesziele zu erreichen, fährt er gemeinsam mit dem Auszubildenden auf eine Baustelle, und schickt den erst seit kurzem für Schmidt arbeitenden Gesellen alleine zu einer anderen Baustelle. Aufgrund von Zeitdruck hat er im Vorfeld nicht alle zu erledigenden Aufgaben in dem Portfolio durchgelesen und für zwei Arbeiten keine Materialien eingepackt. Nachdem er noch einmal zurück zum Betrieb gefahren ist, um die fehlenden Teile zu holen, fängt er anderthalb Stunden später mit der Arbeit an, als üblich.

Da die Arbeitsabläufe in seiner alten Firma zum Teil anders waren, führt er auf der Baustelle eine Arbeit so aus, wie er es früher gelernt hat.

Dass der Malerbetrieb von Schmidt diese Technik für kurzlebig und daher nicht gut hält, weiß der Mitarbeiter nicht. Als er am nächsten Morgen seinem Kollegen vom Tag berichtet, streicht dieser kurzerhand seine eigenen Aufgaben für den Tag und fährt mit beiden Kollegen gemeinsam zur Baustelle, um die Fehler vom Vortag zu korrigieren und die nicht erledigte Arbeit zu vollenden. Herr Schmidt erhält aufgrund von nicht zeitgerechter Erfüllung des Vertrages eine Rechnungsminderung. Er gibt die Informationen an seine Mitarbeiter weiter, belangt diese dafür jedoch nicht.

Um welchen Führungsstil handelt es sich in dieser Situation? Was könnte Herr Schmidt an seinem Führungsstil optimieren, um sowohl die Mitarbeiter als auch die Kunden einheitlich zufrieden zu stellen? Ist sein Führungsstil für diese Branche geeignet?

Im Rettungswagen:
Von der Leitstelle erhält der Rettungswagen RTW506 den Auftrag, in einen Wald am Südende der Stadt zu fahren. Laut Anrufer befindet sich dort ein Kind, das beim Balancieren auf Baumstämmen abgerutscht und zwischen die Baumstämme gefallen ist. Es klagt über Beinschmerzen und kann sich selbst nicht befreien.

An Bord des Rettungswagens sind neben dem Fahrer die erfahrene Rettungsassistentin Anja sowie der Rettungsassistent Paul. Während Anja bereits seit 13 Jahren im Rettungswagen fährt, beschränkt sich Pauls Berufserfahrung auf 4 Monate. Am Unfallort angekommen ist das Kind ansprechbar und bei vollem Bewusstsein. Es gibt an, dass sein Freund unterwegs sei, um die Eltern des Kindes zu informieren. Anja und Paul versuchen gemeinsam, das Kind aus der Spalte der gefällten Baumstämme zu befreien. Als ihnen der Versuch nicht gelingt, informiert Paul über Funk die Leitstelle, die die Feuerwehr zur Unterstützung an den Unfallort schickt.

Während die Personen auf das Eintreffen der Feuerwehr warten, fragt Anja Paul nach der weiteren Vorgehensweise, wenn das Kind befreit ist. Er stellt sich verschiedene Szenarien vor und gibt nach reifer Überlegung Antworten auf unterschiedliche Krankheitsbilder. Paul macht konkrete Vorschläge, was im Falle einer Fraktur, einer Schürfwunde oder einer Prellung zu tun ist. Anja klärt ihn auf, dass bei solchen Unfällen nicht nur die schmerzende Stelle begutachtet werden darf, sondern der gesamte Körper. Beim Aufprall kann es schließlich auch zu einer Gehirnerschütterung kommen, bei Auffangreaktionen von Armen und Händen können Verletzungen die Folge sein und im eingeklemmten Zustand ist die funktionierende Durchblutung aller Körperregionen nicht unbedingt gewährleistet.

Als nach wenigen Minuten die Feuerwehr eintrifft und das Kind erfolgreich aus seiner Lage befreien kann, beginnen Anja und Paul ihre Behandlung am Unfallort. Während Anja mit gezielten Griffen und klaren Fragen versucht, mögliche Verletzungen zu erfahren oder auszuschließen, beginnt Paul mit der Fixierung des Beines, um das Kind auf den Transport ins Krankenhaus vorzubereiten. Glücklicherweise hat es bis auf einen verstauchten Knöchel keinerlei Anzeichen für weitere Verletzungen.

Um welchen Führungsstil handelt es sich in dieser Situation? Sollte Anja mehr Leitung und Verantwortung während eines Einsatzes übernehmen und Paul sein Wissen in der Theorie erweitern und trainieren? Oder ist es vertretbar, dass Paul den Einsatz als eine Art Übung ansieht und Zeit opfert, um die weiteren möglichen und notwendigen Schritte selbst zu erkennen? Welcher Führungsstil passt am besten zu Einsatzkräften?

Bei der Bundeswehr:
Herr Brand hat sich vor 12 Jahren für 20 Jahre bei der Bundeswehr verpflichtet. Mittlerweile hat er den Dienstgrad Hauptmann erlangt und ist laut Vorgesetztenverordnung befugt, Leutnanten, Unteroffizieren mit und ohne Portepee und Mannschaften Befehle zu erteilen. Konkret ist er als Kompaniechef tätig und somit Einheitsführer seiner Einheit. Er ist für deren personelle und materielle Verantwortung, die Ausbildung, die Anführung im Gefecht und Disziplinarmaßnahmen bevollmächtigt.

Der Umgangston zwischen ihm und seiner Einheit ist rau, unmissverständlich und ernst. Diskussionen, unpünktliches Erscheinen oder ein ungepflegtes Äußeres beispielsweise muss er nicht akzeptieren und ist in der Befugnis, entsprechende Maßnahmen zu ergreifen, um das Fehlverhalten zu verbessern. Krankmeldungen müssen von dem Sanitätsdienst unterschrieben sein, Ablehnung von erteilten Aufgaben und Übungen muss er nicht hinnehmen. Beim Frühstück um 05.00 Uhr in der Kasernenkantine sitzt er meist mit anderen Offizieren an einem Tisch, die Mannschaften grüßen höflich und nehmen ihr Essen an einem anderen Tisch ein. Beim Antreten der Einheit um 05.30 Uhr achtet er vor allem auf das saubere Erscheinungsbild sowie einen gesunden, ausgeschlafenen Eindruck der ihm unterstellten Soldaten.

Er respektiert und schätzt die Einheit und nutzt seinen Dienstgrad nicht aus.

Um welchen Führungsstil handelt es sich in dieser Situation? Warum kann unter einem solchen Führungsstil dennoch ein angenehmes Klima unter den Soldaten herrschen? Ist eine Änderung des Stils denkbar oder sogar notwendig?

In der Bank:
Im August hat in der Bank ein neuer Auszubildender seine Ausbildung begonnen. Nachdem er bereits einige Wochen in der Kundenbetreuung verbringen durfte, hat er seine Theorie im vierwöchigen Schulblock vertieft. Zurück in der Bank wechselt er nun die Abteilung und ist fortan in der Kreditsachbearbeitung eingesetzt. Die erste Woche in der Kreditsachbearbeitung hat er sich an seinen Vorgesetzten geheftet und ihm über die Schulter geschaut.

Dieser hat ihm erklärt, was die Ziele und Anforderungen an die Abteilung sind, wie die gängigsten Arbeitsprozesse ablaufen und was ins System eingetragen werden muss. Der Auszubildende wurde angehalten, die für ihn wichtigsten Schritte aufzuschreiben. In der zweiten Woche wurden dem Auszubildenden einfache Anträge und Formulare übertragen, die er eigenständig mithilfe seiner Notizen bearbeiten sollte.

Da sein Schreibtisch im selben Büro steht wie der seines Kollegen, kann er sich bei Fragen jederzeit an diesen wenden und bekommt eine freundliche Erklärung zur Lösung seines Problems. Dabei nehmen sich sowohl sein Kollege als auch der Abteilungsleiter die Zeit, ihm die passenden Fragen zu stellen, damit er selbst die Lösung findet. Der Auszubildende fühlt sich in der Abteilung sehr wohl, er notiert sich die nötigen Hinweise und Schritte, und benötigt nach nur wenigen Tagen so gut wie keine Hilfestellungen mehr. In der darauffolgenden Woche bekommt er zufällig mit, wie sein Kollege einen komplexen Antrag bearbeitet, bei dem er eine Frage hat.

Kurzerhand geht dieser zum gemeinsamen Vorgesetzten, um nach dem korrekten nächsten Schritt zu fragen. Nach ausgiebiger Prüfung des Sachverstandes kontaktiert der Abteilungsleiter eine andere Filiale der Bank, um den dort ansässigen Abteilungsleiter der Kreditsachbearbeitung nach Rat zu fragen. Dieser hatte bereits einen solchen Fall und gibt dem Kollegen direkt die nötigen Informationen, die er zur Bearbeitung benötigt. Als der Auszubildende im Januar die Abteilung verlässt, um in der Berufsschule die weitere Theorie zu erlernen, nimmt er ein vollgeschriebenes Notizbuch, positive Erinnerungen an die Zeit mit seinen Kollegen und viel Motivation und Selbstbewusstsein mit.

Um welchen Führungsstil handelt es sich in dieser Situation? Gibt es Verbesserungsvorschläge an die Führungskraft des Auszubildenden? Was können die Gründe für die hohe Motivation und gute Arbeitsleistung des Auszubildenden sein?

Im Kindergarten: autoritär

Herr Meier ist als staatlich anerkannter Erzieher in einer Kindertagesstätte eines kirchlichen Trägers angestellt. Als Mann kann er sich seinen Arbeitsort fast aussuchen, da Frauen diesen Beruf deutlich häufiger ausüben als Männer. Seit 6 Jahren ist er in einer Gruppe für Kinder zwischen drei und sechs Jahren beschäftigt. Die Kinder werden morgens in der Zeit von 07.00 Uhr bis 09.00 Uhr in die Kita gebracht, und entweder zwischen 12.00 Uhr und 12.30 Uhr, oder zwischen 14.00 Uhr und 14.30 Uhr oder bis 16.00 Uhr wieder abgeholt. Herr Meiers Arbeitszeit ist täglich von 07.00 Uhr bis 16.00 Uhr.

Er arbeitet gemeinsam mit einer Praktikantin im Anerkennungsjahr und seiner Vorgesetzten, der Gruppenleiterin. Frühstück gibt es einheitlich morgens um 09.00 Uhr, dafür setzen sich alle Kinder sowie die Erzieher an den Frühstückstisch und nehmen die Mahlzeit gemeinsam ein. Herrn Meier sind Tischmanieren und gutes Benehmen sehr wichtig. Er hält die Kinder an, mindestens eine Scheibe Brot zu essen, auf ihr Hungergefühl geht er dabei wenig ein. Die Getränke am Frühstückstisch reglementiert der Erzieher auf ein Glas Milch pro

Kind pro Morgen, Wasser dürfen sie grenzenlos trinken. Er fordert alle Kinder auf, ordentlich mit Besteck zu essen, um Flecken und Verschmutzungen weitestgehend zu vermeiden.

Wenn das letzte Kind aufgegessen hat, dürfen die Kinder ihr Geschirr auf den Geschirrwagen räumen, den Frühstückstisch verlassen und spielen. Herr Meier geht während dieser Zeit auf den pädagogischen Wert der Spiele ein. Da in seinem Weltbild Jungs nicht mit Puppen oder einer Kinderküche spielen, schickt er diese zum Lego aufbauen oder Fußball spielen in die Bewegungshalle. Mädchen untersagt er während des Fußballs den Zutritt zur Bewegungshalle.

Zum Abschluss des Vormittags wird jeden Tag um 11.15 Uhr eine Sitzrunde gemacht, in der die Ereignisse des Tages zusammengefasst, in der Geburtstage gefeiert oder von den Mädchen selbst gebackene Teilchen probiert werden können. Die grobe Sitzordnung legt Herr Meier mithilfe von farblichen Sitzkissen fest. Gelbe und rote Sitzkissen sind für Mädchen, grüne und blaue Kissen für Jungs vorgesehen. Die Kinder spielen gerne mit Herrn Meier, er verkörpert für sie das Bild eines starken Mannes, der Erfahrungen und viel Wissen hat. Die Eltern wollen am nächsten Elternabend über Herrn Meiers Verhalten diskutieren.

Um welchen Führungsstil handelt es sich in dieser Situation? Warum ist die Auffassung von Herrn Meiers Führung unter den Kindern und Eltern so kontrovers? Wie würde eine moderne Fachkraft über Herrn Meiers Führung urteilen?

In der Gastronomie:
Simone ist seit vier Jahren als Kellnerin in der Gastronomie angestellt. Bereits während der Schulzeit hat sie im Eiscafé gekellnert, während der Ausbildung zur Rechtsanwalts- und Notariatsangestellten hat sie jedoch festgestellt, dass sie sich in der Gastronomie wohler fühlt. Kurzerhand fing sie in einem Restaurant als Servicemitarbeiterin an, und ist nun stellvertretende Leiterin des Services. Zu ihrer Vorgesetzten hat sie ein gutes Verhältnis, und auch von ihren Kollegen im Service wird sie geschätzt. Wirkliche Regeln und Vorschriften, an die sie sich zu halten hat, gibt es keine. Freundlichkeit und Respekt gegenüber den Kollegen und Kunden wird vorausgesetzt, aber außer Pünktlichkeit und Flexibilität wird sonst nichts vorgeschrieben.

Diese Freiheit gefällt ihr besonders in Bezug auf den Umgang mit Kunden gut. Durch eine offene, ehrliche und menschliche Art versteht sie sich mit den meisten Gästen auf Anhieb gut. Sie berät und bedient sie gern, ist auch für Extrawünsche offen und kommuniziert die Möglichkeiten frei. Bei Gästen, die offenbar einen schlechten Tag hatten, die ihr gegenüber aber dennoch höflich und freundlich sind, serviert sie auch Mal einen Kaffee aufs Haus, oder nimmt sich die Zeit, die Geheimtipps der Küche zu verraten.

Sollten jedoch Kunden dabei sein, die den Mitarbeitern gegenüber unhöflich und frech auftreten, so scheut sich Simone nicht, sie auf ihr Fehlverhalten anzusprechen und um gegenseitigen Respekt zu bitten. Falls dies auch nach ihrer Bitte nicht umgesetzt wird, lädt Simone die Gäste freundlich ein, bitte ein anderes Restaurant aufzusuchen. Im Umgang mit Kunden wird sie von niemandem kontrolliert. Ihre Vorgesetzte und die Restaurantleitung geben ihr das Vertrauen, für sich, für ihre Kollegen und für die Gäste den bestmöglichen Umgang zu ersuchen. Sollten besondere Wünsche bezüglich des Essens gemacht werden, so leitet Simone diese immer freundlich an die Kollegen in der Küche weiter und falls es zu Problemen oder Unklarheiten kommt, vermittelt sie zwischen den Gästen und dem Koch. Simone könnte sich heutzutage nicht mehr vorstellen, in einer Gastronomie zu arbeiten, in der es klare Vorschriften und Regeln gibt, was für Floskeln die Mitarbeiter den Gästen gegenüber zu benutzen haben, wie sie sich zu verhalten haben und was sie im Falle von unhöflichen Kunden tun sollen. Um welchen Führungsstil handelt es sich in dieser Situation? Warum haben Simones Vorgesetzte die Möglichkeit, ihr und ihren Kollegen diese Freiheiten zu geben? Kann der Führungsstil in ihrem Fall noch verbessert werden, und wenn ja, wie? Anhand dieser Beispiele wird relativ schnell deutlich, dass es bestimmte Bereiche gibt, in denen einige Führungsstile angemessen und wichtig sind. In anderen Branchen hingegen können diese Stile dann vollkommen unangebracht sein und für den besagten Fachkräftemangel sorgen. Während bei der Bundeswehr eindeutig der autoritäre Stil vorherrscht und dies auch aus einem guten Grund, ist er im Einzelhandel und in vielen anderen Branchen nicht zu gebrauchen. Während die Abgabe von Verantwortung im der Art des laissez-faire in der Gastronomie beispielsweise hervorragend funktionieren kann, sollte in Bereichen wie dem Handwerk darauf geachtet werden, dass die Aufgaben und Anforderungen an die Mitarbeiter ihrer aktuellen Fachkompetenz und ihrem Wissensstand entsprechend, denn sonst kann nicht nur das Arbeitsklima, sondern auch die Zufriedenheit der Kunden sehr unter der falschen Führung leiden. Der situative Führungsstil passt bei den Fallbeispielen fast gleichermaßen zu den Arbeitsbereichen. Wenn entschieden werden muss, zu welcher Branche er besser passt, fällt die Entscheidung wahrscheinlich auf die Bank und ähnliche Arbeitsumfelder. Denn auch wenn im Rettungswagen und weiteren Einsatzfahrzeugen die Handlungen der Mitarbeiter an ihre Reifegrade und an ihr Wissen angepasst sein sollte, kann hier oftmals auch ein autoritärer Führungsstil angemessen sein, um schnellstmöglich die notwendigen Arbeiten auszuführen. In solch einem Umfeld kommt es auf Schnelligkeit und eine funktionierende Zusammenarbeit an, die im situativen Stil geübt und trainiert werden kann. Im Ernstfall muss jedoch eine Person die Führung eindeutig übernehmen und die Aufgaben verantwortungsbewusst verteilen.

Über welche Eigenschaften und Kompetenzen verfügt eine Führungskraft?

MORAL

Im Juni 2017 hat die britische Universität Sussex eine Studie veröffentlicht, die eine erhöhte Produktivität und Zufriedenheit von Mitarbeitern in Relation zur Moral der Führungskraft stellt. Bei hohen moralischen Standards der Führungsperson zeigen sich auch die Mitarbeiter meist produktiver und glücklicher. Damit ist bewiesen, dass nicht nur die Aufgabenbereiche und Regeln den Arbeitsplatz ausmachen, sondern dass die Mitarbeiter ebenso mit ihren Köpfen und Herzen arbeiten. Moralität steht im Zusammenhang mit der gesamten Gesellschaft und nicht nur mit dem Individuum selbst.

Denkt die Führungskraft in ihrer Rolle als Anführer also nicht nur an eigene Vorteile und persönliche Erfolge, sondern verfolgt klare Ziele unter Berücksichtigung von ethischen und moralischen Prinzipien, sind Mitarbeiter aus freien Zügen leistungsfähiger und eher bereit, Extraarbeiten zu übernehmen. Die Organisationswissenschaftlerin Sunnie Giles kam vor ein paar Jahren zu demselben Ergebnis, als sie in einer Studie 195 Führungskräfte in 15 unterschiedlichen Ländern bat, vorgegebene Führungskompetenzen der Wichtigkeit nach zu ordnen. Den ersten Platz belegte mit 67% die Vorgabe „Hat hohe ethische und moralische Standards".

Dennoch ist anzumerken, dass sich diese Standards nicht nur nach außen richten sollten, sondern auch persönlich von der Führungskraft durchgeführt und angewandt werden. So stehen zum Beispiel Fairness, Offenheit, Grundvertrauen und eine gewisse Fehlertoleranz für eine angesehene Führungskraft.

ALTRUISMUS

Unter Altruismus kann eine selbstlose Handlungs- und Denkweise oder auch eine Uneigennützigkeit verstanden werden. Es stellt damit das Gegenteil zum Egoismus dar und verkörpert ein hohes Maß an Respekt dem Anderen gegenüber. Im Jahr 2015 wurde im Academy of Management Journal eine Studie veröffentlicht, die aussagt, dass altruistische Führungspersonen zu einer höheren Zufriedenheit der Kunden, zu verbesserten Leistungen der Mitarbeiter und zu einer auffallend geringeren Fluktuation im Betrieb führen.

Wenn Altruismus als Führungsqualität genannt wird, sollte jedoch nicht von einem Extremfall ausgegangen werden, indem der Vorgesetzte seine eigenen Interessen ausnahmslos hinter die Interessen der Mitarbeiter stellt. In der Praxis deutlich besser umzusetzen ist beispielsweise mehr Freiraum für die Mitarbeiter. Statt sie mit Imperativen und Anweisungen im Befehlston anzusprechen, werden mit offenen Fragen, freundlichen Erkundungen oder Vorschlägen bessere Ergebnisse erzielt und die Wahrnehmung und Meinung der Mitarbeiter nicht nur gewahrt, sondern konkret angeregt. Loyalität, Teamgeist und Identifikation mit dem Unternehmen sind häufig Folgen dieser abgeschwächten Form des Altruismus.

Und da Führungspersonen als Vorbilder angesehen werden, übernehmen Angestellte meist das Verhalten der Vorgesetzten und ahmen es nach. Durch den Altruismus entsteht so eine freundliche und respektvolle Kultur innerhalb des Unternehmens, das sich positiv auf die Effizienz der Arbeitsleistung auswirkt.

VERPFLICHTUNG

In ihrer Studie über Führungskompetenzen wertete Sunnie Giles aus, dass auch die Verpflichtung der Führungskraft, die Mitarbeiter zu fördern und zu fordern, eine enorm große Rolle spielt. Auf dem fünften Platz landete daher das Attribut „sich verpflichtet fühlen, mich permanent fortzubilden" und den neunten Platz belegte „Mir helfen, selbst ein Leader zu werden". Mitarbeiter erwarten demnach von einer guten Führungsperson, Hilfestellungen zu erhalten um sich individuell weiterentwickeln zu können und so die Karriereleiter emporsteigen zu können.

Wenn im Gegenzug an diese Förderung der Mitarbeiter der Führungskraft Loyalität und eine hohe Leistungsbereitschaft entgegengebracht werden, kann von einer Win-win-Situation gesprochen werden. Praktisch gesehen sind Feedback, sei es in Form von konstruktiver Kritik oder auch von Lob, ausschlaggebend für die Selbstreflexion, die Übertragung von Projekten und anderen verantwortungsvollen Aufgaben können ebenso wie Weiterbildungen die Entwicklung der Mitarbeiter fordern, und im gleichen Zuge das Team, die Mitarbeiter persönlich und die Führungsperson selbst stärken.

TOP SKILLS

Die Branchen verändern sich, Innovation und Entwicklung sind dauerhaft ein Gesprächsthema und Stillstand gilt als Verlust. An diese Situation muss sich nicht nur der gesamte Markt, sondern auch jeder einzelne Mitarbeiter bzw. Bewerber anpassen. Schon lange werden vor allem in Stellenanzeigen Flexibilität, Teamfähigkeit, Belastbarkeit, Verantwortungsbewusstsein, vielleicht auch Kreativität und Organisationstalent gefordert. Um aus der Masse herauszustechen, reichen die Top Skills, die jeder mitbringt oder mitbringen sollte, jedoch nicht aus. Auffallen kann nur jemand, der mehr oder etwas anderes kann, was nicht alltäglich ist. Doch bei all den genannten Eigenschaften noch zusätzlich nennenswerte Merkmale zu besitzen, ist gar nicht so einfach. Doch zum Glück sind nicht alle Eigenheiten von Beginn an festgelegt. Auch wenn es einige gibt, die bereits im frühen Kindesalter entwickelt und geformt werden, können andere Wesensarten auch im späteren Leben erlernt und verinnerlicht werden. Und genau diese, heben sowohl Führungskräfte als auch Angestellte von der breiten Masse ab. Wenn die Führungskraft zusätzlich zu den Eigenschaften noch ein gutes Vorbild darstellt, können diese im besten Fall übernommen werden und langfristig in die Unternehmenskultur mit aufgenommen werden.

Bislang spielt in den meisten Unternehmen der professionelle Bereich eine weitaus größere Rolle, als der Zwischenmenschliche. Denn auch eine angenehme Atmosphäre innerhalb der Belegschaft sorgt weder für wirtschaftlichen Erfolg, noch für vorzeigbare Fakten und Daten. Und trotzdem sollte dieses Gebiet keinesfalls unterschätzt werden. Denn emotionale Intelligenz und Kompetenz kann eine Führungskraft von anderen abgrenzen. Kommunikation ist hier der ausschlaggebende Punkt und die Basis. Darauf aufbauend müssen die eigenen und die Bedürfnisse und Emotionen der anderen Menschen erkannt werden, um im Folgenden darauf reagieren und eingehen zu können. Langfristig kann sich so eine persönliche Beziehung zwischen Führungsperson und Mitarbeitern aufbauen, die die Leistungsbereitschaft und den Erfolg der Mitarbeiter nachweislich erhöht.

Problemlösungskompetenz vermitteln

Für den Mitarbeiter ist es eine aufwandsarme und einfache Strategie, bei Problemen jeglicher Art den Vorgesetzten um Rat und konkrete Lösungsansätze zu fragen. Und als erfahrene und fachlich kompetente Führungsperson sollte dieser auch in der Lage sein, die Probleme aufzulösen. Von eigenem aber auch von langfristigem Vorteil für die Mitarbeiter ist es, wenn die Führungskraft nicht nur selbst die besten Lösungen erarbeitet, sondern wenn er seine Ansätze, um an das Ziel zu gelangen, offenlegt und den Mitarbeitern so seine Strategien vermittelt, damit sie in Zukunft selbst Probleme an der Basis erkennen und frühzeitig entsprechendes Verhalten ausarbeiten. Somit muss die Führungsperson nicht ständig in kleinere oder auch größere Probleme der alltäglichen Arbeit eingearbeitet werden und Zeit für die Lösungsfindung aufbringen, und gleichzeitig fördert die neue Eigenständigkeit der Mitarbeiter ihr Selbstvertrauen und ihren eigenen Willen, diese Selbstständigkeit immer weiter auszubauen.

Interkulturell

In vielen Branchen ist Internationalität heutzutage völlig normal. Ob der eigene Konzern Standorte im Ausland hat, Geschäftsbeziehung zu anderen Ländern pflegt oder ausländische Mitarbeiter beschäftigt, oftmals gestaltet sich der Alltag länderübergreifend. Und wenn dies bislang nicht so ist, besteht eine hohe Wahrscheinlichkeit, dass der Fall in naher oder ferner Zukunft eintritt.

Umso wichtiger ist es für den Erfolg und die Anerkennung des Unternehmens, auf interkulturelle Kompetenz zu achten. Die Führungskraft wird unterschiedliche Mentalitäten und Einstellungen kennenlernen. Wenn sie diese berücksichtigt, darauf eingeht und sie respektiert, können produktive Geschäftsbeziehungen entstehen. Und wenn die gemachten Erfahrungen im Anschluss an die Mitarbeiter weitergegeben werden, können auch diese auf die jeweiligen landestypischen Eigenschaften eingehen und ebenso von dem Wissen des Vorgesetzten profitieren.

Kritisches Denken

Wer ständig Ja sagt und allem zustimmt, mag vielleicht wegen seiner angeblichen Umgänglichkeit und Einfachheit positiv auffallen. Mitarbeiter können davon ausgehen, in ihrem Vorhaben unterstützt zu werden und keine Ablehnung zu erhalten. Für das Betriebsklima kann dieser Fall womöglich ganz angenehm sein, für die Weiterentwicklung vom Mitarbeiter und vom Unternehmen jedoch ist die uneingeschränkte Zustimmung wenig produktiv. Effektiver ist das kritische Hinterfragen von Entscheidungen und von Abläufen, konkrete Verbesserungsvorschläge sorgen für Entwicklung und Innovation, Feedback kann und sollte ernstgenommen werden. Denn das eigene kritische Denken der Führungskraft löst auch bei den Mitarbeitern eine Bereitschaft für Hinterfragen und Kritik aus. Und nur so kann sich ein Unternehmen ausbauen und ausbreiten.

Neugierde

Führungskräfte, die bereits fundierte Fähigkeiten auf jedem Gebiet besitzen, die jedes Thema bereits ausführlich bearbeitet haben und die alles wissen, gibt es nicht. Das verlangt oder erwartet jedoch auch keiner. Wichtiger ist das Vorhandensein von ausgeprägter Neugierde, das den Wunsch und den Drang nach Innovation und nach Veränderung mit sich bringt. Eine Neugier, die im Job ausgelebt werden kann, die mit dem Wandel der Digitalisierung einhergeht und den Spaß an Entwicklung hervorhebt. Ist eine Führungskraft mit solch einer Neugier ausgestattet, werden das Fachwissen und die zwischenmenschlichen Fähigkeiten automatisch davon profitieren.

Entwicklungsbereitschaft

Der Markt ist in ständiger Bewegung, die Branche dauerhaft in Erregung. Der Stillstand eines Unternehmens kann oft mit Rückschritt gleichgesetzt werden, während die Konkurrenz hofft, Vorteile daraus zu ziehen. Um den Erfolg nicht einzudämmen, müssen Betriebe also darauf achten, nicht auf der Stelle zu treten, sondern ebenfalls in Bewegung zu bleiben. Am besten verkörpert wird dieser Impuls nach Bewegung durch die Entwicklungsbereitschaft. Wenn die Führungskraft bereits einige Qualifikationen besitzt, genügt es nicht, sich auf diesen auszuruhen. Sie können und müssen erhalten bleiben, angeregt werden und als Basis für den nächsten Schritt angesehen werden. Gibt die Führungsperson diesen Antrieb auch an seine Mitarbeiter weiter und ermutigt sie, sich weiterzubilden und sich zu entwickeln, resultiert daraus ein Kreislauf aus Entwicklung und Weiterbildung, der vom Erfolg in kurzer Zeit belohnt wird.

Selbstorganisation

Eine gute Selbstorganisation ist die Grundlage für erfolgreiche und eigenständige Arbeit, wie sie von einer Führungskraft erwartet wird. Die Digitalisierung erleichtert hier die Arbeitsprozesse, indem ein dezentrales und digitales Zusammenarbeiten ermöglicht wird, und somit die Flexibilität zunimmt. Als Vorbild kann die Führungskraft diese Selbstorganisation an ihre Mitarbeiter weitergeben und von dem Arrangement Profit erzielen.

Konfliktfähigkeit

An jenen Orten, an denen unterschiedliche Meinungen und Auffassungen aufeinandertreffen, besteht auch ein generelles Konfliktrisiko. Denn Menschen mit verschiedenen Bedürfnissen erwarten auch verschiedene Verhaltensweisen. Da solch eine Situation auch am Arbeitsplatz Tag für Tag vorkommt, ist die Konfliktfähigkeit einer Führungskraft von großer Bedeutung. Sie akzeptiert so die unterschiedlichen Bedürfnisse und Meinungen und schafft eine Basis für die offene Auseinandersetzung mit diesen Problemen. Denn wenn versucht wird, Probleme zu vertuschen oder herunterzuspielen, können Missverständnisse auftreten, die die ganze Situation immens verschlimmern. Bei bekannten Reizthemen wie zum Beispiel religiösen Themen kann ein kluges Konfliktmanagement im Vorfeld die Auseinandersetzungen in Schach halten.

Digitale Kommunikation

Auch wenn die zwischenmenschliche Interaktion noch immer ein wichtiger Faktor der Kommunikation ist und bleibt, wird nebenbei auch die digitale Kommunikation stets wichtiger und ebenfalls eine bedeutende Rolle einnehmen. Um auch auf diesem Wege mit Kunden, Geschäftspartnern, Lieferanten oder Mitarbeitern bestmöglich den Kontakt zu pflegen, ist das nötige Knowhow unerlässlich. Dazu zählen neben Mails heutzutage auch Video- und Telefonkonferenzen und auch die Kommunikation über soziale Netzwerke. Da diese Kanäle in der Regel zum Alltagsgeschäft gehören, sollte die Führungskraft die Kommunikation hierüber beherrschen und unerfahrenen Mitarbeitern effektiv vermitteln können.

Selektion relevanter Informationen

Wenn nicht auf das Bauchgefühl gehört wird, benötigen die Entscheidungen und Handlungen informative Auskünfte als Basis. Um an diese zu gelangen, werden Datenbanken durchforstet, die eine Unzahl an Informationen bereithalten. Wer mit dieser Menge an Daten konfrontiert wird und mit einem produktiven Ergebnis aus der Recherche gehen will, der ist auf die Fähigkeit zu analytischem und kritischem Denken angewiesen. Denn nur mit solch einer Denk- und Vorgehensweise kann zwischen nützlichen und unnützen Informationen gefiltert werden, Daten können ausgewertet werden und eine Grundlage für Entscheidungen kann entstehen.

Eigenschaften und Kompetenzen erwerben

„Es ist noch kein Meister vom Himmel gefallen." Dieses Sprichwort verdeutlicht kurz und knapp, dass kein Mensch perfekt ist, dass nicht alle empfohlenen Eigenarten in einer Person verkörpert werden können und dass dies auch gar nicht erfordert wird. Trotzdem gibt es Menschen, die einen Charakter besitzen, der es ihnen leichter ermöglicht, andere erfolgreich zu führen und anzuleiten. Und es gibt solche, denen die nötigen Charakterzüge fehlen und die weder Freude noch Erfolg beim Leiten von Mitarbeitern haben.

Die erste Gruppe, die das nötige Potenzial mitbringt, um eine gute Führungskraft zu sein, ist jedoch nicht darauf angewiesen, von Anfang an alle Eigenschaften und Verhaltensmuster aufzuweisen. Auch wenn das Vorhandensein bestimmter Charakterzüge, die bereits im frühen Kindesalter oder als Jugendlicher angeeignet werden, nur Vorteile mit sich bringt, können andere Eigenarten auch problemlos später erworben werden.

Für manche Qualifikationen benötigt eine Führungskraft einfach Zeit und Ausdauer, denn sie entwickeln sich automatisch mit der Zeit. Geduld ist hier von Beginn an gefragt, um den Qualifikationen eben die Zeit zu geben, die sie nötig haben. Andere Merkmale können gezielt erlernt und ausgebaut werden. Wichtig ist jedoch von Anfang an, dass die Führungskraft auch in der Lage ist, sich selbst zu führen. Erst wenn der eigene Arbeitsalltag gut organisiert und strukturiert ist, kann diese Organisation auch an die Mitarbeiter übertragen werden.

Um selbst von einer effektiven Organisation profitieren zu können, müssen auch Führungspersonen ihre eigenen Verhaltensweisen und Leistungen immer wieder hinterfragen und entwickeln. Um nicht nur die Selbstreflexion für die eigene Entwickelung nutzen zu können, kann das Team als wertvollste Ressource beschrieben werden. Denn die Mitarbeiter des Teams sind in der Lage, der Führungskraft ein konstruktives Feedback zu geben, ihr zu verstehen zu geben, wie der angewandte Führungsstil auf die Mitarbeiter wirkt und ob und wo sie Verbesserungspotential sehen.

Maßgebend für den Erfolg des konsequenten Erlernens ist das Setzen von klaren und vor allem realistischen Zielen. Das Ziel, eine gute Führungskraft zu werden, ist viel zu undefiniert und zu breit gefächert. Wenn jedoch auf einzelne konkrete Eigenschaften eingegangen wird und diese angestrebt werden, können sie wesentlich einfacher erreicht werden. Um solche Eigenschaften auszuwählen, kann der Blick auf den aktuellen Beruf oder die angestrebte Position hilfreich sein. Kompetenzen, die in diesen Posten wichtig und erforderlich sind, sollten oberste Priorität haben.

Wenn die nächsten klaren Ziele realistisch sind und eindeutig definiert wurden, kann nun begonnen werden, möglichst viele verschiedene Informationen rund um diese Kompetenzen zu sammeln. Bücher, Artikel in Zeitschriften oder auf Blogs, online Ratgeber oder auch Kurse oder Seminare können hier konkret helfen, sich das nötige Wissen rasch anzueignen. Denn nur wenn eine gute Grundlage aus fundiertem Wissen besteht, können gezielte Fortschritte gemacht werden. Unabdingbar ist spätestens an diesem Punkt jedoch die Bereitschaft und auch die Motivation der Führungskraft, Recherche, Zeit und Arbeit zu investieren. Wenn eine Führungskraft sich jeden Abend nach dem Abendessen fünf Seiten zu Mitarbeitermotivation in einem Coachingbuch durchliest, beweist es zwar den Willen, seine Mitarbeiter motivieren zu können, doch nur von dem Lesen selbst wird sich die Motivation der Angestellten nicht ändern und steigern.

Die Theorie in die Praxis umzusetzen kann also wohl die schwierigste aber gleichzeitig auch die wichtigste Partie sein, wenn es um den neuen Erwerb von Kompetenzen geht. Daher ist die tägliche Übung unerlässlich, bei jeder Gelegenheit kann und muss das neue Verhalten trainiert werden. Wenn es in den Alltag integriert wird, können die alten Gewohnheiten sich nach und nach ändern. Denn bis eine Routine sich fest geändert hat, braucht es einige Zeit und viel Konsequenz.

Umso wichtiger ist es deswegen, nicht nach den ersten Niederschlägen und Rückständen aufzugeben, die alten Gewohnheitsmuster doch weiterlaufen zu lassen und die Frustration Überhand nehmen lassen. Trotz und gerade wegen der meist anfänglichen Schwierigkeiten sollte der Fokus komplett auf die Ziele gerichtet werden. So kann das Negative drum herum einfacher ausgeblendet und als nicht ganz so drastisch angesehen werden. Denn eines sollten Führungspersonen nicht vergessen: sich Qualifikationen anzueignen, alte Gewohnheiten gegen neue zu ersetzen und diese fest in dem persönlichen Verhalten zu verankern, bringt eine Menge Zeit und Arbeit mit sich. Durchhaltevermögen sollte im besten Fall also bereits zu den Eigenschaften gehören, das erleichtert das Erreichen der eigenen Ziele.

Aufgaben einer Führungskraft

Im Allgemeinen haben die Aufgaben einer Führungskraft, unabhängig von der Branche, in der sie tätig ist, wenig bis gar nichts mit dem operativen Tagesgeschäft zu tun. Das heißt, dass alltägliche Routinearbeiten und die Sachbearbeitung auf dem Aufgabenzettel einer Führungsperson nicht zu finden sind. Mehr beschäftigen sich Führungskräfte mit der sogenannten Work-Life-Balance, also mit den Möglichkeiten, wie der Beruf und die Lebenssituation am besten vereinbart und kombiniert werden können. Ebenso zählt die Koordination von Aufgaben und eine damit einhergehende, weitestgehend freie, Entfaltung der Mitarbeiter zu den Tätigkeiten einer Führungsperson.

Da die Beziehungen zwischen Führungskraft und Mitarbeitern und zwischen den Mitarbeitern selbst eine wichtige Rolle für die Produktivität einer Abteilung spielt, beschäftigt sich die Führungskraft viel mit der Gestaltung dieser Beziehungen und agiert dabei nahezu jederzeit als Ansprechpartner. Konkret bietet sie eine offene Kommunikation an, und ist gewillt, mögliche Probleme oder Unstimmigkeiten aufzuklären und zu lösen. Auch regelmäßige Mitarbeitergespräche, die dementsprechend eine gewisse Zeit der Vor- und der Nachbereitung benötigen, geben Aufschluss über die Zufriedenheit der Mitarbeiter im Unternehmen, über die zwischenmenschliche Situation innerhalb der Abteilung und über Verbesserungsvorschläge.

Denn vor allem wenn ein Mitarbeiter sich bewusst ist, dass seine Meinung und seine Ideen ernstgenommen werden, er Verantwortung für eigene Aufgaben oder Projekte übernehmen darf und muss, wird er besonders motiviert. Folgen seiner Motivation sind meistens eine erhöhte Leistungsbereitschaft, und eine damit zusammenhängende gesteigerte Produktivität, die den Erfolg automatisch nach sich zieht. Ebenso am Erfolg direkt beteiligt ist eine Feedbackkultur, für die die Führungskraft zuständig ist. Konstruktives Feedback geben, konkrete Beispiele und Vorschläge einbringen, Kritik annehmen und die Bereitschaft, auch an eigenen Schwächen zu arbeiten, all das wird von einer Führungsperson erwartet. Das Etablieren einer solchen Feedbackkultur wird als eine der wichtigsten Aufgaben von Führungskräften angesehen, zusammen mit der Pflege des Feedbacks und der Arbeit an genannten Kritikpunkten.

Vor allem aus Mitarbeitersicht auf einer ähnlich hohen Stufe befindet sich das Darlegen von Entwicklungs- und Weiterbildungsmöglichkeiten der Mitarbeiter. Wer sich nicht entwickelt, kann sich nicht verbessern, und seine individuellen Erfolge somit nicht steigern. Dementsprechend kann auch das Unternehmen die Erfolge nicht steigern, da diese eine Kumulation der vielen einzelnen Ergebnisse der Mitarbeiter sind. Hilfestellungen und die Aufklärung über mögliche Bildungsmaßnahmen sind daher sowohl für die Mitarbeiter, als auch für das Unternehmen selbst wichtige Aufgaben einer Führungskraft.

KONFLIKTMANAGEMENT

Konflikte entstehen dort, wo Menschen mit unterschiedlichen Meinungen aufeinandertreffen. Dabei muss nicht jeder Konflikt direkt negativ sein, weil ebendiese Meinungsverschiedenheiten und der generelle Austausch von Meinungen und Bedürfnissen grundlegende Bestandteile der Kommunikation, des Lernens und der persönlichen Entwicklung sind. Vor allem wo diese Art der Kommunikation konstruktiv verläuft, spricht nichts gegen den Konflikt, er ist sogar förderlich.

Wenn es sich jedoch um dekonstruktive Konflikte handelt, bei denen Zugeständnisse und Einlenken undenkbar sind, bei denen jede Partei davon ausgeht, die alleinige Wahrheit zu kennen und zu vertreten, können eine Verschärfung des Konflikts oder gar eine eskalative Situation die Folge sein, welche es dringend zu vermeiden gilt. Und genau das gehört unter dem Begriff „Konfliktmanagement" zu den Aufgaben einer guten Führungskraft. Die Führungsperson kann auf bestimmte Maßnahmen oder Methoden zurückgreifen, um eine Entschärfung des Konflikts herbeizuführen, und die Parteien zurück auf den Weg eines konstruktiven Dialoges zu führen, der eine gemeinsame Lösung vorsieht. Klare Ziele des Konfliktmanagements sind also die Bewältigung bestehender Konflikte, die proaktive Lösung notwendiger Konflikte sowie die Vorbeugung überflüssiger Konflikte.

Die erfolgreiche Bewältigung von Konflikten kann von fünf Aspekten eines Konfliktgespräches beeinflusst werden. Während einer solchen Ausnahmesituation sollten alle Parteien versuchen, immer sachlich zu bleiben. Persönliches gehört nicht in ein Konfliktgespräch und führt zu keiner Lösung. Auch wenn die Führungskraft selbst unsachlich angegriffen wird, oder eine der beteiligten Parteien, sollte auf diesen Tonfall nicht eingegangen werden. Ruhe bewahren und Souveränität sind die klügeren Verhaltensmuster. Eine ebenso wichtige Grundregel ist das Ausreden lassen. Unterbrechen zeugt von Respektlosigkeit und fördert das gegenseitige Verständnis nicht, es verschlechtert dies nur weiter.

Alle Standpunkte sollen gleichermaßen zugelassen und angehört werden, damit sie verstanden werden können. Nur so können Missverständnisse aus der Welt geräumt werden. Wenn nun im Folgenden deutlich gemacht wird, dass die Beweggründe verstanden und auf menschlichem Level respektiert werden, demonstriert das eine Wertschätzung, die entschärfend wirkt. Dennoch muss trotz dieses Verständnisses und des Respekts nicht die Meinung geteilt oder für gut befunden werden. Trotzdem bewirkt eine gewisse Kompromissbereitschaft in Konfliktsituationen mehr als das Beharren auf den eigenen Forderungen.

Der Wille zu einem anhaltenden Frieden sollte von jeder Partei aus geäußert werden und somit eine der wichtigen Gemeinsamkeiten darstellen. Denn wenn Gemeinsamkeiten gefunden werden, wird automatisch der Fokus weg von den Unterschiedlichkeiten gelenkt, hin auf das Verbindende. In den meisten Fällen bilden diese gefundenen Gemeinsamkeiten später die Grundlage für eine gemeinschaftliche Lösung des Konflikts.

Trotzdem kann nicht davon ausgegangen werden, dass eine einzelne Führungskraft von heute auf morgen alle Konflikte lösen oder vorbeugen kann. Die Mithilfe des gesamten Teams ist gefragt, denn wenn die Mitarbeiter untereinander nicht bereit sind, die Konflikte konstruktiv und gemeinsam anzugehen und so eine übereinstimmende Lösung zu finden, kann auch das beste Konfliktmanagement diese ablehnende Haltung nicht ausgleichen.

Konfliktarten

Besonders wenn unterschiedliche Persönlichkeiten aufeinandertreffen, sind Konflikte vorprogrammiert. Manche Menschen sind selbstbewusst, andere schüchtern, die einen zurückhaltend, wieder andere risikofreudig. So unterschiedlich die Charakterzüge sind, so unterschiedlich können auch die Ursachen für die Unstimmigkeiten sein. Im Berufsalltag sind folgende sechs Konflikte besonders oft vorzufinden.

<u>Kommunikationskonflikte</u>

Wenn zum Beispiel mittels Gestik und Mimik auf verschiedenen Ebenen miteinander kommuniziert wird, können Missverständnisse, die nicht sofort aufgelöst werden, zu Kommunikationskonflikten ausarten. Ebenso kann es aus organisatorischer Sicht zu solchen Konflikten kommen, wenn keine oder nicht genügend Kommunikation stattfand. Wenn beispielsweise ein Mitarbeiter nicht ausreichend in die Entscheidungsfindung einbezogen worden ist und somit am Entschluss nicht mitwirken konnte, kann der daraus resultierende Widerstand als Kommunikationskonflikt angesehen werden.

<u>Beziehungskonflikte</u>

Wenn keine rationalen Gründe ersichtlich sind, ist oft von Beziehungskonflikten die Rede. Unsichtbare Antipathien belasten jedes Aufeinandertreffen, unterschwellig werden dann meistens subtile Anfeindungen geäußert und wie kleine Pfeile abgefeuert mit dem Ziel, die andere Person zu schädigen. Schnell wird in Beziehungskonflikten aus einer sachlichen Unstimmigkeit eine persönliche Differenz, die mit der Zeit sogar noch eskalieren kann.

Rollenkonflikte
Gruppen bestehen in der Regel aus einer Vielzahl an verschiedenen Rollen, die von den Mitgliedern der Gruppen eingenommen werden. Ausgesprochene oder unausgesprochene Erwartungen werden an die einzelnen Rollen gestellt, die oftmals jedoch nicht unbedingt die persönlichen Ziele oder Eigenschaften der Personen widerspiegeln. Wenn die Rolle einer Person sie also daran hindert, die eigenen Ziele zu verfolgen, wird von einem Rollenkonflikt gesprochen.

Wertkonflikte
Verschiedene Arbeitsauffassungen können Wertkonflikte auslösen, bei denen die Vorgehensweisen bei Aufgaben voneinander abweichen oder gar gegensätzlich sind. Wenn ein Mitarbeiter eindeutig geregelte Abläufe bevorzugt, kann ein anderer spontane Prozesse besser verarbeiten. Wenn diese Mitarbeiter im alltäglichen Geschäft oder in Projekten jedoch gezwungen sind, gemeinsam zu arbeiten, kann es zu problematischen Unstimmigkeiten kommen.

Sachkonflikte
In Sachkonflikten fokussiert sich das Problem tatsächlich auf eine Sache, das kann eine Uneinigkeit oder eine Meinungsverschiedenheit sein. Unterschiedliche Vorstellungen über Lösungsvorschläge oder über die Prioritäten von Zielen scheinen oftmals auf den ersten Blick nicht vereinbar, können aber oft doch erfolgreich aufgelöst werden.

Machtkonflikte
Betriebliche Konflikte können jedoch keineswegs nur unter Mitarbeitern stattfinden, auch Führungspersonen wie Abteilungsleiter können direkte Beteiligte sein. Wenn beispielsweise zwei Abteilungen aus Kostengründen oder der Organisation wegen zusammengeführt werden, und keine der bisherigen Führungspersonen darunter leiden möchte, kann es zu einem Machtkonflikt kommen. Die Lösung einer solchen Auseinandersetzung ist oftmals schwierig und langwierig, jedoch muss, wie in jedem Konflikt, auch unter Führungskräften eine Lösung gefunden werden.

Beispielsituationen im Konfliktmanagement

Konflikt im Brautmodengeschäft

Sie arbeiten seit vier Jahren in einem Brautmodengeschäft in der Fußgängerzone einer deutschen Großstadt. Vor gut sechs Monaten wurden Sie zur stellvertretenden Filialleitung befördert und verkörpern seither eine gute Führungskraft. Mit Ihnen arbeiten neben der Filialleitung in dem Geschäft drei Verkäuferinnen, ein Verkäufer und zwei Änderungsschneiderinnen auf freiberuflicher Basis. Eine der Verkäuferinnen sowie der männliche Kollege sind nach Ihnen eingestellt worden. Seit ein paar Wochen häufen sich die Reibereien zwischen den Verkäuferinnen Frau Köster und Frau Eilers, die nicht nur Ihnen, sondern auch den Kollegen und teilweise den Kundinnen und Kunden schon aufgefallen sind.

Um den guten Ruf nicht zu gefährden und das angenehme Arbeitsklima zu bewahren, laden Sie am Montag Frau Eilers auf einen Kaffee ein und bitten sie zu einem ehrlichen Gespräch. Sie sprechen die Mitarbeiterin darauf an, dass Sie das Gefühl haben, dass es Unstimmigkeiten zwischen Frau Köster und ihr gäbe, und ob ein Problem vorliegt, das gemeinsam behoben werden könnte. Etwas irritiert und überfordert mit der Situation verneint Frau Eilers die Frage, sie habe kein Problem mit ihrer Kollegin.

Aber nach einer kurzen Pause gibt sie zu, dass sie sich in letzter Zeit oft fehl am Platz gefühlt hat, wenn sie zusammen mit Frau Köster eine Anprobe machen sollte. Ihre Kollegin lässt dann nach außen hin oft den Anschein erwecken, dass sie über ihr stehe, dass Frau Eilers sowieso weder Erfahrung noch Talent hätte und gerade gut genug ist, um Brautkleider aus dem Keller zu holen.

Und wenn sie sich in solchen Situationen vor den Kunden weigert, den Aufforderungen der Kollegin nachzugehen, weil sie andere Vorschläge einbringen möchte, würdigt Frau Köster sie keines Blickes mehr und ignoriert sie bis zum Ende des Termins. Ganz verstehen kann Frau Eilers das Verhalten nicht, sie weiß jedoch, dass ihr Mann vor einigen Jahren eine kurze Beziehung mit einer gleichnamigen Frau hatte, diese jedoch für sie verlassen hat. Ob es sich bei dieser Affäre tatsächlich um ihre Kollegin Frau Köster handelt, weiß Frau Eilers jedoch nicht mit Sicherheit, das könnte das unfreundliche Auftreten aber erklären.

Sie haben mit vielem gerechnet, mit solchen detaillierten Beschreibungen und sogar der Vermutung der Ursache dieser Unstimmigkeit allerdings nicht. Nachdem Sie sich bei Ihrer Mitarbeiterin für die ehrlichen Worte bedanken und ihr versichern, dass die Situation mit ihrer Kollegin aufgrund dieser Unterhaltung nicht noch verschlimmert wird, überlegen Sie sich eine Strategie, wie Sie das Gespräch mit Frau Köster beginnen können.

Sie warten den Nachmittag ab und bringen Ihrer Mitarbeiterin Frau Köster am nächsten Morgen ein Brötchen vom Bäcker mit, und fragen sie, ob sie gemeinsam frühstücken wollen. Als sie das Angebot dankend annimmt und sich mit Ihnen in den Pausenraum setzt, beginnt sie den Smalltalk über den anstehenden Arbeitstag. Sie gehen darauf ein, und lenken das Gespräch nach kurzer Zeit auf einen Termin mit einer Braut, den eigentlich Frau Eilers führen soll. Sie äußern angebliche Bedenken, ob Frau Eilers eine richtige Vorauswahl präsentieren wird, da die Braut als schwierige Kundin bekannt ist. Darauf ist Frau Köster nicht vorbereitet, springt jedoch auf die Bedenken sofort an und fängt an, abfällig über ihre Kollegin zu sprechen. Sie beschreibt, wie Frau Eilers oft den Geschmack der Kunden absolut verfehlt und sich unhöflich verhält, wie unangemessen ihre Kommentare ihr gegenüber vor den Bräuten sind und dass sie das Gefühl hat, dass Frau Eilers sie gar nicht als gute Kollegin wahrnimmt und wertschätzt.

An diesem Punkt unterbrechen Sie Ihre Mitarbeiterin und bitten sie, zu erläutern, inwiefern Frau Eilers sie nicht wertschätzt. Konkrete Beispiele kann Frau Köster nun nicht nennen, aber laut eigener Aussage habe sie so ein Gefühl, dass da etwas nicht passt zwischen ihnen. Um nicht preiszugeben, dass Sie bereits mit Frau Eilers das Gespräch gesucht haben und ihr Glauben geschenkt haben, behalten Sie die Vermutungen über eine gemeinsame Verbindung in der Vergangenheit der Frauen für sich. Sie bedanken sich für die Unterhaltung mit Frau Köster und wenden sich Ihren täglichen Aufgaben zu.

Nach Feierabend wenden Sie sich an die Filialleitung, um sie über die Mitarbeitergespräche zu informieren. Um den Konflikt zwischen den Damen nicht weiter wachsen zu lassen, sollte die Situation entzerrt werden. Über die weitere Vorgehensweise und das nötige Konfliktmanagement unterhalten Sie sich nun mit Ihrer Vorgesetzten.

Um was für eine Art des Konflikts handelt es sich in diesem Beispiel? Sind Sie als Führungskraft in der Lage, den Konflikt zu lösen? Wie können Sie vorgehen, um die Umstände zu erleichtern und für eine Lösung der Auseinandersetzung zu sorgen? Oder muss das Problem als unlösbar angesehen werden und sich das Geschäft entweder auf ein dauerhaft angespanntes Verhältnis zwischen den Frauen einstellen, oder sich von einer der Frauen trennen?

Konflikt in der Buchhandlung

Sie haben eine Ausbildung zum Buchhändler erfolgreich abgeschlossen, wurden in Ihrem Unternehmen übernommen und konnten nach einigen Monaten Arbeitserfahrung verschiedene betriebsinterne Kurse und Seminare zu Personalführung und Mitarbeiterbindung, aber auch zu fachbezogenen Themen wie internationaler Belletristik absolvieren. Zeitgleich haben Sie an einer Fortbildung zum Fachwirt des Buchhandels teilgenommen, die zum größten Teil online abläuft und 12 Monate andauert.

Mit all diesen Qualifikationen konnten Sie überzeugen, als eine neue Filialleitung in Ihrer Nachbarstadt gesucht wurde. Nach einer Probearbeitswoche wurden Sie als neuer Filialleiter eingestellt und haben seitdem die Verantwortung für sechs Mitarbeiter übernommen. Um die Niederlassung bekannter und erfolgreicher werden zu lassen, haben Sie ein Konzept entwickelt, das monatliche Events, Veranstaltungen, Rabattspiele und ähnliches anbietet. In diesem Monat konnten Sie eine international bekannte deutsche Autorin für sich gewinnen und haben Ihre Kunden zu einer Autorenlesung mit anschließender Frage- und Autogrammrunde eingeladen.

Das Ereignis soll am ersten Freitag des Monats stattfinden, die Lesung beginnt um 17 Uhr und ist für eine Stunde angesetzt. Sie haben sich bereits im Vorfeld darum gekümmert, dass die Auszubildende im Anschluss daran für das leibliche Wohl sorgt und Kaffee und Tee bereitstellt. Eventuelle Erlöse durch Spenden sollen einer Plattform für Neuautoren zugutekommen, Ihr Ziel der Veranstaltung ist in erster Linie, Kunden zu gewinnen, die Buchhandlung als Ort der Begegnung und des Wohlbefindens zu präsentieren und Aufmerksamkeit zu bekommen, denn in Zeiten von eBooks und online Versandhäusern hat es der ortsansässige Einzelhandel nicht immer leicht.

Kurzfristig werden Sie gebeten, einen Kollegen auf einer Fortbildung zu vertreten und Gastvorträge über das Thema Marketing und Marketingkonzepte zu halten. Sie gehen der Einladung nach und sind von Dienstag bis Donnerstag auf der Fortbildung. Ihre Assistenz erledigt gemeinsam mit Ihren Mitarbeitern die anfallenden Tätigkeiten vor Ort in der Filiale. Wer sich konkret mit den letzten Vorbereitungen für die Autorenlesung auseinandersetzen soll, wurde von Ihnen vor der Reise nicht mehr angesprochen.

Frau Siebig, eine Mitarbeiterin, die auch in den vergangenen Monaten meistens die Events mit Ihnen zusammen geplant und umgesetzt hat, hat sich der Aufgabe eigenmächtig angenommen und sich mit den letzten Vorbereitungen beschäftigt. Sie hat eine Einkaufsliste für die Auszubildende geschrieben, eine Skizze des Verkaufsraums angefertigt, wie er für die Lesung umgestellt und dekoriert werden soll, letzte Einladungen per Mail an Stammkunden geschickt und angefangen, ein Plakat für das Schaufenster zu erstellen. Ebenfalls hat sie den Aufsteller, der am Tag der Veranstaltung vor der Eingangstür des Ladens positioniert werden soll und so die Aufmerksamkeit vorbeigehender Passanten auf die anstehende Lesung lenken soll, mit entsprechenden Daten und der Skizze einer einladenden Tasse und einem Buch versehen.

Gemäß ihrer Vorstellung sollen die frei bewegbaren Regale, die momentan mit Kinderspielen und saisonalen Büchern bestückt sind und in der Mitte des Verkaufsraums stehen, für die Zeit des Events in den Hinterraum geschoben werden. Wenn nun das Regal mit Schulmaterialien und Bastelbedarf an die freie Wand geschoben, und mit Büchern der Autorin versehen wird, ist somit nicht nur für eine kleine Werbung der Autorin selbst gesorgt, gleichzeitig bietet der Raum so genug Platz für ein kleines Pult und einige Stühle. Frau Siebig hat Zeichnungen angefertigt um zu ermitteln, in welcher Art und Weise die Stühle am sinnvollsten angeordnet werden können, damit möglichst viele Besucher einen Sitzplatz mit gutem Blick auf die Autorin haben.

Sie kam zu dem Ergebnis, dass das Pult der Autorin vorne in der Mitte des Verkaufsraumes platziert werden sollte, und die Stühle in Reihen mit je 6 Stühlen geformt wie ein breitgezogenes V gestellt werden sollten. Aus dem Keller hat sie bereits den kleinen runden Beistelltisch geholt und dekoriert, damit er in der Ecke neben der Eingangstür Platz für die Kaffee- und Teerunde bietet. Frau Siebig ist mit der Ausarbeitung der Lesung zufrieden und begibt sich in ihren Feierabend, um am Donnerstag noch einmal mit der Auszubildenden die Einkaufsliste sowie ein paar Tipps für die Veranstaltung zu besprechen. Ihre kleine Mappe, in der sie alle Skizzen, Notizen und Unterlagen aufbewahrt, lässt sie auf ihrem Schreibtisch im Büro liegen, direkt neben dem Hefter mit den Bestellunterlagen der Kunden.

Als Frau Siebig am Donnerstagmorgen die Filiale betritt, würdigt Frau van Velder, die stellvertretende Filialleiterin, sie keines Blickes. Nachdem Frau Siebig ihre Jacke und ihre Tasche im Büro abgelegt hat, fällt ihr auf, dass sowohl der Hefter mit den Bestellunterlagen, als auch ihre Planungsmappe nicht mehr auf dem Schreibtisch liegen. Empört sucht sie Frau van Velder und fragt zügig nach, wo ihre Mappe ist, die sie gestern im Büro hat liegen lassen. Frau van Velder zieht die Kladde aus der Schublade unter der Kasse hervor und überreicht sie wortlos ihrer Kollegin. Wütend und erregt verlässt Frau Siebig den Kassenbereich und gesellt sich zu der Auszubildenden in den Hinterraum. Um diese bei der Erledigung der Aufgabe nicht zu stören, fragt Frau Siebig leise und knapp, ob sie zu ihr ins Büro kommen könne, um letzte Details für die morgige Lesung zu klären, sobald sie mit der Aufgabe fertig ist. Freundlich nickend bejaht die Auszubildende die Frage, Frau Siebig begibt sich erneut ins Büro und erledigt die Bestellungen.

Einige Zeit später klopft die Auszubildende an die Bürotür und tritt ein, sie setzt sich zu Frau Siebig an den Schreibtisch. Die beiden Frauen beginnen ein wenig Small-Talk, kommen jedoch schnell auf das eigentliche Thema zu sprechen. Die langjährige Angestellte stellt der Auszubildenden ihre Pläne vor und erläutert ihre Vorschläge, die Auszubildende ist begeistert und sichert ihr ihre

Unterstützung zu. Mit der Einkaufsliste geht sie nach der Mittagspause einkaufen. Das Verhältnis zwischen Frau Siebig und der stellvertretenden Filialleiterin Frau van Velder bleibt den Donnerstag über angespannt und auf ein Minimum reduziert.

Diese emotionsgeladene Situation zwischen den Frauen bemerken auch Sie sofort, als Sie am Freitagmorgen das Büro betreten. Während Frau Siebig sich offensichtlich freut, Sie zu sehen, und mit einem kleinen Ordner auf Sie zukommt, nachdem sie ihr fröhliches Gespräch mit der Auszubildenden beendet hat, befindet sich Frau van Velder im Hinterraum und hält sich komplett aus der Situation heraus. Da Sie nicht wissen, ob etwas Besonderes vorgefallen ist, oder ob es einen Grund gibt, warum Frau van Velder Ihre und die Gesellschaft der Kolleginnen meidet, fragen Sie Frau Siebig. Diese rollt mit den Augen und schildert die Ereignisse des Vortages knapp.

Sie beschreibt, dass niemand über die konkrete Planung und Verwirklichung der Lesung gesprochen hat und dass sie also die Zügel in die Hand genommen hat, da sie mit Ihnen gemeinsam ja oft Veranstaltungen organisieren durfte. Nach Feierabend hat Frau van Velder dann offenbar ihre Mappe mit Notizen gefunden und einbehalten. Weiter über den Vorfall gesprochen haben sie nicht miteinander, aber seit Frau Siebig Ihre Assistentin nach ihrer Mappe gefragt hat, und Frau van Velder sie ihr wortlos überreicht hat, ist das Verhalten wenig kollegial. Sie beschließen, die Situation sofort zu klären und suchen das Gespräch mit Frau van Velder.

Um was für eine Art des Konflikts handelt es sich in dieser Situation? Wie hätte die Auseinandersetzung vermieden werden können? Wie können Sie als Führungskraft nun vorgehen, um das Verhältnis zwischen Frau Siebig und Frau van Velder zu verbessern? Ist es gerechtfertigt, sich auf eine der beiden Seiten zu stellen, oder sollte die Objektivität gewahrt werden?

Warum eine gute Führung wichtig ist

FÜR DAS UNTERNEHMEN

Die Position einer Führungskraft kann in etwa wie eine Schnittstelle zwischen der Unternehmensleitung und den Mitarbeitern beschrieben werden. Weil das Erreichen von betrieblichen Zielen mit dem einsetzenden Erfolg fast gleichzusetzen ist, hat eine Führungskraft die wichtige Aufgabe, diese unternehmerischen Ziele den Mitarbeitern deutlich zu machen und nahezubringen und jedem Einzelnen den individuellen Beitrag aufzuzeigen, den er zum Erreichen der Ziele beisteuern kann.

Da Wachstum und Erfolg nur stattfinden können, wenn auch die Mitarbeiter sich bilden, weiterentwickeln und gefördert werden, nimmt die Führungskraft auch hier eine vermittelnde Rolle ein. Die Führungsperson sollte in der Lage sein, die Stärken und das Potenzial der Mitarbeiter zu erkennen und einzuschätzen, ihnen dementsprechende Möglichkeiten aufzuzählen, wie die Mitarbeiter sich fortbilden können. Das können Sprachkurse für mehr Internationalität sein, Abendkurse zum Betriebswirt oder anderen Fachwirten, betriebsinterne Fortbildungen oder ähnliche Maßnahmen zur beruflichen oder persönlichen Weiterentwicklung.

Denn das Unternehmen profitiert von gut ausgebildeten Arbeitskräften und kann Wachstum und Erfolg steigern. Doch nicht nur der Profit steht und fällt mit der Zufriedenheit der Mitarbeiter. Nur wenn die Angestellten sich wertgeschätzt und frei fühlen, sind sie bereit, Überstunden zu machen, in Krankheitsfällen für den Kollegen einzuspringen, Verbesserungsideen einzubringen, Prozesse zu optimieren oder Unmögliches für den Kunden möglich zu machen. Zu all diesen zusätzlichen Leistungen sind Mitarbeiter meistens jedoch nur bereit, wenn sie dafür belohnt werden, entweder mit kleinen Aufmerksamkeiten, mit Wertschätzung, mit noch mehr Verantwortung, mit einem behaglichen Arbeitsklima oder ähnlichem. Arbeiten die Mitarbeiter unter einer schlechten oder einer schlecht qualifizierten Führungskraft, lässt im Allgemeinen auch die Bereitschaft für solche ergänzenden Arbeiten spürbar nach.

Und so steckt das Unternehmen in bestimmten Prozessen fest, da niemand sie optimiert, den Kunden wird nicht das Gefühl von Wichtigkeit und Einzigartigkeit vermittelt, wenn die Regelarbeitszeit um ist, wird übrig gebliebene Arbeit nicht noch erledigt, und in Krankheitsfällen bleibt die Arbeit des ausgefallenen Mitarbeiters im schlimmsten Fall einfach liegen. Gute Führungskräfte, die auf die Mitarbeiter eingehen, bedeuten dementsprechend Erfolg, Fortschritt, Einzigartigkeit und Behagen und sind unabdingbar für wachsende Unternehmen.

FÜR DAS ZWISCHENMENSCHLICHE

Persönliche Kreativität, Selbstständigkeit und Wertschätzung gehören laut Studien zu den wichtigsten Arbeitsbedingungen am Arbeitsplatz, wenn es um zufriedene und produktive Mitarbeiter geht. Um diese Umstände zu erreichen, muss die Führungskraft die eigenen Stärken und Schwächen und, in mindestens dem gleichen Maße, die Stärken und Schwächen der Mitarbeiter kennen und einschätzen können. Nur so kann im folgenden Schritt Verantwortung übertragen werden, und die Kreativität der Mitarbeiter angesprochen werden. Die Mitarbeiter sind meistens allerdings nur bereit, die Verantwortung zu übernehmen, wenn die Beziehung zwischen ihnen und der Führungskraft von Vertrauen und Toleranz gekennzeichnet ist.

Durch die Erfüllung der Erwartungen der Mitarbeiter kann die Führungsperson die Beziehung stärken und für ein Gefühl von Sicherheit sorgen. In der Regel erwarten Angestellte von einer guten Führungskraft, dass sie konsequent ist und verbindliche Entscheidungen trifft. Währenddessen ermöglicht sie den Mitarbeitern abwechslungsreiche und fordernde Aufgaben und geht auf die individuellen Stärken ein. Die vertrauensvolle Zusammenarbeit liegt der Führungsperson ebenso sehr am Herzen wie die Unternehmensphilosophie.

FÜR DIE FÜHRUNGSKRAFT SELBST

In den meisten Betrieben gibt es Bereiche, in welchen nicht die geforderten Ergebnisse erreicht werden, die nicht so erfolgreich arbeiten wie geplant und erwünscht. Oftmals kennzeichnen eine niedrige Arbeitsleistung und wenig Leistungsbereitschaft der Mitarbeiter diese Abteilungen, die in der Regel sogar noch eine schlechte Arbeitsqualität aufweisen. Geringes Engagement und mangelnde Loyalität seitens der Angestellten, ein auffällig hoher Krankenstand, zu dem auch Burn-Out-Fälle gezählt werden, können hier ebenso beobachtet werden wie eine hohe Fluktuation und keine geschlossene Zusammenarbeit innerhalb des Teams.

Rund um negative Ergebnisse und schlechte Verhaltensweisen gehen von solchen Bereichen aus, nur unter enormen Druck können gute Leistungen erbracht werden. All diese Merkmale können direkte Folgen einer schlechten Führung durch die Führungskraft sein. Denn die Mitarbeiter richten ihr Verhalten nach der Kultur der Führung, sie sind vom Verhalten der Führungsperson geprägt und können es anhand der erzielten Ergebnisse weitestgehend spiegeln. Ein noch deutlicheres Feedback gibt es kaum, um einer Führungskraft die fehlenden Führungsqualitäten aufzuzeigen. Im Gegenzug können jedoch die Führungskräfte von erfolgreichen und produktiven Abteilungen davon ausgehen, dass sie ihre Mitarbeiter gut führen, dass sie eine nachahmenswerte Kultur vorleben und sie in der Tat ein gutes Vorbild sind. Dieses Lob zu erkennen und anzunehmen bestärkt die Führungsperson in ihrem Verhalten und bewirkt eine angenehme Atmosphäre innerhalb der Abteilung und zwischen der Führungskraft und den Mitarbeitern.

Das ABC der Führungskräfte

A wie Ansprechen

Probleme, Fehler oder Schwächen sollten nicht einfach ignoriert werden und unbeachtet bleiben, ein offenes Gespräch bewirkt langfristig mehr Erfolge, als der Versuch, Schwierigkeiten unsichtbar zu machen. Dabei ist eine gegenseitige Kommunikation der Schlüssel zu zufriedenen Mitarbeitern. Nicht nur die Führungskraft ist in der Lage, Probleme anzusprechen, auch Mitarbeiter können eigene Fehler oder Schwierigkeiten mit oder unter Kollegen ansprechen.

B wie Beraten

Als Führungskraft wird gleichzeitig auch eine Beratungsstelle eingenommen. Sowohl für professionelle, als auch für das Unternehmen wichtige persönliche Fragen und Probleme ist die Führungskraft eine Anlaufstelle für Mitarbeiter. Die Antwort der Führungsperson ist in der Regel jedoch nicht starr und festgelegt, sondern lediglich eine Beratung. Vorschläge, wie Situationen und Gefühle verbessert werden können, Anregungen um die Probleme zu umgehen oder Hinweise, wie sich die andere Partei des Konflikts fühlen könnte. Diese Empfehlungen und Hilfestellungen verkörpern die persönliche Wertschätzung der Führungskraft für den einzelnen Mitarbeiter, der sich dadurch wichtig und ernstgenommen fühlt. Und dank der nicht eindeutigen Wegweiser selbst entscheiden kann, wie er seinen Weg weiter fortsetzt, und nicht an Eigenständigkeit verliert.

C wie Coach

Im Sport ist ein Coach essentiell und während des Trainings stets Ansprechpartner, der darauf achtet, dass Übungen selbstständig und korrekt durchgeführt werden. Ähnelt das Verhalten einer Führungskraft im übertragenen Sinne dem eines Coaches, so ist die Erfolgsquote der Mitarbeiter vermutlich sehr hoch. Denn dank der intensiven Betreuung zu Beginn des Trainings und dank der Aufmerksamkeit auf die richtige Ausführung von Aufgaben, kann ohne großen Druck schnell die erforderliche Selbstständigkeit der Mitarbeiter erreicht werden.

D wie Delegieren

Im Duden wird Delegieren mit „abordnen" oder „eine Aufgabe übertragen" erläutert. Und verständlicherweise gehört das Abgeben von Aufgaben und vor allem auch von Verantwortung zu einer wichtigen Führungsqualität. Das entgegengebrachte Vertrauen stärkt die Motivation und die Kreativität der Mitarbeiter, fördert das eigenständige Arbeiten und entlastet gleichzeitig den

Arbeitsalltag der Führungskraft. Da das Delegieren also nur Vorteile mit sich bringt, sollte jede Führungsperson diese Stärke kennen und einsetzen, um davon zu profitieren.

E wie Entschuldigung und Eingeständnis
Auch wenn es dem Stolz oftmals nicht sonderlich gut passt, lassen Entschuldigungen und Eingeständnisse das Verhältnis zwischen Führungskraft und Mitarbeiter oft besser und tiefer werden. Fehler zugeben, zu Unwissen stehen und Lob aussprechen sorgen für Anerkennung und Respekt der Mitarbeiter.

F wie Fehler
Schon die alten Römer wussten *erare humanum est*, auf Deutsch 'Irren ist menschlich'. Jeder Mensch macht Fehler und dem sollten sich auch sowohl Führungskräfte als auch die Mitarbeiter bewusst sein. Ein Fehler ist kein Grund für weniger Selbstvertrauen, für Mobbing am Arbeitsplatz oder für den vollkommenen Entzug von Verantwortung. Fehler passieren, Fehler können korrigiert und ausgebessert werden, um nicht noch einmal wiederholt zu werden. Und dabei sollte es belassen werden. Einer Führungskraft können ebenso Fehler unterlaufen wie jedem anderen Mitarbeiter eines Unternehmens. Die passende Lösung für den Fehler sollte aber auf jeden Fall im Vordergrund stehen.

G wie Gehör
Jeder Mensch hat ein Gehör. Und bei den meisten funktioniert es auch einwandfrei. Und dennoch wird nicht jedem Mitarbeiter Gehör geschenkt. Egal ob es Kleinigkeiten oder große Worte sind, eine Führungskraft sollte demjenigen sein Gehör schenken, der es fordert und gehört werden möchte. Natürlich fehlt vor allem im Arbeitsalltag häufig die Zeit, um eine Sprechstunde für gehörsuchende Mitarbeiter einzurichten, aber das wird von einer Führungsperson auch gar nicht gefordert.

Wenn die Notwendigkeit besteht, und sich ein Mitarbeiter im Vertrauen an die Führungskraft wendet, sollte es entweder zu einem Gespräch kommen, oder aber zumindest ein Termin für eine Unterhaltung in naher Zukunft vereinbart werden. Nur so kann die Führungskraft zeigen, dass ihm das Anliegen seiner Mitarbeiter wichtig ist.

H wie Humor
Hat eine Führungskraft Humor, und lässt sie Humor im Arbeitsalltag zu und macht Späße mit, hat das weitaus größere Folgen als ein schallendes Gelächter nach einem Witz am Morgen. Humor verbindet, lässt eine Gemeinschaft mehr zusammenwachsen und wirkt sich positiv auf Stress und Druck aus. Denn

Lachen ist ein aktives Mittel zur Stressbewältigung, freigesetzte Glückshormone steigern die Produktivität und beugen Müdigkeit vor. Außerdem wirkt sich Humor auch zustimmend auf eine angenehme Arbeitsatmosphäre aus.

I wie Involvieren

Eine Führungskraft involviert seine Mitarbeiter, und bezieht sie in kleine und große Entscheidungen mit ein. Im Vordergrund stehen nicht unbedingt aufwendige Anschaffungen oder kostenintensive Beschlüsse, es geht vielmehr um Alltagsfragen und Meinungen. Wird beispielsweise ein Plakat für das Sommerfest erstellt, kann auf dem Rückweg vom Drucker in die Runde gefragt werden, welche Vorlage besser gefällt. Oder bei der Bestellung zur Auffüllung des Kaffeeautomaten kann auf Vorlieben und Wünsche der Mitarbeiter eingegangen werden, wenn diese im Vorfeld erfragt wurde. All diese kleinen Aufmerksamkeiten und Fragen verbessern das gesamte Arbeitsklima mit der Konsequenz, dass die Mitarbeiter sich am Arbeitsplatz wohler fühlen, sich wertgeschätzt fühlen und im Gegenzug auch auf die Meinung und Bedürfnisse der anderen eingehen.

J wie Jetzt

Auch wenn besonders für den Erfolg eines Unternehmens die vernünftige und realistische Planung der Zukunft von großer Bedeutung ist, sollte eine Führungsperson auch die Gegenwart, das Hier und Jetzt, nicht vergessen oder unterschätzen. Die Ziele sollten stets vor Augen bleiben, aber das Sprichwort „Der Weg ist das Ziel" ist ebenso wichtig wie wahr. Wird viel Druck auf die Mitarbeiter ausgeübt, um die Ziele zu erreichen, oder mangelt es an Einbindung und Ernstnehmen der Gedanken der Mitarbeiter, werden die Ziele tendenziell weniger erfolgreich erreicht.

Achtet die Führungskraft darauf, die Gegenwart, den heutigen Arbeitstag, die Woche und vielleicht den Monat angenehm zu gestalten, werden die Mitarbeiter dies ebenso tun. Die Zahlen, die am Ende des Geschäftsjahres in der Bilanz vorzufinden sein sollen, können wöchentlich noch übertroffen werden, und für ein entspanntes Jetzt sorgen.

K wie kurze Worte

Die Fähigkeit, Reden zu halten, wird einer Führungskraft quasi vorausgesetzt. Der Trick von wirkungsvollen Reden sind aber nicht Fachbegriffe und komplizierte Substantive in verschachtelten Sätzen, die starr vom Papier abgelesen werden. Spontaneität, viele Verben, kurze und prägnante Worte bleiben länger im Gedächtnis und sind einfacher zu verarbeiten. Alltagsbegriffe gehören ebenso in eine gute Ansprache der Führungskraft wie persönliche Ich- und Wir-Botschaften anstelle von dem unpersönlichen „man" oder „sollte".

L wie Loyalität

In jeder Branche, in der Mitarbeiter im direkten Kontakt mit Kunden stehen, besteht die Gefahr von Auseinandersetzungen und Meinungsverschiedenheiten. Ob der Fehler vom eigenen Mitarbeiter oder vom Kunden gemacht wurde, ob es sich lediglich um ein Missverständnis handelt oder ob jemand Außenstehendes für die Unstimmigkeit verantwortlich ist, Führungskräfte sollten sich stets loyal verhalten. Wird dem Mitarbeiter Vertrauen und Offenheit entgegengebracht, so ist auch sein Verhalten in der Regel freundlicher und kooperativ.

Wenn der Mitarbeiter hingegen als Sündenbock dargestellt wird, vor dem Kunden beschimpft oder unangenehm befragt wird, schürt das Verhalten der Führungskraft die angespannte und distanzierte Beziehung zwischen Vorgesetztem und Angestelltem. Sollte tatsächlich seitens des Unternehmens ein Fehler passiert sein, so ist auch das kein Grund zu unfreundlichem oder gar unfairem Verhalten. Fehler sind menschlich, und sollten nicht dramatisiert werden. Ein auf Augenhöhe durchgeführtes Gespräch zwischen Angestelltem und Führungskraft ist für beide Seiten die angenehmste Lösung des Problems.

M wie Mentoring

Das Mentoring, zu Deutsch ein „Mentorenprogramm" kann mit einer klassischen Patenschaft verglichen werden. Ein erfahrener kenntnisreicher Manager oder Ex-Manager wird der *Mentor* einer jungen, heranwachsenden Führungskraft, der *Mentee*. Voraussetzung einer solchen Beziehung ist gegenseitiges Vertrauen und Ehrlichkeit. Der Mentee muss kritikfähig, lernwillig und offen sein. Der Mentor muss das Potential seines Paten erkennen können und durch konstruktive Kritik und konkrete Vorschläge verbessern. Somit verkörpert der Mentor das Bild eines Ratgebers und Kritikers, der als Vorbild und mit seiner Erfahrung seinen Mentee fördert und unter anderem auch Kontakte vermittelt. Durch gegenseitigen Austausch erlernt der Mentee so eine gesunde Selbstreflexion, Offenheit und Wertschätzung und kommt seinen beruflichen Zielen und ihrer Umsetzung näher.

N wie Nachsichtig

Hohe Erwartungen, die nicht erfüllt werden, von außen oder von innen ausgeübter Druck aufgrund von Zeitmangel, Angst oder anstehenden Prüfungen, diese und viele weitere Situationen können Stress auslösen. Für manche eine schwierige Herausforderung, für andere eine notwendige Selbstverständlichkeit, aber eine gute Führungskraft zeigt vor allem in Stresssituationen Nachsicht. Egal ob sich selbst gegenüber oder den Mitarbeitern, es gibt Zeiten, in denen der ausgeklügelte Plan nicht aufgeht, in denen unerwartete Zwischenfälle passieren und Fehler gemacht werden. Verhält sich die Führungsperson besonders in diesen Phasen nachsichtig, gewinnt sie unheimlich viel Sympathie, denn Menschlichkeit sollte auch im anstrengenden Arbeitsalltag an oberster Stelle stehen.

O wie Optimist

Ist das Glas halb voll oder halb leer? Die Aufgabe zu dreiviertel erledigt oder nicht geschafft? Und ist Optimismus tatsächlich wirksamer als Pessimismus? Schon allein der selbsterfüllenden Prophezeiung wegen ist der Optimismus in vielen Momenten die klügere Variante. Geht eine Führungskraft davon aus, dass das Meeting, der neue Prozess oder sonstige weitere Arbeitsentwicklungen positiv enden, so tritt dies meistens auch ein. Wenn aber von vornherein der Zweifel überwiegt und das Projekt als zum Scheitern verurteilt angesehen wird, tritt vermutlich auch diese Prophezeiung ein.

Daher lohnt sich Optimismus für jedermann, für die Führungskraft in allen Ebenen, aber auch für jeden einzelnen Mitarbeiter, um ein erfolgreiches Gefühl vom Arbeitsalltag zu schaffen und die Arbeit mit positiven Gedanken in Verbindung zu bringen. Deswegen ist es für die Führungsperson von Vorteil, nicht nur selbst ein Optimist zu sein, sondern diese Lebenseinstellung zumindest in Teilen auch weitergeben zu können.

P wie Projekte

Eine starre Routine und eintönige Aufgaben gehören zwar zu den meisten Tätigkeiten in verschiedenen Berufsbildern dazu, jedoch sollten sie keinesfalls den Großteil der Arbeit ausmachen. Eine Führungskraft sorgt dafür, dass die Motivation und der Antrieb für erfolgreiche Arbeit bei den Mitarbeitern nicht verloren geht, sondern ständig neu angereizt wird. Dies kann unter anderem mithilfe von kleinen oder großen Projekten geschehen.

Werden Projektarbeiten an Mitarbeiter übertragen, fühlen sie sich wertgeschätzt und lernen, mit dem entgegengebrachten Vertrauen verantwortungsvoll umzugehen. Außerdem kann ein gewisser Abstand zum Tagesgeschäft neue Ideen anregen und sich positiv auswirken. Es sollte lediglich darauf geachtet werden, nicht nur ein oder zwei bestimmten Mitarbeitern ständig Projekte zu übergeben, sondern angepasst an die Stärken und Fähigkeiten alle Mitarbeiter mit einzubeziehen, da es sonst zu Rivalität und Konkurrenz unter den Angestellten kommen kann.

Q wie Qualität

Was mag belangreicher sein, Qualität oder Quantität? Auch wenn es in mancherlei Hinsicht auf die Situation ankommt, überwiegen die Vorteile von Qualität meistens. Und genau darauf sollte eine Führungskraft achten. Weniger konkrete Anweisungen geben, die dafür allerdings umso effektiver, deutlicher und effizienter sind. Weniger Einmischen in die routinemäßigen Prozesse der Mitarbeiter, und wenn dann in Form von konstruktiver und offener Kritik, nicht aber in abwertendem Ton oder Imperativen. Im gleichen Zuge achtet die Führungskraft auf die Aufgaben der Angestellten, damit auch hier die Qualität vor der Quantität steht.

Je mehr Aufträge und Projekte ein Mitarbeiter in einer festgelegten Zeit abarbeiten muss, desto weniger kann er sich auf das erforderte Niveau konzentrieren. Die Verteilung von Aufgaben sowie die eindeutige Festlegung einer Reihenfolge der Wichtigkeit nach ist hier oft die Lösung des Problems, das nicht nur die Mitarbeiter entlastet, sondern auch die Qualität der einzelnen Aufgaben anhebt.

Rosenthal-Effekt

Die amerikanischen Psychologen Robert Rosenthal und Lenore Jacobson haben im Jahr 1968 Experimente an Schulen in den Vereinigten Staaten durchgeführt. Während der Experimente wurde einigen Lehrern mitgeteilt, dass sie im folgenden Schuljahr als Klassenlehrer eine eigene Klasse bekommen würden, da sie bislang sehr gute Leistungen erbracht hätten. Die Klassen würden ausnahmslos aus den intelligentesten Schülern bestehen. Am Ende des Schuljahres kam es zu dem Ergebnis, dass die beschriebenen Klassen in der Tat bessere Noten sowie höhere IQ-Ergebnisse erlangt haben. In der Realität waren die Schüler nicht überdurchschnittlich intelligent, da aber sowohl die Lehrer, als auch die Schüler selbst davon ausgingen, zu den Besten zu gehören, wurde ihnen mehr zugetraut. Und sie haben das ihnen zugetraute erreicht.

Führungskräfte können aus diesem sogenannten Rosenthal-Effekt für die Praxis mitnehmen, dass es sich also lohnt, den Mitarbeitern mehr zuzutrauen als bislang. Je mehr ihnen zugetraut wird, desto steiler wird die Leistungskurve vermutlich verlaufen. Und der damit einhergehende Erfolg spiegelt sich zudem in der Motivation und der persönlichen Zufriedenheit des Mitarbeiters wider. Neue Aufgaben und mehr Verantwortung werden nur sehr selten negativ aufgefasst.

S wie Sinne

Hirnforscher haben in Studien herausgefunden, dass Informationen leichter aufgenommen und abgespeichert werden können, wenn nicht nur ein Sinn, sondern mehrere Sinne einbezogen werden. Die Erteilung von Anweisungen und das Übermitteln von Informationen in Befehlsform ist daher nicht so erfolgreich wie eine leidenschaftliche Geschichte mit Anekdoten und Allegorien. Metaphern und Sprachbilder regen den visuellen Sinn an, während Vergleiche zum Beispiel auch den Geruchssinn ansprechen können.

T wie Team

Teams gleichen Fehler aus, Teams kumulieren Können und Wissen. Ein Team kann um einiges erfolgreicher sein als eine Einzelperson. Gegenseitige Hilfe und Unterstützung, das Auffangen von unerwarteten Ausfällen, gemeinsames Überwinden von Schwierigkeiten und die unterschiedlichen Fachgebiete und Fachkenntnisse sind nur einige der zahlreichen Vorteile, wenn Mitarbeiter als Team zusammenarbeiten. Als Führungskraft stellt sich Ihnen die Herausforderung, Abteilungen und Gruppen so zu formen und Mitarbeiter dahingehend auszuwählen, dass eine gute Arbeit als Team möglich ist.

Passen die Angestellten persönlich nicht zueinander, kann auch die Arbeitsqualität darunter leiden. Eine ausgewogene Mischung aus unterschiedlichen Altersstufen, Erfahrungsgraden und Talenten kann ein ebenso erfolgreiches Team darstellen wie eine einheitliche Altersstufe und beispielsweise dasselbe Geschlecht. Berücksichtigt die Führungskraft die Aufgaben und Ziele, die das Team erreichen soll, so kann sie dieses unter Berücksichtigung der Persönlichkeiten zusammenstellen. Das Einbeziehen von Angestellten kann hier eine große Hilfe darstellen und den Erfolg der Gruppe weiter steigern.

U wie Urlaub

Firmenlaptop, Diensthandy und private Kontakte im Unternehmen erschweren den nötigen Abstand zum Unternehmen manchmal enorm. Dabei benötigt jeder Mensch Pausen und Abweichungen zum Arbeitsalltag. Nicht nur die Mitarbeiter haben Anspruch und brauchen Urlaub, auch Führungskräften stehen diese Auszeiten zu. Und sie sind sinnvoll, um neue Kraft zu tanken, um einen gesunden Ausgleich zu finden und auch den Körper aktiv zu regenerieren.

Denn Stress, Druck und Angespanntheit können sowohl zu psychischen als auch zu physischen Auswirkungen führen, die in der heutigen Arbeitswelt zu präsent geworden sind. Daher gilt es, sowohl den Mitarbeitern als auch der Führungskraft mindestens den gesetzlichen Urlaubsanspruch zu gewähren, und diesen ohne Druck und mit Freude entgegenzunehmen.

V wie Vorbild

Eine Führungskraft ist ein Vorbild. Für die Mitarbeiter ist sowohl das persönliche als auch das fachliche Auftreten jeden Tag neu das Bild der übergeordneten Person. Behandelt die Führungskraft die Mitarbeiter herablassend, unpersönlich oder respektlos, so ist auch ein respektloser und unpersönlicher Umgang zwischen den Mitarbeitern selbst und sogar den Mitarbeitern und ihrem privaten Umfeld als Reaktion auf den beruflichen Alltag denkbar.

Ein schlechtes Arbeitsklima und unzufriedene Angestellte sind jedoch kein guter Grundstein für ein erfolgreiches Unternehmen. Herrschen Respekt,

Ehrlichkeit, Menschlichkeit und Offenheit im Arbeitsalltag vor, so nehmen sowohl die Mitarbeiter als auch die Führungskraft diese positiven Stimmungen mit in ihr Privatleben und verbreiten sie dort automatisch. Als gutes Vorbild achtet die Führungskraft daher auf einen freundlichen und menschlichen Umgang mit den Mitarbeitern, sodass alle Beteiligten, sowie das Unternehmen selbst, davon profitieren.

W wie Warten

Eine Stelle wird neu geschaffen oder wird frei und auch nach einigen Tagen oder Wochen entsprechen die eingegangenen Bewerbungen nicht in vollem Maße den eigenen Vorstellungen. Oder ein neuer Mitarbeiter ist im Unternehmen angefangen und benötigt etwas Zeit, um sich in die Hard- und Software, in die Arbeitsprozesse und das Miteinander einzuleben.

Solche, und viele weitere personelle oder auch fachliche Situationen erfordern eine Menge Geduld, und stellen diese oftmals auf die Probe. Soll lieber ein mittelmäßig qualifizierter Bewerber eingestellt werden, oder soll auf weitere und passendere Bewerbungen gewartet werden? Soll der Mitarbeiter unter Druck schneller im Unternehmen Fuß fassen, soll er während der Probezeit wieder entlassen werden, oder soll ihm die nötige Zeit gegeben werden, um eine kompetente Kraft langfristig zu beschäftigen?

Eine gute Führungskraft gibt nicht so schnell auf, Warten und Geduld gehören zum Erfolg und zum Weg des Erfolges dazu. Nicht jede Veränderung kann von einem Moment auf den nächsten geschehen, nicht jeder Wunsch augenblicklich erfüllt werden. Warten können ist eine Fähigkeit, die langfristig das bestmögliche aus den Umständen herausholt, weil Zeit für Gutes gegeben wird.

X wie Xenophanes

Xenophanes war ein antiker griechischer Philosoph im frühen sechsten und fünften Jahrhundert vor Christus. Geboren im kleinasiatischen Kolophon führte er ein Wanderleben, nachdem er aus seiner Heimat vertrieben worden war. Der Überlieferung nach zufolge ist Xenophanes der erste, der Gedanken des Rationalismus und der aufklärerischen Religionskritik äußerte. Es gibt zwei wesentliche Aussagen des Philosophen, die ihn zu einem Vorbild für gute Führungskräfte machen. Seine Kritik an Homers Göttervorstellung bewies er mit dem Zitat „Wenn die Götter Pferde hätten, sähen sie wie Pferde aus".

Seiner Meinung nach haben nicht die Götter die Menschen erschaffen, sondern andersherum, die Menschen die Götter. Der Mensch erschafft sich alles in dem Umfang und der Art und Weise, wie er es benötigt. Wenn ein Sündenbock gesucht wird, wird auch einer gefunden. Wenn aber von Fehlertoleranz und

Gutmütigkeit ausgegangen wird, so bleiben auch diese Eigenschaften, wie der Mensch sie benötigt.

Zudem war Xenophanes der Anschauung, dass das menschliche Wissen ausschließlich aus Vermutung und Meinung besteht und die Wahrheit nicht oder nur schwer erkennbar ist. Auch an diesem Ansatz können Führungskräfte anknüpfen. Wenn sie davon ausgehen, dass eine Seite des Problems erheblich anders geschildert werden kann, als die andere Seite und es sich bei beiden Ansichten lediglich um die persönliche Meinung und nicht um die reale Wahrheit handelt, fällt die Reaktion anders aus, als wenn die Führungskraft einer Seite zustimmt und diese zur Wahrheit erklärt und die andere Seite im Umkehrschluss zur Unwahrheit erklärt.

Bevor solche Reaktionen geschehen, sollte die Führungskraft sichergestellt haben, ob es tatsächlich eine einzige Wahrheit gibt, oder ob beide Meinungen zu gleichen Teilen wahr oder unwahr sein können.

Y wie Young Professionals

Gerade eine erfolgreich abgeschlossene Ausbildung oder einen guten Studienabschluss erlangt, und schon rutschen einige Berufsanfänger in die Arbeitslosigkeit. Denn die meisten offenen Stellen fordern Bewerber mit langjähriger Berufserfahrung, mit speziellen Kenntnissen in einem bestimmten Bereich oder zahlreiche Praktika. Dabei bringen vor allem junge Talente ein hohes Maß an Motivation und eigenem Denken mit sich, sie wollen sich einbringen und aktiv am Erfolg des Unternehmens mitwirken.

Auch wenn erfahrene Mitarbeiter womöglich weniger Fachwissen erwerben müssen und oft schon mit unterschiedlicher Software vertraut sind, können sich Berufsanfänger schneller mit dem Unternehmen identifizieren. Young Professionals eine Chance zu geben und sie mit Herausforderungen zu fördern und zu fordern, gehört auf jeden Fall zum Repertoire einer guten Führungskraft.

Z wie Zusammenarbeit

Der Schlüssel von erfolgreicher Arbeit ist offenes Zusammenarbeiten. Dabei sollte die Zusammenarbeit auf allen Ebenen stattfinden. Führungskräfte untereinander können gegenseitig Unterstützung anbieten oder in stressigen Zeiten einen Kaffee vorbeibringen. Das Verhältnis von Führungskraft zu Mitarbeiter sollte von Zusammenarbeit geprägt sein, indem klare Vorstellungen der Arbeitsabläufe seitens der Führungskraft geäußert werden, dem Mitarbeiter der nötige Freiraum zur erfolgreichen Bearbeitung der Aufgaben gegeben wird und dieser bei Rückfragen oder Problemen ohne zu zögern die Führungskraft anspricht.

Und auf dritter Ebene kann eine Führungskraft als gutes Vorbild vorangehen, und die Mitarbeiter dazu anhalten, auch untereinander

zusammenzuarbeiten. Denn Konkurrenz und Wettstreit innerhalb eines Unternehmens führt zu mehr Destruktion als zu Erfolg und sollte auf jeden Fall gegen Zusammenarbeit ersetzt werden.

Tipps für Führungskräfte

Der Human Resources Manager für Europa bei Google, Frank Kohl-Boas, der für sämtliche Personalangelegenheiten verantwortlich ist, hat eine kurze und knappe Definition von Führen abgegeben „Letztlich bedeutet Führung das Erzielen von Ergebnissen durch andere". Auch wenn klassische Führungskompetenzen noch immer von großer Bedeutung sind und dies auch noch lange bleiben werden, können mitunter modernere Kompetenzen zu einer erfolgreichen partizipierenden Führung beitragen. Voraussetzung hierfür ist, dass die Führungskraft sich der digitalen Transformation bewusst ist, selbst dafür offen ist und bereit ist, diesen Wandel auch aktiv mitzugestalten.

Vor allem in diesem Zusammenhang ist es wichtig, über eine geschulte Medienkompetenz zu verfügen und das Wissen auch an seine eigenen Mitarbeiter übertragen zu können. Trotzdem sollte einer guten modernen Führungskraft stets vor Augen sein, dass in jedem Unternehmen unterschiedliche Generationen arbeiten, Menschen, die verschiedene Hintergründe und Ideen haben, nicht die gleichen Werte vertreten und oft auch nicht die gleichen Herangehensweisen an Probleme oder Arbeitsweisen im Allgemeinen haben.

Dieses Verständnis von Diversität verleiht Respekt und Ruhe, und sorgt, wenn diese Diversität gut organisiert wird, nicht für völliges Chaos und Durcheinander im Laufe des Wandels. Aber die wohl wichtigste Kompetenz einer guten Führungskraft ist das richtige Gefühl für Teambuilding. Das Geheimnis dahinter ist, dass eine gute Führungsperson nicht alles wissen muss, sie muss sich nur die passenden Menschen ins Team holen, die das nötige Wissen mitbringen.

Auch wenn es von Vorteil ist, wenn manche Wesenszüge schon im frühen Kindesalter erworben wurden, können auch im fortgeschrittenen Alter Eigenschaften angeeignet werden. Und vor allem können konkrete Tipps und Vorschläge geäußert werden, die einen Chef von einer guten Führungskraft unterscheiden.

Denken Sie jederzeit daran, dass Sie ein Vorbild sind und Ihr Verhalten beobachtet und gegebenenfalls imitiert wird. Ein respektvoller Umgang mit Mitarbeitern und Kunden ist daher unumgänglich. Folgen Sie konsequent Ihren eigenen persönlichen Werten, veröffentlichen Sie diese und handeln Sie danach. Wenn Sie ein bestimmtes Verhalten von anderen verlangen, sollten Sie es selbst praktizieren und der erste sein, der die neuen Regeln erfüllt. Zu den persönlichen Werten kann auch der Umgang mit Schwächen und Fehlern zählen. Das Zugeben von gemachten Fehlern oder Unrecht bringt mehr Vor- als Nachteile mit sich. Und auch Entschuldigungen verbessern die zwischenmenschliche Atmosphäre und zeugen von Respekt und einer Arbeit auf Augenhöhe. Auch das Sprichwort „Reden ist Silber, Schweigen ist Gold“ kann als Leitfaden angewandt werden, wenn Sie daran denken, genau zuzuhören, konkrete Fragen zu stellen und aus den Antworten zu lernen. Als Führungskraft müssen Sie nicht am meisten reden. Wenn das Denken das Reden übersteigt, erhält auch das Gesagte mehr Sinn.

Dass Pünktlichkeit in Meetings als Selbstverständlichkeit angesehen wird, ist heutzutage weit verbreitet. Vor allem bei kleineren Gruppen kann die persönliche Begrüßung mit einem Händedruck oder entsprechenden kulturangepassten Begrüßungsmethoden die Sympathie steigern und eine persönlichere und freundlichere Ausgangslage schaffen. Die Fachkompetenz und die Ernsthaftigkeit können mithilfe von gut vorbereiteten und strukturierten Konferenzen vermittelt werden.

Als Führungskraft und vor allem als Vorbild sollten Sie sich auch Aufgaben annehmen, die ansonsten niemand übernehmen möchte. Ergreifen Sie Initiativen und sorgen Sie so für eine Art Gleichgewicht. Die Verantwortung für eigene Projekte, aber auch für Schwachstellen und Unstimmigkeiten liegt bei Ihnen. Seien Sie sich dessen bewusst und übernehmen Sie diese Verantwortung. Wenn Sie groß denken, fördern Sie fast automatisch die stetige Entwicklung und Verbesserung des Unternehmens und der Mitarbeiter selbst. Wenn Sie persönlich den Wandel und den Fortschritt antreiben, motivieren Sie im gleichen Zug auch andere dazu, höhere Erwartungen zu haben und diese erhöhten Ziele auch zu erreichen.

Die beruflichen Aussichten sollten jedoch zu keinem Zeitpunkt in Abhängigkeit zu persönlichen Beziehungen stehen, sondern voneinander getrennt werden. Das regelmäßige Lob der Mitarbeiter ist genauso wichtig für eine positive Grundstimmung wie die gemeinsame Feier und Anerkennung der erbrachten Erfolge.

Doch woher kommt der Erfolg und wie kann er von Ihnen angeregt werden? Konsequenz und das Delegieren von Entscheidungskompetenzen stellen die Ausgangssituation dar. Der Glaube an die eigenen Fähigkeiten und die Risikobereitschaft können darauf aufgebaut werden und wecken Leidenschaft und Begeisterung für ein Projekt, welche sich auf das gesamte Team übertragen. Um ein konkretes Ziel vor Augen zu haben, ist eine rechtzeitige und möglichst genaue Planung und die Entwicklung einer Strategie von Nöten. Ebenfalls sollten Sie sich eine Deadline setzen, an der die Ergebnisse gemessen und analysiert werden. Einen mindestens genauso großen Einfluss auf die Produktivität und den Erfolg spielt das Zusammenspiel zwischen der Führungskraft und den Mitarbeitern und unter den Mitarbeitern selbst.

Um hier die richtige Basis zu schaffen, helfen offene Fragen die Kommunikation im Betrieb zu verbessern. In stressigen Situationen gilt es stets Ruhe zu bewahren und nicht emotional auszubrechen, als Ruhepol wirken Sie erfahren und kontrolliert. Eine gewisse Offenheit für Meinungen und Ideen der anderen und das Vertrauen in die Fähigkeiten der Mitarbeiter entlasten Ihr eigenes Verantwortungsbewusstsein und schenken ein Gefühl von Wertschätzung. Je mehr Zeit Sie mit Ihren Mitarbeitern verbringen, desto besser wird das Verhältnis und die Zusammenarbeit sein.

Denn auch wenn Zeit am Schreibtisch wichtig und notwendig ist, können Sie von dieser Position aus weder konkrete Hilfestellungen geben, noch großartig kommunizieren oder schlicht präsent sein. Auch einfache Freundlichkeit und Empathie zahlen sich aus. Lächeln Sie die Kollegen jeden Tag an, drücken Sie Mitgefühl aus und zeigen Sie Ihre Dankbarkeit nicht nur mit einfachen Worten. Verschiedene Floskeln oder Phrasen können unpersönlich oder funktional wirken, individuelle Worte oder kleine Taten bleiben dagegen im Gedächtnis. Wenn Sie zu gegebenem Anlass auch etwas Persönliches preisgeben, zeigen Sie Ihre Menschlichkeit. Auch die Fähigkeit Kritik anzunehmen und daraus zu lernen, kann zu jedem Zeitpunkt im Leben erworben werden.

Der letzte wichtigste Unterschied zwischen einem herkömmlichen Chef und einer guten Führungsperson liegt im Fachwissen und im Umgang mit diesem Wissen. Gehen Sie mit dem Erwerb Ihrer Fachkompetenz offen um, teilen Sie Ihre Erfahrungen, erzählen Sie Geschichten, wie Sie Ihr Wissen erworben haben und was es Ihnen bislang schon genutzt hat. Auch konkrete Buchtipps oder interessante Webseiten können von Belang sein. Und scheuen Sie sich nicht, Ihren Kollegen und Mitarbeitern Ihr Wissen beizubringen und Sie von Ihrer Fachkompetenz profitieren zu lassen.

Fallbeispiele und Situationen

Im Folgenden wird eine fiktive Arbeitssituation dargestellt. Anhand von verschiedenen Fallbeispielen können Sie testen, wie Ihr Verhalten als Führungskraft in dieser Situation aussehen würde, ob Sie mit den Umständen zurechtkämen oder ob Sie selbst Hilfestellungen zur Problemlösung benötigen würden. Im Anschluss an die ausführlichen Beschreibungen stehen konkrete Lösungsvorschläge und Beispiele, wie die Probleme angegangen und gelöst werden könnten.

Hierbei handelt es sich lediglich um Vorschläge, es sind durchaus weitere Lösungen möglich und korrekt. Eine ernsthafte Auseinandersetzung mit den Problemlösungen kann Ausschluss darüber geben, ob Sie bereit sind, eine Führungsposition anzunehmen und Mitarbeiter zu leiten.

Sie arbeiten in einer weltweit tätigen Spedition und nehmen als Leiter der internationalen Langverkehre eine der wichtigsten Führungspositionen ein. Im alltäglichen Geschäft stehen die Abteilungen der internationalen Disposition, der Tagespreisabteilung sowie der internationale Kundenservice unter Ihrer Verantwortung. Nachdem Sie selbst die kaufmännische Ausbildung erfolgreich beendet haben, 7 Jahre lang als internationaler Disponent tätig waren und sich an der Abendschule zum Betriebswirt weitergebildet haben, konnten Sie die Niederlassungsleitung davon überzeugen, dass Sie die richtige Person für die Leitung der internationalen Landverkehre sind.

Gut vier Jahre lang besetzen Sie diese Position nun, laut Auswertung der Ergebnisse arbeiten die Ihnen zugeordneten Abteilungen erfolgreich, und auch Sie sind mit der Gesamtsituation zufrieden. Dank des Zusammenhaltes arbeiten die Mitarbeiter selbstständig, treffen in der Regel selbst die Entscheidungen und ziehen Sie nur im Notfall oder in Sondersituationen zu Rate.

Nachdem im Sommer die Auszubildende zur Kauffrau für Spedition- und Logistikdienstleistungen ihre Abschlussprüfung bestanden hat, wurde sie als Sachbearbeiterin im internationalen Kundenservice im Unternehmen übernommen. Während ihrer dreijährigen Ausbildung konnte sie schon einen kleinen Einblick in die Aufgabenfelder dieser Abteilung gewinnen. Die Qualität ihrer Arbeit ist hervorragend, sie ist lernwillig und besitzt eine schnelle Auffassungsgabe. Sie sind mit Ihrer neuen Mitarbeiterin zufrieden und bestätigen Ihr diese Harmonie in einem Feedback.

KUNDENSERVICE TEIL 1

Einmal im Jahr nehmen Sie sich die Zeit, und setzen sich mit jedem Mitarbeiter persönlich zusammen zu einem Mitarbeitergespräch. Ihr Ziel ist es hierbei, den Mitarbeiter nach Anregungen oder Kritik zu fragen, ob Verbesserungsvorschläge bestehen, ob er sich allgemein wohlfühlt in seinem Job. Als Sie auch in diesem Jahr die Mitarbeitergespräche veranstalten und die Mitarbeiter des Kundenservice nach und nach zu einem Termin einladen, erhalten Sie eine Überraschung. Denn sieben von neun Mitarbeitern haben berichtet, dass sich das Klima innerhalb der Abteilung seit Einstieg der neuen ausgelernten Mitarbeiterin konsequent verschlechtert hat. Dabei kann keiner direkte Gründe für diese Empfindung nennen. Und auch auf die Frage nach Vorschlägen zur Verbesserung der Situation kommt kein Mitarbeiter auf eine klare Antwort.

Auch wenn die neue Mitarbeiterin offenbar mit dem verschlechterten Arbeitsklima in Verbindung gebracht wird, gibt es keine eindeutigen Anhaltspunkte. Laut ihren Kollegen ist sie immer pünktlich und höflich, sie redet nicht schlecht über Kollegen und hat auch zu den Kunden und Partnern ein kollegiales freundliches Verhalten. Zudem erledigt sie ihre Arbeit stets sehr schnell und vollkommen selbstständig und fehlerfrei.

Um dieses Problem aus der Welt zu schaffen, bitten Sie die neue Mitarbeiterin zu einem weiteren Gespräch. Sie versuchen herauszufinden, ob auch die neue Mitarbeiterin das allgemeine Klima als nicht besonders gut erachtet und ob sie Veränderungen wahrgenommen hat. Als sie dies verneint und angibt, sich im Team gut aufgenommen und wohlzufühlen, konfrontieren Sie sie vorsichtig mit den Empfindungen der anderen Kollegen. Anhand des Stimmungswechsels bemerken Sie die Ruhe der Mitarbeiterin. Sie sehen ihr deutliches Schlucken und dass sich ihre Augen langsam mit Tränen füllen.

Da Sie mit solch einer emotionalen Reaktion gerechnet haben, bieten Sie ihr ein Taschentuch an, das sie dankend annimmt. Nachdem sie sich gefangen hat, fängt sie an ihren Arbeitsalltag aus ihrer Sicht zu schildern. Wenn sie morgens ins Büro kommt, sind meistens schon ein paar Kollegen da, aber die Letzte war sie noch nie. Da sie ebenso wie ihre Kollegen in Gleitzeit anfängt, ist das Zeitfenster des Arbeitsbeginns ohnehin relativ groß. In erster Linie ermittelt sie morgens Statistiken für Großkunden über die Zustellquote des Vortages und erhält im gleichen Zuge vom System eine Liste mit Sendungen, die nicht zugestellt wurden. Diese bearbeitet sie anschließend, spricht mit Partnern, organisiert gegebenenfalls Sonderfahrten für die Zustellung und stellt somit sicher, dass alle Sendungen, die sich auf dieser Liste befanden, am gleichen Tag beim Empfänger zugestellt werden.

Da die E-Mails und automatischen Berichte an das gemeinsame E-Mailpostfach der Abteilung gesendet werden, können alle Kollegen ihre Arbeit einsehen. Und wenn sie an guten Tagen bereits nach kurzer Zeit die Zustellungen sichergestellt hat, hat sie schon öfter Blicke der anderen wahrgenommen. Sie spricht zwar nicht über ihre erfolgreiche Arbeit, aber sie weiß, dass ihre Kollegen wissen, dass sie schnell und sehr gut arbeitet. Und sie kann sich vorstellen, dass genau diese Arbeitsweise das Problem darstellen könnte.

Vielleicht handelt es sich bei dem schlechteren Klima um Neid der Kollegen, die selbst ihre Arbeiten nicht so schnell und fehlerfrei erledigen können. Und vielleicht spricht die Missgunst aus ihnen und lässt die neue Mitarbeiterin in einem arroganten und unnahbaren Bild erscheinen. Sie bedanken sich für das ehrliche Gespräch und versichern, sich um die Situation zu kümmern.

Mit welchen Problemen wird die Führungskraft hier konfrontiert? Wie kann sie das Problem lösen? Ist eine Kündigung der neuen Mitarbeiterin sinnvoll, wenn sie doch hervorragende Leistungen erbringt? Da sich Sympathie nicht erzwingen lässt, kann es schwierig werden, die Mitarbeiter um Rationalität zu bitten. Wie würden Sie in dieser Situation agieren?

KUNDENSERVICE TEIL 2

Die Aufgaben sind unter den Mitarbeitern des internationalen Kundenservices klar aufgeteilt, jeder kennt die eigenen und die Stärken der anderen und kann darauf aufbauen. Frau Boning und Herr Schien sind für allgemeine Partneranfragen von und an ausländische Speditionen zuständig. Wenn internationale Sendungen nicht fristgerecht ausgeliefert werden, sie beschädigt oder gar nicht zugestellt werden, oder anderweitige Probleme auftreten, sind diese beiden Mitarbeiter die erste Anlaufstelle. Frau de Majon ist momentan seit einigen Wochen als Praktikantin in Ihrer Filiale zu Besuch. Sie absolviert in ihrem Heimatland Frankreich eine einjährige Ausbildung zur Kauffrau für Spedition- und Logistikdienstleistungen und hat sich an einem betriebsinternen internationalen Programm beworben, dass Bewerber für 4 Wochen in eine Niederlassung in einem anderen Land entsendet.

Ziel des Programms ist die bessere zwischenstaatliche Vernetzung, das Verstehen von Prozessen in einem anderen Land sowie möglicherweise sogar die Verbesserung des eigenen Standorts aufgrund der gesammelten Erfahrungen. Als eine von 200 Auszubildenden wurde Frau de Majon ausgewählt, das Praktikum in Deutschland zu absolvieren. Da Ihr Standort zu einem der größten in der Region gehört, wurde auch Ihnen eine Praktikantin zugewiesen. Nachdem Frau de Majon sich die erste Woche lang die Abteilungen der nationalen und internationalen Disposition angesehen hat, soll sie die verbliebenen drei Wochen im internationalen Kundenservice tätig werden.

Da sie auch in ihrer Niederlassung in Frankreich im Kundenservice arbeitet, ist sie mit den meisten Systemen und allgemeinen Aufgaben in diesem Bereich bereits vertraut. Sie haben Frau Boning gebeten, als persönliche Ansprechpartnerin der Praktikantin ihren konkreten Aufenthalt zu planen, mit den entsprechenden Kollegen abzusprechen, welche Aufgaben Frau de Majon übernehmen kann und was ihr im Allgemeinen gezeigt werden soll. Bei Fragen oder Problemen stehen Sie sowohl Frau Boning als auch Frau de Majon selbstverständlich jederzeit zur Verfügung.

Der genaue Ablaufplan der drei Wochen im Kundenservice sehen wie folgt aus: in der ersten Woche darf Frau de Majon jedem Bereich der Abteilung über die Schulter schauen und die Arbeitsweisen der deutschen Kollegen verstehen und nachvollziehen. So kann die Praktikantin Erfahrungen und Vergleichswerte in den Gebieten Schadensfallbearbeitung, Key Account Management für Großkunden, Telefonzentrale der Niederlassung, internationale Partneranfragen sowie dem klassischen Kundenservice sammeln.

Aufgrund ihrer Sprachkenntnisse in ihrer Muttersprache Französisch und ihren sehr guten Kenntnissen in Spanisch und Italienisch hat Frau Boning es als sinnvoll erachtet, Frau de Majon die verbliebenen zwei Wochen den internationalen Anfragen zuzuweisen, damit sie hier leichte eigene Tätigkeiten selbstständig ausführen kann, Unterschiede zwischen der französischen und der deutschen Vorgehensweise bei zwischenstaatlichen Aufgaben feststellt und sowohl sich als auch Ihrer Niederlassung durch die gemeinsame Reflexion die Möglichkeit gibt, bestimmte Prozesse zu optimieren oder zu ändern.

Um der Praktikantin ein Höchstmaß an Selbstständigkeit zu gewähren, hat Frau Boning den IT-Leiter angesprochen und gebeten, einen Gastaccount für das gemeinsame E-Mailpostfach sowie für das System zu erstellen, damit Frau de Majon am eigenen Computer ihre Tätigkeiten frei bearbeiten kann. Die Kommunikation zwischen der Französin und den Mitarbeitern des Kundenservices erfolgt aus einer Mischung aus Englisch, Deutsch und ein wenig Französisch, gelingt jedoch im Großen und Ganzen erstaunlich gut.

Nachdem Frau Boning und Herr Schien die Praktikantin zwei Tage lang eingearbeitet haben und die wichtigsten und häufigsten Aufgaben und Anfragen ausführlich erläutert sowie die Problemlösung beschrieben haben, darf Frau de Majon ab dem dritten Tag selbstständig mitarbeiten. Positiv überrascht von dem Arbeitswillen und den Fachkenntnissen, spricht Frau Boning bereits nach kurzer Zeit ein großes Lob an die Praktikantin aus. Durch ihre selbstständige Arbeit, die schnelle Auffassungsgabe und die ausgezeichneten Fremdsprachenkenntnisse hat Frau Boning nun endlich Zeit, seit langem liegen gebliebene Aufgaben und

Ablagetätigkeiten aufzuarbeiten. Herr Schien bewältigt gemeinsam mit Frau de Majon das aktuelle Tagesgeschäft. Von dieser vorteilhaften Situation profitiert nicht nur Frau Boning, auch die Partnerspediteure aus Frankreich, Spanien, Italien und gleichsprachigen Räumen erfreuen sich über die einfache Kommunikation in ihrer Landessprache. Die Kunden geben nach kurzer Zeit durchweg positives Feedback, dass die Bearbeitungszeit der Anliegen momentan auffallend kurz ist, die Sendungen allgemein problemfreier zugestellt werden und sie die Freundlichkeit und die Offenheit der Französin sehr schätzen.

Auch wenn Sie gehofft haben, selbst auch einen Vorteil aus dem Praktikantenprogramm des Unternehmens ziehen zu können, waren Sie auf so viel Lob und anerkennendes Feedback nicht vorbereitet. Kurz vor Ablauf des Praktikums führen Frau Boning und Frau de Majon in der Mittagspause ein unverbindliches Gespräch, in dem sie auf die zahlreichen Möglichkeiten Frau de Majons eingehen, die sie nach Beendigung der Ausbildung hat. Frau Boning ist so begeistert von ihr als Mensch und als Kollegin, dass sie fragt, ob sie sich nicht vorstellen könne, für eine gewisse Zeit in Deutschland zu arbeiten.

Da Frau de Majon diese Alternative nicht grundsätzlich ablegt, ist in Frau Boning die Idee gewachsen, dauerhaft eine ausländische Fachkraft anzustellen. Mit diesem Enthusiasmus kommt Frau Boning zu Ihnen ins Büro und unterbreitet Ihnen die Möglichkeit, eine dritte Person für die internationalen Partneranfragen einzustellen, die vorzugsweise bis zum jetzigen Zeitpunkt in einer ausländischen Niederlassung des Unternehmens angestellt ist.

Sie erbitten ein wenig Bedenkzeit und wollen sich mit dem Niederlassungsleiter sowie der Regionalleitung über die Möglichkeiten informieren, ehe Sie sich mit Frau Boning in Verbindung setzen.

Da eine Führungskraft nicht nur mit negativen Überraschungen zurechtkommen muss, sondern auch Anfragen nach weiterem Personal oder Aushilfen an Sie gerichtet werden, muss auch hier eine Entscheidung Ihrerseits getroffen werden. Ist es sinnvoll, eine weitere Person einzustellen, um die Partner- und Kundenzufriedenheit aufrechtzuerhalten, oder ist der Aufwand größer als der Nutzen, da bislang keine großartigen Beschwerden genannt wurden? Welche konkreten Vorteile sprächen für die Einstellung einer ausländischen Fachkraft, welche für eine inländische? Und wie können Sie Ihre Entscheidung Frau Boning am angenehmsten mitteilen?

INTERNATIONALE DISPOSITION TEIL 1

Als Führungskraft der internationalen Disposition leiten Sie insgesamt acht Disponenten und Disponentinnen, die sich um die Verkehre in und aus EU-Staaten kümmern. Zu ihren Aufgaben zählen die Kalkulation und die Angebotserstellung für internationale Direktfahrten sowie ihre komplette Ausführung, von der Berechnung der Lademeter über die Buchung eines Frachtführers, die Überwachung der fristgerechten Auslieferung bis zum Speichern des Ablieferbeleges.

Die Arbeit findet meist auf Englisch oder der jeweiligen Landessprache statt, da die meisten Disponenten mehrere Sprachen fließend beherrschen. Neben den zwingend notwendigen Sprachkenntnissen sind auch allgemeine Länderkenntnisse empfehlenswert. Dazu werden neben allgemeinen Öffnungszeiten von Endkunden und Feiertagen, auch Bräuche, Sitten und Eigenheiten über die Lebensumstände vor Ort gezählt. Der Disponent, der für Verkehre mit Spanien, Portugal, Belgien, Luxemburg und Frankreich zuständig ist, muss wegen gesundheitlichen Problemen für mehrere Wochen in eine Reha-Klinik. Der Umfang seiner Tätigkeit ist zu groß, um über einen so langen Zeitraum auf die übrigen Disponenten aufgeteilt zu werden.

Nach Rücksprache mit dem Niederlassungsleiter wird für die kommende Zeit ein Disponent aus einer anderen Niederlassung, Herr Schneider, den Posten übernehmen und Ihrem Team aushelfen. In seiner Niederlassung ist Herr Schneider für die gleichen Länder verantwortlich, sodass Sie davon ausgehen, die Einarbeitungszeit relativ kurz halten zu können und dem Tagesgeschäft rasch wieder gerecht zu werden. Sie haben den Kollegen Berger, der im Regelfall die Urlaubsvertretung für den ausgefallenen Disponenten macht, für die Einarbeitung von Herrn Schneider ausgewählt und ihm die volle Verantwortung für seine Aufnahme in die Abteilung übertragen.

An Herrn Schneiders zweitem Arbeitstag treffen Sie Herrn Berger zufällig am Kaffeeautomaten und fragen ihn nach der Situation in der internationalen Disposition. Zu Ihrem Überraschen schildert er nicht eine reibungslose Einarbeitung in bereits bekanntes Wissen, sondern ein gewisses Desinteresse seiner Anweisungen und Vorschläge. Etwas verwundert bitten Sie Herrn Berger vorsichtig, mit gleichem Engagement weiter die Einbringung Herrn Schneiders in das Team zu erleichtern und ihn über fehlende Kenntnisse aufzuklären. Im gleichen Zuge kann und soll er bei anhaltenden Problemen und Unstimmigkeiten das Gespräch mit Ihnen suchen. Am Freitag, dem fünften Arbeitstag von Herrn Schneider, bittet Herr Berger Sie nun dringend um ein Gespräch. Sie beenden Ihr Projekt und rufen Ihren Mitarbeiter zu sich. Ohne große Vorwarnung beginnt Herr Berger die Berichterstattung:

„Wie lange soll Herr Schneider in der anderen Niederlassung bereits für die westeuropäischen Länder zuständig sein? Er kennt sich absolut nicht aus. Englisch spricht er, das bringt ihm vor allem in Frankreich und Spanien aber ja nun nicht sonderlich weit. Und auch mit den Ländern an sich kennt er sich einfach nicht aus. Unternehmen in Frankreich machen jeden Mittag von 12.00 Uhr bis 14.00 Uhr eine strikte Mittagspause. Offenbar hat er davon noch nie etwas gehört.

Vorhin war echt der Höhepunkt, als er sich tierisch darüber aufgeregt hat, dass es ja wohl nicht sein kann, dass unsere Partner in Frankreich nun schon am fünften Tag in Folge mittags nicht erreichbar sind. Als ich ihn darauf hingewiesen habe, dass es auch die nächsten Tage und Wochen so sein wird, weil die Franzosen viel Wert auf ihre zweistündige Mittagspause legen, hat er mich nur kopfschüttelnd angeschaut und wortlos auf seinen Bildschirm geschaut. Keine fünf Minuten später hat er auf einmal seine Sachen eingepackt, den PC heruntergefahren, sich freundlich bei uns verabschiedet und ist gegangen. Um 13.15 Uhr.

Ja, freitags kann man mal eher Feierabend machen, und wenn mittags wirklich niemand zu erreichen ist, kann man in der Zeit auch gewisse Sachen nicht erledigen und kommt nicht voran, aber es gibt ja wohl genug zu tun, um diese Zeit zu füllen. Ich dachte, er wäre in seiner Niederlassung auch Disponent? Wenn man nicht alle Sprachen beherrscht, ist das eine Sache. Aber wenn man offensichtlich noch nicht registriert hat, dass jeden Tag um dieselbe Uhrzeit keiner zu erreichen ist, dann ist er entweder nicht richtig am Arbeiten oder einfach ganz schön verplant und unaufmerksam. So geht es meiner Meinung nach jedenfalls nicht weiter, und da er sich von mir ja sowieso nichts sagen lässt, bitte ich Sie, sich darum zu kümmern.

Natürlich nicht mehr heute, er ist ja eh nicht mehr da, aber vielleicht Anfang nächster Woche direkt. Wir sind gerade alle so aufgebracht, dass wir lieber Herrn Bergers Arbeit selbst übernehmen würden, statt sie in die Hände dieses Mannes zu geben. Wenn unser werter Kollege wiederkommt, sind ja alle Partner und Kunden vergrault, wo soll das denn hinführen?“

Diesen Monolog müssen Sie nun erst einmal verdauen, versprechen Ihrem Mitarbeiter aber, sich Montag mit Herrn Schneider zusammenzusetzen und die Situation zu klären. Sie bedanken sich für seine offenen Worte und seine Ehrlichkeit und wünschen auch ihm ein erholsames und angenehmes Wochenende.

Wie gehen Sie als Führungskraft und Ansprechpartner nun mit dieser Gesamtlage um? Wie können Sie sich am effektivsten auf das anstehende Gespräch am Montag vorbereiten, oder ist eine Vorbereitung nicht nötig? Sollte Herr Berger über die scheinbar problematische Situation innerhalb der Abteilung in Kenntnis gesetzt werden oder nicht?

INTERNATIONALE DISPOSITION TEIL 2

Das Wochenende ist vergangen, Sie haben versucht sich wenig Gedanken um die anstehende Woche und die damit einhergehenden Probleme zu machen. Als Sie am Montagmorgen das Büro betreten, sind zwei Disponenten bereits am Arbeiten und begrüßen Sie. Sie bedienen sich an dem frisch gekochten Kaffee und beginnen eine kleine Small-Talk-Runde. Schnell lenken Ihre Mitarbeiter das Gespräch in Richtung des zeitweiligen Kollegen Herrn Schneider.

Sie gehen davon aus, dass dieser ebenfalls jeden Moment im Büro erscheinen müsste, da er am Freitag ja sehr früh gegangen ist und daher die Aufgaben von Freitag noch erledigen muss. Mit den Worten, dass Sie Herrn Schneider am Vormittag noch zu einem Gespräch einladen, versuchen Sie Ihre Mitarbeiter zu beruhigen und zu beschwichtigen. Sie hoffen, die unangenehme Situation als Missverständnis aufdecken und so einfach aus der Welt schaffen zu können.

Daher übermitteln Sie im gemeinsamen Online-Kalender die Einladung zum Gespräch an Herrn Schneider und erwarten ihn um 10.00 Uhr in Ihrem Büro. In der Zwischenzeit gehen Sie die Wochenplanung durch, und beginnen mit den ersten Vorbereitungen für ein Meeting am Nachmittag.

Als Sie um 10.15 Uhr noch immer alleine in Ihrem Büro sitzen und auf die Uhr sehen, kommen langsam Zweifel auf. Sie beschließen hinunter ins Großraumbüro der Disponenten zu gehen und Herrn Schneider abzuholen. In dem Moment, in dem Sie den Raum betreten, sperrt Herr Schneider seinen Computer und steht auf. Freundlich begrüßen Sie ihn und bitten Ihn mit nach oben zu kommen. In Ihrem Büro angekommen, gießen Sie sich erst einmal zwei Tassen Kaffee ein, um die Situation aufzulockern und eine angenehme Atmosphäre zu schaffen. Ohne etwas gesagt zu haben, beginnt Herr Schneider seine Entschuldigung. „Es tut mir wirklich leid, dass ich nicht pünktlich in Ihr Büro gekommen bin. Ich war heute Morgen etwas später bei der Arbeit, weil ich zuhause noch etwas klären musste.

Außerdem sind die ausländischen Kollegen ja sowieso nie zu erreichen. Aber als ich dann eben mein Postfach geöffnet habe, hatte ich einen Haufen Mails, Anfragen und Bestätigungen. Die muss ich dann gleich erst einmal abarbeiten. Aber morgen komme ich dann einfach eher ins Büro, dann bin ich nicht in der Mittagszeit auf Antworten aus Frankreich und Spanien angewiesen. Ich hoffe, Herr Berger hat sich nicht allzu sehr über mich beschwert. Ich meine ich trete hier in große Fußstapfen, offenbar ist Ihr ausgefallener Mitarbeiter äußerst talentiert und offenherzig. Bei uns in der Niederlassung läuft das alles ein wenig anders ab.“ Neugierig fragen Sie nach, wie es denn bei ihm in der Niederlassung vorgeht. „Auch wenn ich als Disponent für Westeuropa angestellt bin, habe ich mit den Partnern eigentlich nichts zu tun. Ich wurde letztes Jahr eingestellt, damit ich in zwei Jahren den Kollegen ersetzen kann, der dann in Rente gehen wird.

Dass er mich rein gar nichts machen lässt, alles selbst regelt und mich in keiner Weise einarbeitet oder anlernt, habe ich so nicht erwartet. Daher wusste ich auch in der Tat nicht, dass zum Beispiel Spanien und Frankreich eine strikte Siesta halten und nur am Vor- und am Nachmittag erreichbar sind. Die ersten zwei bis drei Tage hielt ich es noch für einen Systemfehler, eine schlechte Internetverbindung oder einen schlechten Scherz, erst als Herr Berger mir abwertend gesagt hat, dass das so bleiben wird, habe ich verstanden, dass er es ernst meinte. Ich habe Freitag nachmittags dann noch versucht mit den Kollegen unten zu reden, dass mein Sohn einen blauen Brief bekommen hat und ich zum Elternsprechtag in seine Schule geladen wurde.

Aber sie haben mich nicht zu Wort kommen lassen, übertrieben laut über schlechte Witze gelacht und mich außen vorgelassen. Da ich dieses Verhalten aus meiner Niederlassung kenne, habe ich entschieden, mich nicht weiter einzubringen, mein Ding durchzuziehen und bin gegangen. Vielleicht hätte ich Ihnen Bescheid geben können, aber daran habe ich in dem Moment einfach nicht gedacht. Ehrlich gesagt, war ich wirklich sauer und enttäuscht zugleich."

Vollkommen überrascht von der offensiven Erzählung und Schilderung der letzten Woche nehmen Sie sich einen Moment Zeit, um die richtige Antwort zu formulieren. Da Herr Berger die Situation ein klein wenig anders dargestellt hat, werden Sie sowohl mit ihm, als auch mit den anderen Kollegen weitere Gespräche führen. Sie versichern Herrn Schneider, dass Sie ihn dabei nicht belasten oder als unkollegial darstellen. Allerdings fügen Sie noch die kurze Frage hinzu, ob er außer Englisch weitere Fremdsprachen beherrscht. Diese Frage verneint Herr Schneider und gibt an, dass er in seiner Niederlassung Französisch und Spanisch lernen sollte, es aber aufgrund von mangelnder Beteiligung nie zu diesen Kursen kam.

Und als er die Überlegung offenlegte, privat Sprachkurse zu belegen, wurde er von der Assistenz der Niederlassungsleitung ständig darauf vertröstet, dass sie sich darum kümmern würde, dass in naher Zukunft entsprechende Bildungsmaßnahmen ergriffen würden. Dazu kam es bis zum gegenwärtigen Zeitpunkt jedoch nicht. Auch hier haben Sie eine andere Antwort erwartet und bedanken sich bei Herrn Schneider für die ehrlichen Worte.

Nachdem er das Büro verlassen hat, beginnen Sie, das Gehörte zu sortieren und sich einen Plan zu machen, wie Sie am sinnvollsten vorgehen können.

Wie könnte dieser Plan aussehen? Überlegen Sie sich, welche Schritte in welcher Reihenfolge nun am effektivsten sind, um das Verhältnis zwischen Herrn Schneider und den Kollegen der internationalen Disposition zu entspannen. Gibt es Themen, die mit Herrn Schneiders Vorgesetztem in seiner

Niederlassung besprochen werden sollten? Oder zweifeln Sie an Herrn Schneiders Aussagen und sind überzeugt, dass Herr Berger die einzig richtige Wahrheit geäußert hat?

TAGESPREISABTEILUNG

Kurz nachdem Herr Schneider Ihr Büro verlassen hat, erreicht Sie ein Anruf von der Assistentin der Niederlassungsleitung. Sie muss Sie darüber in Kenntnis setzen, dass Frau Bertram, Mitarbeiterin der Tagespreisabteilung, nicht zur Arbeit erschienen ist und dies vermutlich auch erst einmal nicht tun wird, da ihr Mann in der vergangenen Nacht plötzlich verstorben ist. Nach einer kurzen Pause bedanken Sie sich für die Information und fragen nach Frau Bertrams Telefonnummer.

Da Sie glücklicherweise noch keinen Sterbefall während Ihrer Zeit als Führungskraft hatten, fühlen Sie sich in diesem Moment etwas überfordert. Sie beschließen, die Tagespreisabteilung aufzusuchen und mit den Mitarbeitern dort das Gespräch zu suchen. Zurzeit kümmern sich dort Frau Bertram, zwei weitere Kollegen sowie ein Auszubildender im dritten Lehrjahr darum, Preisauskünfte und konkrete Angebote zu erstellen, angenommene Angebote als Aufträge ins System zu übertragen sowie die Abholung der Güter an die Nahverkehrsdisposition weiterzuleiten. Als Sie das Büro betreten und Frau Bertrams leeren Platz sehen, fehlen Ihnen die Worte.

Anhand der Blicke der Mitarbeiter erkennen Sie, dass sie bereits über den schweren Umstand in Kenntnis gesetzt wurden. Nach einigen Augenblicken der Stille wirft ein Mitarbeiter die kurze Frage „Und jetzt?" in den Raum. Sie fühlen sich ratlos und wissen keine Antwort. Schulterzuckend setzen Sie sich auf einen freien Stuhl neben dem Schreibtisch. Der Auszubildende versucht sich aus der Situation herauszunehmen und arbeitet weiter. Das Einzige, was Sie Ihren Mitarbeitern sagen können, ist, dass Sie sich kümmern werden und bei Problemen oder Fragen jederzeit der erste Ansprechpartner sind. Anschließend verlassen Sie das Büro und gehen auf direktem Wege zur Assistentin der Niederlassungsleitung.

Ein Sterbefall, der in so engem Verhältnis zu einem Mitarbeiter steht wie in dieser Situation, ist ein schwerer Umstand. Gehört die Fürsorge für die Mitarbeiter und die Betroffenen zu den Aufgaben einer Führungskraft? Oder übersteigt die Führungskraft hier ihr Aufgabengebiet? Welche Schritte sind nun aus unternehmenstechnischer Sicht zu erledigen, und welche aus persönlicher?

LÖSUNGSVORSCHLÄGE ZU

Bei den folgenden Vorschlägen handelt es sich lediglich um Anregungen, wie gegebene Situationen aufgelöst werden können. Es gibt selbstverständlich noch viele weitere Möglichkeiten, Probleme zu lösen, Konflikte aus der Welt zu räumen oder Unstimmigkeiten zu klären.

Kundenservice Teil 1

Wenn Sie die verschiedenen Gespräche mit den Mitarbeitern des internationalen Kundenservice Revue passieren lassen, kommen Sie zu dem Ergebnis, dass nicht die Handlungen oder ein bestimmtes Verhalten der neuen Mitarbeiterin Grund für die schlechtere Stimmung innerhalb der Abteilung ist. Gepaart mit der Aussage, dass im Anschluss an die schnelle und erfolgreiche Arbeit der neuen Mitarbeiterin kritische Blicke zugeworfen wurden, könnte eben dies das Kernproblem darstellen. Denn der Erfolg kann andere zu Missgunst und Neid bewegen.

Doch wie geht eine Führungskraft in solch einer Situation am sinnvollsten mit dem Problem um? Die Kündigung der Mitarbeiterin wäre vollkommen ungerechtfertigt und für das Unternehmen wenig sinnvoll. Die Abkapselung zum allgemeinen E-Mailpostfach brächte ebenso wenig Besserung, da die Kollegen zwar keine Ergebnisse vom System einsehen können, die produktive Arbeitsweise der Mitarbeiterin jedoch kennen, daher würde eine gewisse Abneigung vermutlich bestehen bleiben und sich eventuell sogar durch die Abkapselung verschlimmern. Die Beschwichtigung der Kollegen verspräche wenig Veränderung, denn auch mit Sätzen wie „Jeder ist gleich viel Wert, jede Arbeit ist gleich gut, es kommt zu keiner Rangordnung der Produktivität zwischen euch Kollegen“ oder ähnlichem können die negativen Gedanken der Einzelnen nicht im Keim erstickt werden.

Sinnvoller hingegen wäre eine direkte Konfrontation. Sie als Führungskraft sind in der Position, die Kollegen auf Ihre Vermutung anzusprechen, dass sie sich vielleicht schlechter, talentfreier oder nicht so erfolgreich fühlen als ihre neue Kollegin. Wichtig ist, dass die Gespräche auf einer rationalen und wertfreien Grundlage aufbauen, und keinerlei Wertung Ihrerseits einfließt. Im zweiten Schritt können gemeinsame Aufgaben oder Projekte dabei helfen, dass die neue Mitarbeiterin nicht nur als effektive Arbeitskraft, sondern auch als angenehmer Mensch und Kollege angesehen wird.

Denn durch die offene und hilfsbereite Art der Kollegin können Gedanken und Meinungen, die sich ausschließlich um den beruflichen Erfolg drehen, in den Hintergrund gerückt werden. Und wenn sie im Team erst einmal im Ganzen angenommen wurde, in arbeitstechnischer und persönlicher Weise, wird sich das Arbeitsklima von alleine wieder verbessern.

Kundenservice Teil 2

Sie können Frau Bonings Frage, ob dauerhaft eine weitere Fachkraft in ihrem Bereich der internationalen Partneranfragen eingestellt werden kann, nachvollziehen. Durch die selbstständige Arbeit der Praktikantin Frau de Majon wurden Frau Boning und Herr Schien im operativen Geschäft entlastet, Frau Boning hatte genug Zeit, ältere Aufgaben aufzuarbeiten und sowohl die beiden Mitarbeiter selbst, als auch die Partner aus anderen Ländern und die hiesigen Kunden haben nach kurzer Zeit positives Feedback geäußert. Ob sich dauerhaft eine weitere Vollzeitstelle jedoch rentiert, ist die Frage.

Denn auch die liegengebliebenen Aufgaben sind in naher oder ferner Zukunft abgearbeitet, und Frau Bonings akute administrative Tätigkeiten füllen nicht einen ganzen Arbeitstag. Zusätzlich bietet eine ausländische Fachkraft zwar die sprachtypischen Vorteile und kann auch mit fachkundiger oder eigener kultureller Erfahrung punkten, bei nicht ausreichenden Deutschkenntnissen kann jedoch eine Sprachbarriere zwischen ihr und den deutschen Mitarbeitern entstehen.

Unzureichende Sprachkenntnisse können zusätzlich dazu führen, dass sich ein ausländischer Mitarbeiter in Deutschland an sich nicht integrieren kann, und es zu einer gesellschaftlichen Isolation kommt. Eine Teilzeitstelle könnten Sie sich für diesen Bereich des internationalen Kundenservices besser vorstellen, jedoch überwiegen bei diesem Konzept die Unsicherheiten, ob sich ein Arbeitsverhältnis in Teilzeit für einen ausländischen Mitarbeiter lohnt, der einerseits so nicht ausreichend Verdienst erhält, um sein Leben zu finanzieren, und sich somit einen weiteren Job suchen müsste. Eine Teilzeitbeschäftigung, die mit einer deutschen Fachkraft besetzt würde, kann in der Regel zwar fremdsprachentechnisch und kulturell nicht die Vorteile bieten, die eine ausländische Fachkraft hätte, kann sich jedoch einfacher einen strukturierten Alltag aufbauen.

All diese Bedenken und Gedanken äußern Sie nun in einem Gespräch mit Frau Boning, die Ihre Abwägungen vollkommen verstehen kann. Gemeinsam entwickeln Sie nun den Plan, der Niederlassungsleitung den Vorschlag zu unterbreiten, eine Teilzeitstelle auszuschreiben, und sowohl deutsche als auch mögliche ausländische Bewerber damit anzusprechen und die bestmögliche Wahl zu treffen. So hat Frau Boning eine Entlastung für die Zeit der administrativen Aufgaben, Herr Schien kann wie gewohnt seinen Aufgaben nachgehen und die Partner und Kunden können weiterhin mit einer raschen und lösungsorientieren Bearbeitung ihrer Anfragen rechnen.

Internationale Disposition Teil 1

Im Anschluss an das Gespräch sollten Sie sich zunächst einmal Notizen mit den wichtigsten Kritikpunkten machen, die Herr Berger angesprochen hat. Das ist besonders sinnvoll, weil nun zwei Tage ohne beruflichen Kontakt folgen, während derer Sie weder an die Probleme im Betrieb denken sollten, noch die konkreten Problempunkte vergessen sollten. Dazu zählen unter anderem:

- wenig bis keine Fremdsprachenkenntnisse außer Englisch, was vor allem bei den westeuropäischen Ländern von klarem Nachteil ist
- wenig bis keine Kenntnisse über die jeweiligen Länder und ihre Eigenarten, besonders die Siesta in Spanien und Frankreich
- Unaufmerksamkeit und Ignoranz gegenüber Kunden und Partnern
- keine Ab- bzw. Rücksprache mit den hiesigen Kollegen

Anhand dieser Stichworte kann ein grober Gesprächsfaden aufgebaut werden. So können Sie auf die von Herrn Berger genannten Punkte eingehen und trotzdem auf die spontanen Antworten von Herrn Schneider reagieren. Falls Sie in solchen Unterhaltungen bislang wenig Erfahrungen gesammelt haben, kann auch eine ungefähre Einleitung verschriftlicht werden. Das nimmt Ihnen anfangs die Unsicherheit, sorgt für einen klaren aber freundlichen Einstieg, und vermeidet bestenfalls, dass Herr Schneider sich angegriffen fühlt. Im gleichen Zuge sollten Sie sich vor Beginn der Besprechung über Ihre eigenen Ziele im Klaren sein. Was erwarten Sie von Herrn Schneider, von Herrn Berger und den anderen Kollegen der Disposition? Wie können Sie selbst gegebenenfalls bei der Lösung des Problems mitwirken, und kann das Problem überhaupt vollständig gelöst werden?

Internationale Disposition Teil 2

Die Aussagen von Herrn Schneider haben Sie stutzig gemacht. Auch wenn Sie bislang Ihren Mitarbeitern vollkommen vertraut haben, unterscheiden sich die Ansichten von Herrn Schneider und von Herrn Berger enorm. Für die Auslegung von Herrn Schneider spricht die Tatsache, dass er sofort wusste, worüber Sie mit ihm reden wollen, ohne dass er etwas mitbekommen hat vom Gespräch mit Herrn Berger. Das beweist, dass es gewisse Unstimmigkeiten innerhalb der Abteilung gibt, und dass Herr Schneider sie bewusst wahrgenommen hat. Er konnte zu jedem Stichpunkt von sich aus entkräftende Worte finden und hat auch auf die Frage nach den mangelnden Fremdsprachenkenntnissen eine plausible Antwort gefunden.

Um einen Anfang zu machen, sollte auf jeden Fall eine Unterhaltung mit Herrn Schneiders eigentlicher Niederlassung stattfinden. Ziel ist einerseits die Frage nach den vermeintlichen Bemühungen um Sprachkurse, und warum ihm davon abgeraten worden war, privat Sprachkurse zu belegen. Und andererseits sollten Sie die offene Kommunikation mit Herrn Schneiders Vorgesetztem suchen, um die Arbeitssituation mit ihm und seinem Kollegen aufzuklären. Denn wenn der Kollege, der in naher Zukunft in Rente gehen wird, gezielt die Einarbeitung verhindert und Herrn Schneider den Erwerb von Fachkompetenz verweigert, besteht hier dringender Handlungsbedarf.

Um die Situation bei Ihnen vor Ort aufzuklären, können weitere Mitarbeitergespräche mit den Disponenten Aufklärung verschaffen. Da die Menschen oftmals ehrlicher und offener sind, wenn sie in Zweisamkeit eine Unterhaltung führen statt in einer großen Runde, sollten Gruppendiskussionen und -fragerunden vermieden werden. Als konstruktiv kann sich die direkte Konfrontation mit Herrn Schneiders Situation in seiner Niederlassung erweisen, denn Empathie und Unterstützung können ihm sowohl beruflich als auch persönlich helfen, um erfolgreicher und zufriedener zu arbeiten. Auf Herrn Berger sollte speziell eingegangenen werden, denn Ignoranz und grundlegende Unfreundlichkeit gehören nicht in den Arbeitsalltag.

Im Gegensatz, Hilfestellungen und offene Kommunikation führen kurz- und langfristig zu Produktivität und einem Gemeinschaftsgefühl. Abschließend kann eine erneute Unterhaltung mit Herrn Schneider angesetzt werden, um ihn zu bitten, bei fortwährenden Problemen mit den Kollegen, bei Unklarheiten in fachlichen Fragen oder bei ähnlichen Unsicherheiten den Kontakt zu Ihnen zu suchen. Gleichzeitig sollte allerdings auch von ihm ein kollegiales Verhalten ausgehen, das Offenheit und Freundlichkeit beinhaltet. Um Ihren ausgefallenen Mitarbeiter zu schonen und ihn mental nicht zu überfordern, sollten Sie ihn über die Meinungsverschiedenheiten und Probleme nicht informieren.

Tagespreisabteilung

Ein Sterbefall stellt in jedem Fall eine Ausnahmesituation dar. Besonders der plötzliche Tod einer nahestehenden Person, wie in diesem Fall, kann für die Betroffenen nur schwer zu verarbeiten sein. Als Führungskraft ist es in einer solchen Situation nicht leicht, die Balance zwischen persönlichem und beruflichem zu finden und weder zu forsch noch zu privat zu sein. Gar keine Reaktion zu zeigen, kann jedoch als empathie- und rücksichtslos angesehen werden, da Sie als Führungskraft beruflich für Frau Bertram eine wichtige Ansprechperson sind. Um die Mitarbeiterin nicht zu überfordern, können Sie ihr erst einmal Zeit und Ruhe geben, ehe Sie sich melden. An diesem Tag muss sie sich leider um viele

Dinge kümmern, und mit Bestattern, gegebenenfalls mit Ärzten oder einem Pfarrer oder einem Trauerredner in Kontakt treten.

Es reicht vollkommen aus, wenn Frau Bertram erst am nächsten oder übernächsten Tag von ihrer Arbeitsstelle kontaktiert wird. Diese Kontaktaufnahme sollte möglichst ruhig, vorsichtig und ohne Zwang ablaufen. Neben einem klassischen Telefonat ist auch eine Trauerkarte, die das Beileid Ihrerseits und das der Kollegen ausdrückt, sinnvoll. In diesem Zusammenhang kann ein kleiner Brief beigefügt werden, der neben ein paar persönlichen Worten Frau Bertram Zuspruch gibt und ihr versichert, dass sie wiederkommen kann, wenn sie bereit ist.

In solch einer Situation ist es wichtig, der Mitarbeiterin das Gefühl zu geben, dass sie nicht alleine dasteht, dass ihre Gefühle verstanden werden und angebracht sind, und dass auf sie gewartet wird. Druck und Zwang, baldmöglichst wieder arbeiten zu kommen, sind völlig unangebracht und können neben einer persönlichen Krise auch eine Kündigung zur Folge haben.

Ein enger Austausch zwischen Ihnen und den Kollegen von Frau Bertram kann dafür sorgen, dass Information weitergegeben werden, dass der Aufwand für die Mitarbeiterin minimal gehalten wird und dass Sie als Führungsperson über die aktuelle Lage in der Abteilung Bescheid wissen. Denn bei längerfristigem Ausfall müssen Sie für einen Ersatz sorgen, der Frau Bertrams Aufgaben gewissenhaft übernimmt, um die Kollegen zu entlasten und die Produktivität aufrechtzuerhalten. Von diesen beruflichen Prozessen sollte Frau Bertram jedoch außen vor gelassen werden, um kein Gefühl von Bedrängnis oder von Last auszuüben.

Falls Sie eine Einladung zur Beerdigung erhalten, sollten Sie dort auf jeden Fall erscheinen, um ein Zeichen von Unterstützung und Solidarität zu setzen. Auch bei dieser Veranstaltung sind berufliche Themen deplatziert und sollten vermieden werden. Für Sie als Führungskraft mag der Umstand, dass Frau Bertram vermutlich für mindestens ein paar Wochen ausfällt, unangenehm sein und möglicherweise größere Folgen mit sich bringen. Für das persönliche Wohlbefinden im Unternehmen und die psychische Gesundheit Ihrer Mitarbeiterin, sollten Sie dennoch darauf achten, vor allem im direkten Umgang mit ihr berufliches und privates strikt voneinander zu trennen und auf ihre Situation einzugehen. Denn nur so kann Frau Bertram den Tod ihres Mannes verarbeiten, annehmen und in Zukunft wieder erfolgreich ihrer Arbeit unter Ihrer Verantwortung nachkommen.

Ein Job – unterschiedliche Aufgaben

Die Fallbeispiele und Situationen zeigen auf, dass eine Führungskraft nicht den Vormittag im Büro am Computer oder in einer Telefonkonferenz verbringt und am Nachmittag im Meeting mit anderen Führungskräften belegte Brötchen isst und über Statistiken und Zahlen diskutiert. Natürlich können auch solche Tage im Arbeitsalltag einer Führungsperson vorkommen, jedoch verbirgt sich hinter diesem Job noch viel mehr.

Als Ansprechpartner und Weisungsgeber trägt die Führungsperson viel Verantwortung mit sich. Je mehr Mitarbeiter ihm zugeordnet sind, desto größer seine Verantwortung. Sowohl im beruflichen als auch im persönlichen kann und sollte sich die Führungskraft bewusst sein, dass sie ein Vorbild ist, und ihre Handlungen und Eigenschaften beobachtet und gegebenenfalls übernommen werden. Besonders in Bezug auf negative Aspekte sollte daher geachtet werden. So vielfältig die Aufgaben einer Führungskraft sind, so wichtig ist es, sich stets zu entwickeln und zu bewegen.

EXISTENZ GRÜNDUNG

Wie Sie ein erfolgreiches Startup Unternehmen gründen, einen Businessplan ausarbeiten und Ihre Idee zum Erfolg führen. Schritt für Schritt zur finanziellen Freiheit & Unabhängigkeit

Einleitung

Sie planen eine eigene Existenz aufzubauen? Sie wollen nicht mehr jeden Tag ins Büro fahren und sich von Ihrem Chef kontrollieren lassen? Sie träumen jeden Tag davon, Ihr eigener Boss zu sein? Dann ist dieser Ratgeber zur Existenzgründung genau die richtige Lektüre für Sie. Sie haben schon seit längerer Zeit eine geeignete Geschäftsidee im Kopf und warten nur noch auf den passenden Moment? Zögern Sie nicht lange und starten Sie jetzt in die Selbstständigkeit.

Neben einigen Fachkenntnissen, gehört jedoch auch eine Portion Selbstvertrauen und Wissen dazu. Es bringt nichts, wenn Sie nur halbherzig mit Ihrer Existenzgründung beginnen, denn dann brauchen Sie erst gar nicht anfangen. Versuchen Sie deshalb von vornherein alles richtig zu machen, damit Ihnen nicht die gleichen Fehler passieren, die viele andere Unternehmen scheitern lassen. Dieser Ratgeber zeigt Ihnen Schritt für Schritt, wie Sie Ihr eigenes Unternehmen aufbauen. Von der Ideenfindung über die Grundlagen bis zur Existenzsicherung - dieser Ratgeber klärt Sie über die Chancen und Risiken einer Existenzgründung auf.

Außerdem erfahren Sie, wie Sie Ihre Geschäftsidee ergänzen und ausarbeiten sowie alles über die ersten wichtigen Grundlagen. Eine Existenzgründung ist nicht einfach. Sie benötigen neben einem übersichtlichen Businessplan außerdem Wissen zum Thema Recht, zu Verträge und der Finanzierung. Auch sollten Sie ein bisschen Erfahrung in Sachen Marketing, Vertrieb und Controlling mitbringen. Doch all das Wissen bringt nichts, wenn Sie es nicht richtig anwenden können.

Sind die ersten Schritte erst einmal getan, kommt es auf die Führung des Unternehmens an. Wie führt man ein Unternehmen? Neben der Gründung ist es vermutlich eines der wichtigsten Themen für einen Existenzgründer. Ein Unternehmen lebt vom Marketing, dem Vertrieb und der Unternehmenssteuerung. Sie sollten sich die Frage stellen, wie Sie Ihr Unternehmen bekannt machen wollen. Denn: Je mehr potenzielle Kunden auf Ihr neu gegründetes Unternehmen aufmerksam werden, desto höher ist die Chance, dass Ihr Unternehmen erfolgreich wird. Ebenso ist es wichtig, wie Sie Ihre Produkte oder Ihre Dienstleistungen vertreiben möchten. Möchten Sie Ihr eigenes Lager besitzen? Planen Sie einen Webshop eröffnen? Oder wollen Sie Ihren Vertrieb komplett in fremde Hände geben?

Sie werden schnell merken, dass das Führen eines Unternehmens mehr ist, als nur der Einkauf und Verkauf. Denn auch das Controlling spielt eine sehr wichtige Rolle in Sachen Existenzgründung. Hier müssen Sie planen, kontrollieren und kalkulieren. Einnahmen und Ausgaben werden in diesem Bereich gegenübergestellt, um alles perfekt im Blick zu haben. Doch all diese Informationen und Anleitungen nützen Ihnen nichts, wenn Sie nicht dafür bereit sind. Sie brauchen, um ein erfolgreiches Unternehmen aufzubauen, eine sehr starke Persönlichkeit. Sie müssen sich durchsetzen können und in entscheidenden Momenten einen kühlen Kopf bewahren. Fühlen Sie sich dazu im Stande? Denken Sie, Sie sind bereit für eine Existenzgründung? Wollen Sie jetzt mit der Existenzgründung beginnen?

Dann nehmen Sie sich diesen Ratgeber, lesen Sie sich alle Fakten, Tipps und Anmerkungen zu dem Thema Existenzgründung durch und beginnen Sie Ihr neues Leben als selbstständiger Mensch.

Informieren und Planen

GRUNDLAGEN

Wer träumt nicht davon, sich selbstständig zu machen? Man feilt Wochen, vielleicht sogar Jahre, an einer Idee, die sich schon seit längerer Zeit im Kopf festgesetzt hat. Nun wollen Sie Ihre Idee in die Tat umsetzen und Ihr eigenes Unternehmen gründen. Schnell kommen Sie an Ihre Grenzen und merken, dass man mehr braucht, als nur eine gute Idee. Auch wenn Sie von ihrem Produkt oder Ihrer Dienstleistung total überzeugt sind, wird Ihnen auffallen, dass Sie ohne Mut, Ausdauer und einer ausgearbeiteten Strategie nicht viel erreichen werden. Wollen Sie Hals über Kopf mit einer Existenzgründung beginnen, wird Ihnen schon sehr früh auffallen, welche Punkte Sie in Ihrem Leichtsinn nicht bedacht haben. Doch dann ist es in den meisten Fällen schon zu spät und Sie scheitern.

Doch worauf kommt es an? Wie planen Sie Ihren Kunden zu begeistern? Wie denken Sie, können Sie Ihre zukünftigen Kooperationspartner beeindrucken? Welche Botschaft möchten Sie vermitteln? Was müssen Sie aufwenden, um das zu erreichen, was Sie sich vorgenommen haben? Es ist ganz egal welche Produkte Sie verkaufen oder welche Dienstleistung Sie erbringen wollen, Sie sollten dabei stets professionell sein. Legen Sie sich ein stimmiges Design zu, machen Sie sich einen Namen und arbeiten Sie ständig an der Verbesserung Ihres Unternehmens. Zögern Sie dabei nicht sich professionelle Designer zu suchen, die Ihnen bei der Umsetzung diverser Vorhaben helfen. Entwerfen Sie gemeinsam ein passendes Logo, welches perfekt zu Ihrem Unternehmen passt. Doch es sollte nicht nur zu Ihrem Geschäft passen, auch sollte das Logo einen gewissen Wiedererkennungswert haben. Optimieren Sie das Design so, dass es für sämtliche Medien kompatibel ist. Ist ein passendes Design erst einmal gefunden, sollten Sie natürlich auch die Geschäftsausstattung, die Produkte oder die Werbemittel darauf auslegen. Zeigen Sie Präsenz.

Auch sollten Sie eine eigene Website für Ihr Unternehmen haben. Die Internetpräsenz ist heutzutage unerlässlich. Auf der eigenen Website werden die ersten Kunden nach Informationen suchen und sich vielleicht sogar schon eine erste Meinung zu Ihrem Unternehmen bilden. Um einen guten Eindruck bei Ihrem zukünftigen Kunden zu hinterlassen, raten wir Ihnen sich erst einmal Gedanken darüber zu machen, welche Informationen auf der Internetseite stehen sollen. Welche Zusatzfunktionen sollen möglicherweise genutzt werden? Welches Layout würde gut zu Ihrem Produkt oder zu Ihrer Dienstleistung passen? Wie schaut Ihre Zielgruppe aus? Passt das Design auch dazu?

Doch nicht nur das Layout ist sehr wichtig, auch die Suchmaschinenoptimierung darf nicht außen vor gelassen werden. Die Suchmaschinenoptimierung ist ein sehr wichtiger Punkt, um auf diversen Suchmaschinen besser gefunden zu werden. Denn auch das schönste Design bringt Ihnen herzlich wenig, wenn niemand auf Ihrer Website landet. Auch die Optimierung auf mobilen Endgeräten ist wichtig, sodass das Design stets richtig dargestellt werden kann. Werden Schriften und Bilder zu klein gezeigt, kann sich das negativ auf das Ranking der Suchergebnisse auswirken.

Doch nicht nur der Internetauftritt sollte gut bedacht sein, auch kommt es natürlich auf die Strategie, das Marketing, das Produkt bzw. die Dienstleistung, den Preis, den Vertrieb und die Werbung oder die Kommunikation an. Besteht schon eine Idee, sollten Sie natürlich überlegen, ob es für das neue Produkt oder die Dienstleistung überhaupt einen Markt gibt. Falls nicht: Besteht möglicherweise die Chance einen Markt zu erschließen? Um das herauszufinden sollten Sie natürlich erst einmal Ihre Zielgruppe ausfindig machen. Möglichst genau sollte also definiert werden, an welche Zielgruppe sich Ihr Unternehmen richtet. Das Gleiche sollten Sie übrigens auch für die Konkurrenz machen. Hier sollten Sie natürlich Ihre Alleinstellungsmerkmale herausfiltern, die Ihr Unternehmen von anderen unterscheidet. Wieso ist Ihr Unternehmen so besonders? Vergleichen Sie in diesem Fall die Produkte oder Dienstleistungen und deren Preise. Versuchen Sie nicht zwingend einen niedrigeren Preis anzubieten, denn das kann sich negativ auf Ihr Image auswirken. Eigentlich geht es eher um die Überzeugung von Kunden und die richtige Argumentation, warum Ihre Produkte oder Dienstleistung das Geld wert sind.

Wer schon einen Schritt weitergehen will, sollte sich nun um die Werbung kümmern. Es ist völlig egal, ob Sie auf klassische Anzeigen, Mailings oder Online-Banner vertrauen. Das Gesamtergebnis der Werbung muss einfach stimmen. Wollen Sie eine Kreativagentur eröffnen, kann der Flyer schon mal etwas bunter werden. Je nach Branche müssen Sie bei der Werbung also den richtigen Ton treffen. Natürlich können Sie nun einfach unendlich viele Mails verschicken oder Online-Banner schalten, allerdings muss auch in diesem Bereich der Existenzgründung auf das Budget geachtet werden. Mit einem geringen finanziellen Aufwand soll also möglichst eine große Reichweite erzielt werden. Eine kluge PR-Strategie bringt Ihr Unternehmen zusätzlich auf den richtigen Weg. Denn: Kommunikationsmaßnahmen erzeugen in der Öffentlichkeit einen positiven Effekt auf Ihr Unternehmen.

Zufriedene Kunden oder Profis, die Empfehlungen aussprechen, sind natürlich extrem wichtig für die Öffentlichkeit. Doch auch Social Media spielt in der heutigen Zeit eine immer größere Rolle. Pflegen Sie Ihre Accounts und veröffentlichen Sie regelmäßig neue Beiträge, so wird auch das einen positiven Effekt auslösen und immer mehr Leute für Ihr Unternehmen begeistern. Doch überlegen Sie sich das gut, denn wochenalte Posts können auf den Betrachter sehr schnell unseriös wirken.

Warum streben Sie so sehr danach, sich beruflich unabhängig zu machen? Die Antwort können Sie vermutlich leicht beantworten - nicht umsonst lesen Sie jetzt diesen Ratgeber. Sie haben sich mit Sicherheit schon intensiv mit diesem Thema beschäftigt und nun wollen Sie es darauf anlegen. Erhoffen Sie sich durch Ihre Existenzgründung ein höheres Einkommen? Sind Sie in Ihrem derzeitigen Job zu sehr frustriert? Oder wollen Sie einfach nur unabhängig sein? Es gibt viele Gründungsmotive, die für Sie vermutlich in Frage kommen. Möglicherweise haben Sie gerade Ihre Meisterprüfung bestanden, Sie wollen aus Ihrer vorübergehenden Arbeitslosigkeit raus, Sie haben eine Marktnische entdeckt, vielleicht ist es in Ihrer Familie sogar Tradition, dass Sie ein Unternehmen gründen oder übernehmen oder Sie wollen nun Ihre Geschäftsidee, die Ihnen schon seit einiger Zeit im Kopf schwebt, in die Tat umsetzen. Es gibt viele Gründe, weshalb Sie ein eigenes Unternehmen aufbauen sollten.

Diese Fragen müssen Sie sich vor einer Gründung stellen:

Warum will ich überhaupt selbstständig sein? Sie sitzen vermutlich an Ihrem Schreibtisch im Büro. Sie sind ein festangestellter Mitarbeiter. Möglicherweise denken Sie gerade an Ihre Zukunft. Was werden Sie wohl in 10 Jahren machen? Möchten Sie weiterhin in diesem Beruf arbeiten? Möchten Sie Ihr Geld weiterhin mit dem gleichen Job verdienen? Nein? Hier schleichen sich meistens die ersten Gedanken zum Thema Selbstständigkeit in den Kopf. Wie schön wäre es, wenn Sie Ihr eigener Chef wären? Wie toll wäre es, wenn Sie immer das Sagen hätten, Sie die Entscheidungen treffen dürfen oder Sie die Verantwortung tragen? Wollten Sie sich schon immer ein wenig ungebunden und frei im Job fühlen? Machen Sie sich genügend Gedanken darüber, dabei können Sie gerne ein wenig übertreiben. Nur wer mutig genug ist zu träumen, ist auch mutig genug ein eigenes Unternehmen zu gründen und aufzubauen.

Wurde ich als Unternehmer geboren? Viele Existenzgründer wurden dazu geboren, um ein Unternehmen zu gründen. Ihre Eltern haben ihr eigenes Unternehmen gegründet, die Großeltern haben vielleicht ein Unternehmen übernommen und der Onkel ist ebenfalls selbstständig. Dann sind Sie dazu bestimmt, ein Unternehmen zu gründen. In den meisten Fällen geht es solchen Existenzgründern gar nicht darum, innerhalb von ein paar Jahren einen großen Konzern zu leiten, vielmehr geht es ihnen um die Idee an sich. Sie wollen ihre Geschäftsidee verwirklichen und einfach nur das tun, was sie wollen. Sie sind mit der

Leidenschaft, der Ausdauer und der Bereitschaft etwas Neues zu lernen geboren worden.

Ist meine Geschäftsidee gut? Das fragen Sie noch? Dann ist Ihre Geschäftsidee wirklich nicht gut. Solange Sie nicht zu hundert Prozent davon überzeugt sind, ist Ihre Idee nicht gut. Damit Sie mit Ihrer Geschäftsidee Erfolg haben, müssen Sie davon überzeugt sein und dafür leben. Sollten Sie noch nicht mit Ihrer Idee zufrieden sein, heißt das jedoch noch lange nicht, dass Sie Ihren Traum von der Selbstständigkeit komplett aufgeben müssen. Sammeln Sie einfach genügend Inspiration und versuchen Sie Ihre Idee dadurch perfekt zu machen.

Brauche ich einen Businessplan? Sie brauchen unbedingt einen ausführlichen Businessplan. Mittlerweile gibt es viele Existenzgründer, die einfach machen und ausprobieren. Das kann vielleicht ein paar Mal gut ausgehen, oftmals ist dies jedoch nicht erfolgversprechend. Eine optimale Vorbereitung ist wirklich entscheidend. Eine mangelnde Planung ist hingegen der häufigste Grund, wieso ein Unternehmen zu Grunde geht. Ein Businessplan hilft in vielen Situationen, besonders dann, wenn Sie das wirtschaftliche Potenzial Ihrer Firma prüfen wollen.

Woher bekomme ich Geld für mein Unternehmen? Viele Existenzgründer haben ein wenig Geld angespart, um die ersten Monate der Existenzgründung zu bestehen. Auch bekommen viele Gründer Unterstützung von der Familie. Wollen oder können Sie Ihr Unternehmen nicht aus der eigenen Tasche finanzieren, können Sie auf ein klassisches Fördermittel zurückgreifen. In diesem Fall würden Sie dann zu Ihrer Hausbank gehen –natürlich mit Ihrem Businessplan in der Hand- und würden sich umfassend beraten lassen. Egal wie Sie Ihre Gründung finanzieren möchten, auch dieser Punkt sollte durch viel Planung und Vorbereitung bearbeitet werden.

Soll ich lieber selbst und ständig arbeiten oder arbeiten lassen? Am Anfang der Existenzgründung stehen die meisten Selbstständigen komplett alleine da. Die Geschäftsidee steht, die Finanzierung ebenso, nun kann das Abenteuer losgehen. Wollen Sie sich mit einem kreativen Beruf selbstständig machen, kann es vorkommen, dass Sie sich überarbeiten. Sie muten sich zu viel zu und wissen nicht mehr, wo Ihnen der Kopf steht. Bei kreativen Berufen kommt es häufig vor, dass Sie Ihre Arbeit lieber selbst erledigen wollen. Ihr Vertrauen in andere Menschen ist eher verhalten.

Die kreativen Selbstständigen können einfach nicht delegieren, sodass es nicht selten vorkommt, dass Sie einen Burnout bekommen. Sind die Selbstständigen auch noch mit einem gewissen Perfektionismus ausgestattet, dann wird es tatsächlich schwierig. In diesem Fall müssen Sie einfach mal Ihren Perfektionismus ignorieren und eine gesunde Entscheidung für Ihr Unternehmen treffen.

Wer ein erfolgreiches Unternehmen aufbauen will, sollte direkt vom ersten Tag an planen. Auch sollten Sie sich rechtzeitig überlegen, wie groß Ihre Firma werden soll. Wollen Sie Ihr Unternehmen im Bereich Handwerk ausbauen, sollten Sie vielleicht überlegen jemanden für das Büro einzustellen. Die Person, die ihre Ausbildung in einem Steuerbüro oder in einem anderen Betrieb gemacht hat, wird sich mit der allgemeinen Büroorganisation mit Sicherheit besser auskennen als Sie. Überlege Sie genau, welche Aufgaben Sie abgeben und welche Sie lieber selbst übernehmen wollen.

Wie kann man sich immer wieder aufs Neue motivieren? Wie wichtig sind Ehrgeiz, Belastbarkeit und Co.? Dass das Business knallhart ist, brauchen wir Ihnen wahrscheinlich nicht zu sagen. Wollen Sie mit Ihrem Unternehmen erfolgreich sein, müssen Sie Ehrgeiz besitzen und sich durchsetzen können. Wie belastbar muss man eigentlich sein, um sich im Business einen Namen zu machen? Wie viel Ehrgeiz benötigt man, um seine Ziele konsequent zu verfolgen? Und wie können Sie das erledigen und obendrein noch erfolgreicher sein als alle anderen? Wie viel Energie und Zeit Sie in Ihr eigenes Projekt stecken, geht zum Glück nur Sie etwas an. Sie bestimmen Ihre Arbeitsweise - Leben Sie, um zu arbeiten oder arbeiten Sie, um zu leben?

Das entscheiden Sie selbst. Allerdings sollten Sie sich im Klaren sein, dass Erfolg nicht von alleine entsteht. Sie müssen sich selbst etwas aufbauen und das gelingt meist nur mit viel Ehrgeiz und Motivation. Die Motivation in der Anfangsphase ist grenzenlos. Sie beflügelt uns und lässt uns im wahrsten Sinne des Wortes „Bäume ausreißen". Wir investieren gerne Zeit in unser Baby, lassen für unser eigenes Unternehmen alles stehen und liegen und riskieren alles für die neu gegründete Existenz. Doch nach dieser Anfangsphase kann es schon mal vorkommen, dass diese Euphorie schwindet. Was machen wir dann? Die ersten negativen Ergebnisse werden verzeichnet oder vielleicht flattern sogar die ersten Kündigungen rein? Trotzdem müssen Sie sich immer wieder neu motivieren. Schließlich liegt das Unternehmen in Ihren Händen und das wollen Sie ja nicht einfach so wegschmeißen? Sie sollten sich deshalb immer wieder aufs Neue motivieren. Wie Sie das schaffen? Halten Sie sich vor Augen, wieso Sie das alles machen. Wieso wollten Sie unbedingt ein eigenes Unternehmen aufbauen? Was macht Ihre Selbstständigkeit so besonders? Motivation, Ehrgeiz und Belastbarkeit, das sind die drei Faktoren, die Ihnen auf Ihrem Weg als Selbstständiger andauernd begegnen werden.

DER WEG ZUR GESCHÄFTSIDEE

Eine Existenzgründung kann sehr anstrengend sein. Doch bevor das Thema Recht auf Sie zukommt, sollten Sie sich erst Gedanken über die passende Geschäftsidee machen. Doch nicht jede Idee eignet sich gleich als Geschäftsidee. Nicht jede Idee verspricht wirtschaftlichen Erfolg. Bevor Sie zu viel Energie in eine sinnlose Idee vergeuden, können Sie mithilfe einiger Punkte schon im Vorfeld prüfen, ob Ihre Idee für den Erfolg geschaffen ist. Eine Geschäftsidee ist nämlich der erste Schritt der Existenzgründung UND sie bildet das Fundament eines Businessplans, den Sie natürlich auch noch für Ihre Existenzgründung benötigen und dementsprechend ausarbeiten müssen.

Ihre Idee muss nicht komplett neu sein, um mit Ihrem neuen Unternehmen Erfolg zu haben. Wirkliche Neuheiten, also Ideen, die noch keiner auf den Markt gebracht hat, sind normalerweise Seltenheit. Bei Ihrer Idee kommt es also auf die Planung und Umsetzung an. Nehmen Sie sich ruhig die Zeit, die Sie brauchen, um Ihre Idee zur Selbständigkeit zu prüfen. Natürlich können Sie auch eine bestehende Idee eines anderen Geschäftskonzepts gegen eine Gebühr übernehmen. Das Prinzip Franchising ist derzeit sehr beliebt, sodass Sie durch dieses Prinzip ebenso eine gute Geschäftsidee finden können.

Wollen Sie lieber Ihre eigene Idee entwickeln? Dann können Ihnen vielleicht diese kreativen Techniken zur Ideenfindung weiterhelfen. Der Klassiker der Kreativitätstechnik ist vermutlich das Brainstorming. Bei dieser Technik steht die Findung von neuen oder sehr außergewöhnlichen Ideen im Vordergrund. Auch kann diese Technik möglicherweise genutzt werden, um sich einem Problem zu nähern, ein Produkt weiterzuentwickeln oder seine Kreativität anzuregen. Um das Brainstorming so effektiv wie möglich zu gestalten, sollten Sie mehrere kreative Köpfe zu Rate ziehen. Oft kommen so noch ganz andere Dinge zum Vorschein. Beim Brainstorming werden also möglichst außergewöhnliche und viele Ideen gesammelt.

Auch kann die bekannte Walt-Disney-Methode zur Findung Ihrer Geschäftsidee weiterhelfen. Bei dieser Methode soll Ihre Vorstellungskraft gestärkt und Ihre Fantasie angeregt werden. Eine gute Möglichkeit zur klassischen Ideenfindung. Man schlüpft in der Regel in die Rolle des Träumers und versucht kreative Ideen zu entwickeln. Danach taucht man in die Rolle des Realisten, um die Umsetzbarkeit der Idee zu prüfen. Zum Schluss übernimmt man die Rolle des Kritikers, um die Risiken und Schwächen ausfindig zu machen. Zuerst wird also geträumt - die Ideen werden entwickelt. Erst danach prüft man die Geschäftsidee. Das Ziel dieser Technik ist eindeutig. Man soll aus den klassischen Denkstrukturen ausbrechen und seinen Blickwinkel ändern, um auf neue Ideen zu kommen.

Doch es gibt noch viele andere Möglichkeiten, um die perfekte Geschäftsidee zu finden und auszuarbeiten. Auch kann manchmal eine Mindmap sehr hilfreich sein, um seine Gedanken zu strukturieren. Eine Sache steht jedoch fest: Sie müssen mit Ihrer Idee nicht die Welt neu erfinden. Allerdings sollten Sie bei Ihrer Ideenfindung stets auf Ihren Kunden eingehen. Was will Ihr Kunde überhaupt?

Um Ihre Geschäftsidee zu überprüfen, benötigen Sie noch keine umfangreichen Berechnungen und komplizierten Strategien. Dabei geht es in erster Linie erst einmal darum zu klären, welche Produkte oder Dienstleistungen überhaupt angeboten werden sollen. Außerdem sollte die Frage nach der Zielgruppe beantwortet werden können. Können Sie diese simplen Fragen beantworten, sollte Ihnen schnell klar werden, ob der Markt für Ihre Idee zur Existenzgründung geeignet ist. Natürlich sollten Sie die technischen und rechtlichen Aspekte nicht völlig außer Acht lassen. Oft ist in einer Geschäftsidee nämlich ein Wettbewerbsvorteil begründet, den Sie eventuell schützen lassen müssen.

Eine gute Idee ausfindig zu machen ist gar nicht so schwer. Viele Geschäftsideen entstehen dabei aus einer Situation, die schief gelaufen ist. Hat etwas mal nicht funktioniert, als man selbst eine Dienstleistung in Anspruch genommen hat? Wichtig ist hier natürlich, dass man sich umschaut und die Fehler findet, sodass man sie in seinem eigenen Unternehmen verhindert. Schauen Sie sich um, denn es ist alles nur eine Frage der Betrachtungsweise.

Hat man erst einmal eine Geschäftsidee gefunden, ist es jedoch noch lange nicht die Garantie für ein erfolgreiches Unternehmen. Um ehrlich zu sein macht die Geschäftsidee nur fünf Prozent des Erfolges aus. Es kommt nämlich vielmehr auf die Umsetzung an. Nur so kann man irgendwann davon ausgehen, dass ein Unternehmen auch auf Dauer erfolgreich ist. Der Anfang ist natürlich besonders wichtig. Geht man motiviert und strukturiert an die Sache heran, ist das der richtige Weg zum Erfolg. Fakt ist: Wir alle fangen irgendwann mal an einem Punkt an und wissen nicht, wo wir ankommen werden. Der einzige Fehler, den wir bei der Existenzgründung machen können: Nicht zu starten. Gehen Sie einfach den Weg, der für Sie stimmig ist.

Wer am Anfang Fehler macht, der versagt nicht. Wer Fehler macht, hat die Chance aus diesen zu lernen und es beim nächsten Mal besser zu machen. Versagen ist dementsprechend eine innere Einstellung. Wer anfängt sich eine eigene Existenz aufzubauen, der sollte von erfolgreichen Menschen lernen. Versuchen Sie Kontakt zu schon langjährigen Unternehmern aufzubauen und ein gewisses Know-how zu sammeln. Machen Sie sich mit einzelnen Schritten zur Unternehmensführung vertraut. Natürlich müssen Sie dafür viel Zeit investieren. Die Zeit ist der beste Ausgangspunkt, um Erfahrungen zu sammeln. Lassen Sie sich helfen und nehmen Sie den Rat von erfolgreichen Unternehmern an.

Versuchen Sie zu erkennen, welche Dienstleistungen oder Produkte Sie anbieten wollen, die Mehrwert schaffen und nachhaltig sind.

Arbeiten Sie im Team

Der Weg in die absolute Selbstständigkeit ist schwer. Aus diesem Grund sind die meisten Unternehmer erst einmal nebenberuflich selbstständig. Diese nehmen natürlich erst einmal weniger Geld ein. Das führt wiederum dazu, dass Sie sich keine teuren Berater zur Existenzgründung leisten können. Sie müssen sich also auf andere Experten verlassen. Doch gerade die Menschen, die nebenberuflich selbstständig sind, suchen die Veränderung und würden deshalb auch hohe Risiken eingehen, die mit einem Unternehmen verbunden sind. Meist sind es die Menschen, die gute Geschäftsideen haben, die kreativ sind und offen für neue Dinge sind.

In manchen Wachstumsbereichen ist es zudem einfacher, eine gute Geschäftsidee zu finden. In diesen Bereichen ist der Vorteil, dass die Kunden aktiv nach Lösungen suchen. Der Markt ist nämlich noch nicht völlig ausgeschöpft und entwickelt sich stetig weiter. Viele gute Geschäftsideen können in den Bereichen Gesundheit und Fitness, Beziehung und Dating, sowie Geld und Business gefunden werden. Momentan ist es in diesen Bereichen noch sehr gut möglich, Nischen zu finden, in denen man unentdeckt sein Geschäftsmodell entwickeln, es aufbauen und langsam vergrößern kann. Wichtig bei der Umsetzung Ihrer Geschäftsidee ist ein perfekt eingespieltes Team. Es ist nämlich immer wichtig, sich Feedback einzuholen. Das ist nicht nur ein guter Ausgangspunkt für die Arbeit am eigenen Selbst, es erweitert auch den Blickwinkel auf manche Dinge. Ein Team aus klugen Köpfen ist jedoch auch in schwierigen Phasen eine gute Sache, da sie mit motivierenden Worten wieder mehr Energie verschaffen können.

Ein anderer Punkt ist außerdem, dass man zusammen als Team wesentlich kreativer ist. Auch können die ausgewählten Menschen bei finanziellen Engpässen eine gute Hilfe sein, denn auch in solchen Momenten stehen sie einem zur Seite und helfen. Bei der Auswahl des Teams sollten Sie natürlich unbedingt darauf achten, dass es Menschen sind, die zu 100% verlässlich sind. Sie sollten an Sie glauben und Sie immer unterstützen. Auch untereinander sollte das kleine Team sympathisieren. Kleine Streitereien dürfen in diesem Team natürlich nicht vorkommen.

Gehen Sie auf Reisen

Sie kennen es vielleicht auch, dass Sie nach einer Reise immer sehr motiviert sind und viele neue Ideen mit nach Hause bringen. Sie haben wieder neue Energie. Deswegen sollten Sie, wenn Sie nach einer guten Geschäftsidee suchen und wenn Sie die Chance haben, losziehen und reisen. Auf Reisen erhält man viele neue Eindrücke, die inspirieren und motivieren. Gehen Sie nicht immer den Weg des typischen Touristen. Seien Sie spontan und nutzen Sie mal andere Pfade. Bringen Sie gute Geschäftsideen aus einem anderen Land zu sich nach Hause. Schauen Sie sich doch mal die großen Marken Hello Fresh, eBay und Zalando an. All diese Unternehmen haben mit einer einfachen Geschäftsidee angefangen.

Sind Sie noch immer auf der Suche nach der passenden Geschäftsidee, sollten Sie sich nur zwei Fragen stellen: Welches Problem der Menschen wollen Sie versuchen zu lösen? Wären die Menschen dafür bereit, ihr Geld auszugeben? Wenn Sie sich mit Ihrer Idee nicht sicher sind, dann ist das kein Weltuntergang. Starten Sie hingegen lieber mit dem Brainstorming. Ihr Team wird Sie mit Sicherheit unterstützen und versuchen mit Ihnen ein funktionierendes Produkt zu erstellen. Eine gute Geschäftsidee ist jedoch erst der Anfang. Das Grundgerüst zu erstellen ist immer noch der einfachste Part. Das Geschäftsmodell zu verändern, bis daraus ein gut funktionierendes und erfolgreiches Unternehmen wird, ist der kompliziertere Part. Ihre Vision bleibt zwar, allerdings verändert sie sich täglich ein bisschen. Es ist ein permanenter Fluss, der sich stetig weiterentwickelt.

Selbstständigkeit bedeutet SELBST und STÄNDIG. Beginnt man mit einer Existenzgründung, wird man Dinge tun, die man noch nie vorher getan hat. Wieso das so ist? Die meisten Dinge, die wir erledigen, liegen nämlich in unserer Komfortzone.

Verlässt man seine Komfortzone, erlebt man Sachen oder Aufgaben, die Sie in jedem Fall weiterbringen. Müssen Sie schwierige Kunden kontaktieren, Menschen auf der Straße ansprechen oder eine andere Sache erledigen, bei der Sie über Ihren Schatten springen müssen, treten Sie aus Ihrer Komfortzone. Sie haben in diesem Moment Ihre Angst besiegt und können einen ganz neuen Weg einschlagen. Halten Sie sich immer vor Augen: Sie sind das Unternehmen. Sie müssen sich weiterentwickeln, denn so entwickelt sich auch das Unternehmen weiter. Aus diesem Grund sollten Sie also kontinuierlich an sich arbeiten. Sind Sie konsequent, werden Ihre Mitarbeiter es auch sein – ebenso wie Ihre Kunden.

BUSINESSPLAN

Haben Sie die perfekte Geschäftsidee ausgearbeitet, können Sie nun mit dem Businessplan beginnen. Die Erstellung eines solchen Plans ist sehr wichtig für die Vorbereitung einer Existenzgründung. Niemand sollte so ein großes Projekt starten, wenn er nur eine mangelhafte Planung vorweisen kann. Denn eine schlechte Planung führt sehr oft zum Scheitern von Unternehmensgründungen. In einem Businessplan sollte das Geschäftsmodell präzise beschrieben werden, außerdem sollten strategische und betriebswirtschaftliche Zielsetzungen festgehalten werden. Einen Finanzplan zu erstellen ist ebenfalls vonnöten. Auch sollte die Beantragung von öffentlichen Fördergeldern nicht in den Hintergrund gestellt werden.

Ein Businessplan umfasst im Allgemeinen 20 bis 30 Seiten. Auch sollte ein Plan mit detaillierten Angaben zur Vermögens-, Finanz- und Ertragslage enthalten sein. Mit Hilfe dieses Plans kann festgestellt werden, ob die Durchführung der Geschäftsidee überhaupt möglich ist. Auch kann das wirtschaftliche Potenzial überprüft werden. Doch nicht nur wichtige Geschäftszahlen und Unternehmensziele werden in einem Businessplan festgehalten, auch werden einzelne Daten zu den Themen Gründung, Firmenübernahme oder Investition aufgezeichnet. Bevor Sie allerdings mit einem Businessplan beginnen, sollten Sie den Zweck des Plans bestimmen. Es muss also eine klare Bestimmung der Zielgruppe und die Funktion des Businessplans festgehalten werden.

Benötigt man als Existenzgründer finanzielle Hilfe, ist der Businessplan für die Banken unverzichtbar. Anhand eines Businessplans kann der Geldgeber einen Eindruck über die Seriosität bekommen und dann entscheiden, ob die Bank dem Existenzgründer Geld leihen wird. Ebenso kann man mit öffentlichen Mitteln eine Förderung beantragen. Allerdings ist der Businessplan auch in diesem Fall ein gutes Aushängeschild. Den Businessplan stellt man als Existenzgründer jedoch nicht nur für die Banken und zur Förderung durch öffentliche Mittel auf. Am Wichtigsten ist dieser Plan für den, der sein eigenes Unternehmen gründet, also der Gründer selbst. Mit Hilfe des Plans kann der Gründer sich nämlich selbst mit allen wichtigen Fragen auseinandersetzen und sich so intensiv mit der Gründung des Unternehmens beschäftigen.

Wer einen Businessplan erstellen will, sollte sich an einer Gliederung oder besser gesagt an einer Vorlage orientieren. Zuerst sollte man eine kleine Zusammenfassung der Geschäftsidee niederschreiben. Nach einigen Vorgaben sollte diese Zusammenfassung ungefähr zwei bis drei Seiten umfassen. Sachlich und interessant sollten Sie Ihre Geschäftsidee beschreiben und sich somit die Aufmerksamkeit der Leser sichern. Nach der detaillierten Beschreibung sollten Sie den Gründer oder das Gründerteam vorstellen.

Der Gründer einer Idee ist sehr entscheidend. Die Persönlichkeit sagt meist sehr viel über den Erfolg einer Unternehmensgründung aus. Bei der Vorstellung sollte auf jeden Fall ein aktueller Lebenslauf enthalten sein. Auch sollten diverse Qualifikationen und Erfahrungen beigelegt werden, damit die Investoren, Geschäftspartner oder Banken sich einen Überblick über die Gründungsperson verschaffen können. Ist diese Person verlässlich? Kann man dieser Person vertrauen? Diese Fragen sollten durch den Lebenslauf beantwortet werden.

Des Weiteren sollte die Geschäftsidee in dem Businessplan näher erläutert werden. Zu einer detaillierten Darstellung gehören auch Informationen zur Produktherstellung sowie die verschiedenen Produktionsweisen, die

Kostenstrukturen und die Produktpreise und die Gewinnmargen. Bei den Kostenstrukturen wird natürlich ganz besonders auf die Einkaufs- und Herstellungskosten geachtet. Wichtig demnach ist vor allem die Darstellung des Nutzens, die mit Ihrer Geschäftsidee für die Kunden verbunden ist.

Ein Businessplan sollte außerdem eine Analyse des Marktes beinhalten. Bestimmen Sie Ihren Zielmarkt mit seinen charakteristischen Merkmalen in einem kurzen und präzisen Text. Außerdem sollte eine Beschreibung der Größe des relevanten Marktes der Kundenzahl und der erwarteten Absatzmenge und des Umsatzvolumens in dem Businessplan enthalten sein. Gehen Sie zudem auf die Stärken und Schwächen der Mitbewerber ein, um sich von den anderen abheben zu können. Wenn Sie einen Businessplan erstellen, sollten Sie daran denken Ihre Annahmen zur Umsatzplanung möglichst genau zu belegen und mit passenden Argumenten plausibel zu machen. Das verstärkt die Überzeugung Ihres Plans.

Der nächste Punkt sind die Unternehmensziele. In diesem Kapitel des Businessplans müssen Sie die Ziele Ihres zukünftigen Unternehmens möglichst genau beschreiben. Präsentieren Sie Ihre definierten Ziele und möglichen Meilensteine auf Ihrem Weg dorthin. Konzentrieren Sie sich bei diesem Abschnitt eher auf die wesentlichen Dinge. Haben Sie eventuell einen Umbau geplant? Wann genau soll die Geschäftseröffnung stattfinden? Haben Sie ein Erweiterungsvorhaben? Stellen Sie übersichtlich dar, welche Ziele Ihr Unternehmen erreichen soll.

Auch das Marketing spielt eine sehr große Rolle, wenn Sie eine neue Existenz gründen wollen. Wenn Sie also einen Businessplan erstellen, werden Sie auf einen Marketingplan nicht verzichten können. Dieser Plan hat ebenso eine sehr wichtige Rolle. Sorgen Sie also dafür, dass es für Ihr Unternehmen beziehungsweise für Ihre Geschäftsidee einen Markt gibt, der gewinnbringend ist. Im Businessplan müssen Sie jedoch nicht Ihren ganzen Marketingplan präsentieren. Neben der Marktanalyse sollte ein vollständiger Marketingplan die Bestimmung der Marketingziele, die Ableitung von Marketingstrategien, den Einsatz von Marketinginstrumenten und die geplanten Aktivitäten der Marketingkontrolle umfassen.

Ein weiterer Punkt des Businessplans sollte die Beschreibung der Rechtsform sein. Auch die Eigentümer und Anteilsstrukturen sollten klar definiert werden. Gibt es irgendwelche Besonderheiten des Unternehmens, dann sollten Sie diese natürlich auch präzise erläutern. Schreiben Sie außerdem auf, ob Sie die Einstellung von Personal planen oder ob Sie eher an freien Mitarbeitern interessiert sind. So kann der Erfolg Ihres Unternehmens ebenfalls besser eingeschätzt werden.

In einem Businessplan sollte zudem ein detaillierter Finanzplan enthalten sein. Dieser sollte aus einem Umsatzplan, einem Kostenplan, einem

Liquiditätsplan, einem Finanzierungsplan, einem Investitionsplan und aus einem Rentabilitätsplan bestehen. In dem Umsatzplan sollten Sie die angestrebten Netto-Umsätze eintragen. Der Kostenplan zeigt die fixen und die variablen Kosten. Die Höhe der Kosten wird dabei von dem Produktionsvolumen bestimmt. Auch sollten Sie in dem Kostenplan Ihre Kosten für die Gründung mit einplanen. Dazu gehören zum Beispiel die Kosten des Notars, sowie sämtliche Lizenzen und Zulassungen. Auch die Kosten für die Beratung der Unternehmensgründung gehören in diesen Plan.

Der Liquiditätsplan hingegen stellt die Umsätze und Kosten dar, in denen die Einnahmen und Ausgaben sich ankündigen. Das Rechnungsdatum und das Datum des Zahlungseinganges liegen oft weit auseinander. Dieser Plan weist also die Differenz zwischen den Einnahmen und Ausgaben auf.

Der Finanzierungsplan gibt dagegen Auskunft darüber, wie Sie Ihren ermittelten Kapitalbedarf abdecken - mit Eigenkapital oder mit Fremdkapital?

Haben Sie zudem Investitionen geplant, dann stehen diese geplanten Dinge im Investitionsplan. Aus diesen geplanten Investitionen kann man dann die voraussichtlichen Abschreibungen für die kommenden Jahre errechnen. Zu diesen Aufwendungen zählen die Anschaffung von Geschäfts- und Büroräumen, Fahrzeugen, Maschinen oder sonstige Wirtschaftsgüter.

Zum Schluss werden im Rentabilitätsplan die erwarteten Umsätze den ermittelten Kosten gegenübergestellt. Wird festgestellt, dass in Zukunft kein ausreichender Überschuss zusammenkommt, sollten Sie die einzelnen Pläne besser noch einmal überprüfen. Sind Sie vielleicht in der Lage noch mehr Kosten einzusparen?

Neben einem detaillierten Finanzplan sollte auch eine SWOT-Analyse im Businessplan enthalten sein. Mit dieser Analyse sind Sie in der Lage Ihre Unternehmenssituation zu untersuchen und eine Unternehmensstrategie ausarbeiten. SWOT setzt sich aus den englischen Wörtern Strength, Weakness, Opportunity und Threat zusammen. Diese Wörter bedeuten auf Deutsch Stärke, Schwäche, Gelegenheit und Bedrohung. Bei dieser Analyse versuchen Sie zuerst die Stärken und Schwächen des Unternehmens zu ermitteln.

Im Anschluss strukturieren Sie diese. Im nächsten Schritt sollten Sie die Chancen und die Gefahren auflisten. Welche Gefahren könnten Ihnen und Ihrem Unternehmen begegnen? Gibt es eventuell Risiken, die sich aus einer ungewissen Marktentwicklung ergeben? Haben Sie irgendwelche Produktvorteile gegenüber der Konkurrenz? Droht Ihnen jemand mit einer Vertragskündigung? All diese Chancen und Risiken können Sie mit der SWOT-Analyse ausfindig machen. Wenn Sie alle Informationen aufgelistet haben, sollten Sie überlegen, wie Sie Ihre Stärken verbessern und Ihre Schwächen minimieren können.

Ein Businessplan ist wichtig für eine Existenzgründung. Wenn Sie die folgenden Tipps beachten, dann wird garantiert nichts mehr schief gehen. Wenn Sie einen Businessplan erstellen, sollten Sie sich in den Leser hineinversetzen. Stellen Sie sich vor, Sie haben als Banker einen Businessplan vor sich liegen und sollen nun entscheiden, ob das Unternehmen einen Kredit bekommt oder eben nicht. Worauf werden Sie wohl zuerst achten? Auf die Finanzen des Unternehmers. In diesem Fall müssen Sie den Businessplan so erstellen, dass die Finanzen klar und deutlich aufgelistet sind.

Der erste Eindruck zählt, das trifft natürlich auch auf Ihren Businessplan zu. Sorgen Sie dafür, dass Ihr Plan über ein ansprechendes Design verfügt. Außerdem sollten Sie auf eine passende Gliederung und einen verständlichen Schreibstil achten. Um besser auf Ihr Zielpublikum eingehen zu können, sollten Sie sich diverse Marktstudien durchlesen. Außerdem sollten Sie stets darauf achten, dass die Zahlen und allgemein die vorläufige Prognose realitätsnah und in jedem Fall schlüssig sind.

Um die Banken von sich zu überzeugen, sollten Sie großen Wert auf die Besonderheiten Ihres Unternehmens legen. Versuchen Sie die Einzigartigkeit des Unternehmens so besonders wie möglich darzustellen. Machen Sie in jedem Fall deutlich, wie sich Ihre Produkte gegenüber den Produkten Ihrer Konkurrenz abheben. Weisen Sie auf die einzigartigen Merkmale hin und fördern Sie Ihre Alleinstellungsmerkmale.

Auch wenn Sie zur Anfangszeit vermutlich viel neues Equipment benötigen, sollten Sie versuchen Ihre finanzielle Belastung niedrig zu halten. Überlegen Sie auf jeden Fall, welche Investitionen nötig sind und vermeiden Sie eine übermäßige finanzielle Anfangsbelastung. Sind Sie sich teilweise nicht sicher, was die Erstellung Ihres Businessplans angeht, sollten Sie Kontakt mit diversen Beratungsstellen aufnehmen. Diese werden Ihnen helfen einen Businessplan zu erstellen. Außerdem werden die Beratungsstellen Sie auch bei weiteren Fragen zu den Themen Handwerkskammer, Industrie- und Handelskammer, sowie allgemein zum Thema Existenzgründung unterstützen.

Ohne Businessplan wird eine erfolgreiche Existenzgründung einfach nicht gelingen. Es ist und bleibt einfach ein unverzichtbarer Plan, der die Geschäftsidee entwickelt und überprüft. Wer einen Kredit für seine Existenzgründung benötigt, ist der Businessplan eine Grundvoraussetzung. Alle formalen und inhaltlichen Ansprüche sollten dann natürlich erfüllt sein. Mit Hilfe des Plans können Sie Ihre Idee nochmals überprüfen und strukturieren. So können Sie schnellstmöglich diverse Fehlentwicklungen erkennen und verhindern.

Gründen

GRÜNDUNGSWEGE

Es gibt viele Wege, um eine Existenz zu gründen. Der meist gewählte Weg ist die Neugründung. Gründet man ein neues Unternehmen, ist man vollkommen frei. Sie können selbst bestimmen, wie Sie Ihr neues Unternehmen aufbauen wollen. Wie möchten Sie Ihren Berufsalltag gestalten? Wie soll Ihre Geschäftsidee aussehen? Wie viele Angestellte wollen Sie beschäftigen? All diese Fragen können Sie selbst beantworten, weil Sie der Gründer des Unternehmens sind. Allerdings erwartet eine Neugründung ein hohes Maß an Disziplin, Kraft und jede Menge Fachwissen.

Auch ein gut kalkulierter Businessplan sollte von jedem Neugründer gestaltet werden. Der Start eines Unternehmens mag holprig und schwer sein, deswegen ist viel Durchhaltevermögen gefragt. Möglicherweise wurden Beziehungen zu Kunden und Geschäftspartnern noch gar nicht aufgebaut, sodass Sie erst einmal eine gut strukturierte Strategie entwickeln müssen. Marketing und Vertrieb sollte bei einer Neugründung natürlich ganz oben auf der Liste stehen, da dieses Vorhaben sehr viel Arbeit bedeutet. Denn: Hat man keine Kunden oder Geschäftspartner, kann man keine Gewinne erzielen.

Übernehmen Sie einen Betrieb, sind Sie der Nachfolger. Als Nachfolger fangen Sie natürlich nicht bei null an. Sie übernehmen einfach ein bestehendes Unternehmen. Dabei übernehmen Sie natürlich auch den Kundenstamm und die Mitarbeiter. Einen Nachfolger für sein Unternehmen zu finden, kommt heutzutage auch sehr oft vor. Gehen einige Gründer zum Beispiel in Rente, wollen sie natürlich den perfekten Nachfolger für ihr Unternehmen finden. Allerdings läuft nicht jede Übernahme erfolgreich ab. Viele übernehmen ein bestehendes Unternehmen und müssen danach feststellen, dass der Vorgänger ein großes Loch hinterlassen hat. Oder aber ein erfahrener Unternehmer, der für dieses Unternehmen gelebt hat, verlässt den Betrieb. Wollen Sie das Niveau halten, dann ist das auf jeden Fall kein leichter Weg. Bevor Sie einen Betrieb übernehmen, sollten Sie diesen genau unter die Lupe nehmen. Ist das Unternehmern immer und überall gut angekommen? Wieso soll das Unternehmen überhaupt veräußert werden? Welche Verpflichtungen warten auf Sie?

Wenn Sie sich selbstständig machen wollen, aber einfach keine geeignete Geschäftsidee finden, ist das überhaupt gar kein Problem. Franchising ist hier das passende Stichwort. Über Franchise erwerben Sie einfach ein festgelegtes Geschäftsmodell von einem Unternehmen. Dabei profitieren Sie natürlich auch vom Image, dem Bekanntheitsgrad und dem Fachwissen. Bei Gründung bleiben

Ihnen so einige Startschwierigkeiten erspart. Doch auch dieses Prinzip hat seine Tücken.

Neben der Erwerbung der Lizenz müssen Sie auch noch eine Einstandsgebühr bezahlen. Außerdem müssen Sie einen Teil Ihrer Einnahmen wieder abgeben. Auch sind Sie in Ihrer Position als Unternehmen nicht vollkommen frei, denn beim Franchising haben Sie nur wenig Spielraum für Entscheidungen. Viele Dinge werden im Voraus vertraglich geregelt. Auch wenn Sie die Idee eines anderen Unternehmens übernehmen, ist das jedoch noch lange keine Garantie dafür, dass Sie erfolgreich sein werden. Aus diesem Grund sollten Sie vorher das Unternehmen sehr genau unter die Lupe nehmen.

Wenn Sie sich alleine nicht so sicher sind und Sie lieber ein Team um sich haben, können Sie Ihre Existenzgründung auch im Team vornehmen. Das Gründen im Team kann ein sehr großer Vorteil sein, denn die ganze Verantwortung und das Risiko lasten nicht allein auf Ihnen. Sie teilen sich die Arbeit auf, sodass jeder etwas zu tun hat. Außerdem können Sie sich auch die Finanzierung untereinander teilen, dann hätten Sie auch weniger finanzielle Belastung. Auch kann es gut sein, dass Ihre Teammitglieder Wissen aus verschiedenen Bereichen mitbringen. Das Wichtigste ist, dass Sie sich gut ergänzen. Ist der eine technisch begabt, sollte der andere sich kaufmännisch sehr gut auskennen.

Je unterschiedlicher die Aufgabenbereiche sind, desto besser ergänzen Sie sich. Allerdings kann eine Partnerschaft auf sehr anstrengend sein. Halten Sie sich vor Augen, dass diese Partnerschaft von Dauer sein sollte. Diese Partnerschaft sollte also Stress und einigen Meinungsverschiedenheiten standhalten können. Sie sollten das gleiche Ziel vor Augen haben und die gleichen Vorstellungen für Ihr gemeinsames Unternehmen. Ebenso sollten Sie eine ähnliche Leistungsbereitschaft mitbringen, sodass kein Ungleichgewicht entsteht.

Sollten Sie sich nebenberuflich selbstständig machen wollen, dann sind Sie mit Ihrem Vorhaben in Deutschland nicht alleine. Mehr als die Hälfte aller Gründer sind nämlich nebenberuflich selbstständig. Sie haben noch einen festen Job, den Sie nämlich aufgrund der Sicherheiten lieber nicht aufgeben wollen. Das finanzielle Risiko ist mit einem festen Arbeitgeber sehr gering. Doch auch die nebenberufliche Selbstständigkeit hat einen Haken. Eine solche Selbstständigkeit kann auf Dauer zu einer großen Belastung führen. Um sein Unternehmen voranzutreiben müssen Sie nämlich ganz schön viel Zeit investieren und das ist mit einem festen Angestelltenverhältnis nicht immer leicht.

Sind Sie momentan arbeitslos und wollen aus der Arbeitslosigkeit eine neue Existenz gründen, müssen Sie einige Voraussetzungen erfüllen, damit die öffentlichen Förderprogramme Ihnen zur Verfügung stehen. Außerdem gibt es noch andere spezielle Hilfen der Bundesagentur für Arbeit, die Sie weiterbringen können. Jeder Existenzgründer würde zudem einen Gründungszuschuss oder eben das Einstiegsgeld bekommen.

Egal wie Sie zu Ihrer Existenzgründung kommen, Sie sollten dafür geeignet sein. Überlegen Sie sich gut, ob Sie von sich aus auf die Idee gekommen sind. Waren Sie Ihr eigener Antrieb, um sich selbstständig zu machen? Suchen Sie schon seit Jahren nach der Möglichkeit ein eigenes Unternehmen zu gründen? Fakt ist: Sie sollten sich sicher sein.

Ist der einzige Grund, warum Sie noch zögern, die Unsicherheit, können Sie sich bei der Vorbereitung Ihres Vorhabens von Unternehmensberatern helfen lassen. Allerdings sollten Sie immer vor Augen haben, dass diese Beratungen kostenpflichtig sind. Je nach Bundesland können Sie sich jedoch Zuschüsse geben lassen. Manche Bundesländer bieten sogar kostenlose Beratungen an, diese sollten Sie dann natürlich, um Geld einzusparen, nutzen.

RECHT & VERTRÄGE

Bevor Sie mit einer Existenzgründung starten, sollten Sie sich natürlich auch Gedanken über die Rechtsform Ihres Unternehmens machen. Mit einer Rechtsform bestimmen Sie das Verhältnis der Gesellschafter untereinander. Auch legen Sie damit fest, wer Geschäftsführer wird und wie viele Entscheidungen die einzelnen Gesellschafter treffen dürfen. Für die Kunden ist das natürlich eher Nebensache. Die Kunden interessieren sich eher über die Haftung eines Unternehmens. Sie interessieren sich dafür, ob Sie für verursachte Schulden des Unternehmens auch persönlich haften oder eben nicht.

Der größte Unterschied von Kapital- oder Personengesellschaften liegt in der Haftung. Einzelunternehmer und Personengesellschaften haften zum Beispiel für Schulden gegenüber Kunden nicht nur mit dem Gesellschaftsvermögen, sondern auch mit ihrem Privatvermögen. Bei Kapitalgesellschaften sieht das etwas anders aus, denn bei diesen Gesellschaften ist die Haftung beschränkt. Bei den Kapitalgesellschaften haften die einzelnen Gesellschafter nur in Höhe ihrer Einlage. Jedoch gibt es auch bei diesem Thema einige Ausnahmen, bei denen der Geschäftsführer oder die Gesellschafter doch privat haften müssen. Auch spielt die Tatsache eine Rolle, ob Sie alleine oder mit Partnern eine Existenz aufbauen wollen.

Für welche Rechtsform Sie sich im Endeffekt entscheiden, hängt natürlich auch von Ihrer Tätigkeit ab. Werden Sie als Gewerbetreibender oder als Freiberufler eingeordnet? Gewerbetreibende und Freiberufler sind zwar beide selbstständig, allerdings ist nicht jeder Selbstständige sofort ein Freiberufler oder muss ein Gewerbe anmelden. Der Status eines Freiberuflers umfasst eine kleine Gruppe, die in §18 im EStG beschrieben ist. Zu dieser Gruppe werden die sogenannten Katalogberufe gezählt. Dazu gehören selbstständig ausgeübte wissenschaftliche, künstlerische, schriftstellerische, unterrichtende oder erzieherische Tätigkeiten, Ärzte, Zahnärzte, Tierärzte, Anwälte, Notar, Steuerberater und noch viele andere Berufe. Ein Gewerbetreibender wiederum ist jeder Selbstständige, der keinen Katalogberuf ausübt. Für Freiberufler gibt es sogar noch spezielle Rechtsformen bezüglich der Haftungsbeschränkung.

Gewerbetreibender ist jeder, der ein Unternehmen gründet. Sie sind Kaufleute und müssen Ihre Tätigkeit dementsprechend im Handelsregister eintragen lassen. Folgende Rechtsformen kommen für einen Gewerbetreibenden in Frage: Einzelunternehmen, die Offene Handelsgesellschaft (OHG), die Gesellschaft mit beschränkter Haftung (GmbH), die Unternehmergesellschaft (haftungsbeschränkt), die GmbH & Co. KG, die Kommanditgesellschaft (KG) und die Aktiengesellschaft (AG).

Allerdings gibt es auch noch die Möglichkeit sich als Kleingewerbetreibender anzumelden. In diesem Fall sind Sie zwar auch ein Kaufmann, jedoch brauchen Sie Ihr Unternehmen nicht im Handelsregister eintragen lassen. Dieser Vorgang ist natürlich sehr praktisch, wenn Ihr Unternehmen noch sehr klein ist. Als Kleingewerbetreibende kommen folgende Rechtsformen in Frage: Einzelunternehmen und die Gesellschaft bürgerlichen Rechts (GbR).

Freiberufler gehören, wie vorher schon erwähnt, nicht zu den Gewerbetreibenden. Als Freiberufler müssen Sie Ihr Vorhaben ebenfalls nicht in das Handelsregister eintragen lassen. Überlegen Sie als Freiberufler eine Existenz zu gründen, dann sind folgende Rechtsformen möglich: Einzelunternehmen, Gesellschaft bürgerlichen Rechts (GbR), Partnerschaftsgesellschaft (PartG) und die Partnerschaftsgesellschaft mit beschränkter Berufshaftung (PartG mbB).

Auch zu diesem Thema können Sie das große Informationsangebot der Industrie- und Handelskammer nutzen. Besonders wichtig zu wissen, ist außerdem, dass die Entscheidung für eine Rechtsform finanzielle, steuerliche und rechtliche Auswirkungen auf Ihr Unternehmen hat. Suchen Sie sich zur Not einen Rechtsanwalt und einen Steuerberater, diese können Sie ebenso sehr gut beraten und vielleicht noch die einen oder anderen Tipps geben. Wenn Sie sich mit der Entscheidung Ihrer Rechtsform irgendwann nicht mehr wohlfühlen sollten, können Sie natürlich jederzeit die Rechtsform wechseln. Die Anforderungen Ihres Unternehmens werden sich auf Dauer ändern, daher ist die Entscheidung für eine bestimmte Rechtsform nie endgültig.

Verträge

Für alle Gründer sollten Verträge eine wichtige Rolle spielen. Es werden immer wieder Verträge auf Sie zukommen, die anders behandelt werden. Da wären die Mietverträge, die Kaufverträge oder auch die Arbeitsverträge, die Ihnen mit Sicherheit noch öfter über den Weg laufen werden. Im Folgenden können Sie einiges über verschiedene Vertragsarten und deren Abwicklung lesen, denn auch beim Kaufvertrag kann mal etwas schief laufen.

Was sollte ein Vertrag alles enthalten? Ein Vertrag sollte -ganz klar- die Vertragsparteien enthalten, denn sonst würde man gar nicht wissen, wer daran beteiligt ist. Auch sollten der Vertragsgegenstand, die Laufzeit, die Kündigungsfristen, die Zahlungs- und Lieferbedingungen, sowie Strafen bei Vertragsbruch. Dabei brauchen nicht alle Dinge im Vertrag stehen, sie können auch mündlich vereinbart werden. Allerdings gilt das natürlich nur für Dinge des täglichen Gebrauchs. Andere Verträge müssen dringend schriftlich vereinbart werden. Teilzahlungsgeschäft, Darlehensverträge, Grundstücksübereignungen oder Belastungen von Grundstücken sind ein paar Beispiele, die sogar notariell beurkundet werden müssen.

Auch gesellschaftliche Verträge müssen natürlich schriftlich festgehalten werden. Welche Verträge sich an eine bestimmte Form halten müssen, ist gesetzlich geregelt. Wer einmal einen Vertrag abgeschlossen hat, der muss sich natürlich auch daran halten. Dabei sollte jeder Vertragspartner genau darauf achten, dass er die Abmachungen im Vertrag auch einhalten kann. Da nicht alle Verträge schriftlich vereinbart werden müssen, wird es oft im Streitfall schwierig die Richtigkeit der Nachweise festzustellen. Daher wird dringend empfohlen den Vertrag irgendwie schriftlich festzuhalten.

Wenn man sich die passenden Räume gesucht hat und endgültig entschieden hat, von wo aus das Unternehmen betrieben werden soll, nimmt für die meisten Existenzgründer der Traum Gestalt an. Die meisten mieten sich die passenden Räume für ihr Unternehmen. Allerdings sind diese Mietverträge etwas anders gestaltet, als bei gewöhnlichen Wohnraummietverträgen. Wenn man einen Geschäftsraum mietet, muss dieser Vertrag schriftlich festgehalten werden. Außerdem muss im Vertrag niedergeschrieben werden, welche Art des Betriebs die Geschäftsräume mieten will. Auch wenn sich im Laufe der Zeit Änderungen des Betriebs ereignen, muss geprüft werden, ob die einzelnen Angaben im Vertrag noch zutreffend sind oder sogar angepasst werden müssen. Ist der Mietvertrag nun endlich gültig, darf der Vermieter dem Mieter keine Konkurrenz verschaffen.

Er darf also keine anderen Geschäftsräume auf dem gleichen Grundstück an ähnliche Unternehmen vermieten. Auch auf dem Nachbargrundstück darf er keine anderen Geschäftsräume vermieten. Um den Druck der Konkurrenz zu vermeiden, sollte man möglichst genau den Mietzweck angeben. Auch in Sachen Mietpreis läuft es im Gewerbemietrecht anders ab, als im Wohnraummietrecht. In diesem Fall gibt es im Gewerbemietrecht keine gesetzlichen Bestimmungen für Mietanpassungen. Wenn sich die Mietbedingungen ändern sollten, können vom Mieter und Vermieter Anpassungen vorgenommen werden.

Noch wichtiger sind für Existenzgründer natürlich die Kaufverträge. Beim Kaufvertrag kann es um jede Sache gehen. Man kann ein Auto, ein Produkt, eine Dienstleistung oder andere Dinge kaufen. Auch kann man Rechte, Lizenzen oder Marken erwerben. Nicht immer kommt es auf die materiellen Güter an. Sogar ganze Unternehmen können käuflich erworben werden. Allerdings kommt es auch häufig vor, dass etwas beim Kauf schief gelaufen ist. Sollte ein Käufer nach Erwerb eines Gegenstandes feststellen, dass der Gegenstand nicht im einwandfreien Zustand ist, kann er die Ware reklamieren. Der Käufer hat also einen verschuldensunabhängigen Anspruch auf Erfüllung. Er hat also das Recht auf eine mangelfreie Ware. Es spielt dabei keine Rolle, ob der Verkäufer den Mangel verursacht hat oder eine andere Person.

Ein Mangel liegt dann vor, wenn die tatsächliche Beschaffenheit von der vereinbarten Beschaffenheit abweicht, der Gegenstand von Angaben in der Werbung abweicht oder der Gegenstand von dem Verkäufer falsch zusammengebaut wurde. Ist ein Mangel aufgetreten, hat der Kunde das Recht auf Nacherfüllung. Allerdings kann der Verkäufer in diesem Fall einschreiten, wenn die Kosten für diese Nacherfüllung zu hoch ausfallen sollten. Natürlich kann der Käufer auch den Rücktritt vom Kauf erklären, aber nur dann, wenn die Ware einen erheblichen Mangel aufweist.

Will der Käufer die Ware trotz Mangel unbedingt behalten, kann er eine Minderung des Kaufpreises fordern. In diesem Fall muss der Käufer einen geringeren Kaufpreis zahlen und darf die Ware so behalten, wie er sie bekommen hat. Ist der Verkäufer Schuld am Mangel einer Ware, kann der Käufer sogar auf Schadenersatz bestehen. Dieses Szenario tritt dann auf, wenn der Verkäufer vorsätzlich oder fahrlässig gehandelt hat und die erforderliche Sorgfalt außer Acht lässt.

Fakt ist: Geschlossene Verträge sind einzuhalten. Hat der Käufer einen Fehlkauf getätigt, muss er auch die Lasten tragen. Allerdings sieht es beim Kauf im Internet ein wenig anders aus, denn dort haben die Kunden meistens eine Widerrufsfrist von ungefähr 14 Tagen. In diesem Zeitraum kann der Käufer entscheiden, ob er die Ware behält oder ob er sie ohne Angabe von Gründen wieder zurückschickt.

Die Rechten und Pflichten des Kunden resultieren aus den gesetzlichen Verpflichtungen der Händler. Eine Garantie zählt allerdings nicht zu den Verpflichtungen. Eine Garantie kann freiwillig gegeben werden, daher ist sie eine sogenannte Kulanzvereinbarung mit dem Käufer. In jedem Fall übernimmt der

Hersteller oder der Verkäufer die Haftung für den gekauften Gegenstand, wenn er nicht in Ordnung sein sollte. Jeder Verkäufer sollte daher die Ware auf das kleinste Detail überprüfen, bevor man eine Garantieerklärung abgibt. Das damit verbundene finanzielle Risiko sollte somit klar sein.

Auch Befristungsverträge können geschlossen werden. Dieser Vertrag kann für beide Vertragsparteien sehr nützlich sein und Unsicherheiten können vermieden werden. Betrachtet man nämlich eine kurze Kündigungsfrist, kann es entweder viel Flexibilität bedeuten, oder es kann allerdings auch mehr Unsicherheit bedeuten. Wächst das Unternehmen unfassbar schnell, kann die Kündigung sofort eingereicht und in kürzester Zeit ein größeres Büro beansprucht werden.

Wenn Ihre Kunden eine bereits getroffene Vereinbarung falsch verstanden haben, besteht immer noch die Möglichkeit, den Vertrag anzufechten. Eine Anfechtung bewirkt, dass der Vertrag als nichtig gewertet wird.

Was jedes Unternehmen unbedingt braucht ist eine allgemeine Geschäftsbedingung. In dieser niedergeschriebenen Erklärung legen Sie konkret die Bedingungen fest, zu denen ein Vertrag wirksam werden soll. Der Geschäftsverkehr wird durch eine allgemeine Geschäftsbedingung wesentlich vereinfacht, ohne einen Vertragspartner zu benachteiligen. Außerdem kann man die Haftung einer Fahrlässigkeit so ein wenig beschränken. Sie sollten jedoch darauf achten, dass die allgemeinen Geschäftsbedingungen –kurz AGB- verständlich formuliert sind. Sollte ein Vertragsabschluss elektronisch erfolgen, müssen Sie darauf achten, dass dem Kunden die AGB rechtzeitig mitgeteilt werden. Der Kunde muss die Geschäftsbedingungen abrufen und abspeichern können. Für einige Branchen gibt es sogar schon vorgefertigte Geschäftsbedingungen, die aber nicht immer unverändert übernommen werden können. Nicht alle Geschäftsabläufe sind nämlich in jedem Unternehmen gleich.

Nach dem allgemeinen Gleichbehandlungsgesetz müssen Unternehmen außerdem dafür sorgen, dass alle gleich behandelt werden. In diesem Fall dürfen Sie keine Kunden oder Vertragspartner diskriminieren. Jeder Mensch ist gleich und darf auf keinen Fall wegen seiner Religion, seines Geschlechts oder Alters, seiner Rasse und Behinderung, sowie seiner ethnischen Herkunft verurteilt oder anders behandelt werden.

Datenschutz

Wenn Sie eine Existenz gründen und planen Ihren Kunden etwas zu verkaufen oder eine Dienstleistung erbringen wollen, gehen Sie mit dem Kunden ein Vertragsverhältnis ein. Um einen Vertrag erfolgreich abschließen zu können, brauchen Sie allerdings noch ein paar Daten Ihres Kunden. Sie benötigen den Namen, die Anschrift und möglicherweise auch die Telefonnummer. Weitere Angaben sind nicht zwingend notwendig und somit nicht erforderlich für den

Vertragsabschluss. Um die grundlegenden Daten zu speichern, benötigen Sie keine gesonderte Einwilligung Ihres Kunden. Für weitere Daten brauchen Sie allerdings eine Einwilligung des Kunden. Kam es zum Vertragsabschluss und sollten Sie keine gesetzlichen Gründe mehr zur Aufbewahrung der Daten haben, sollten Sie die Daten unverzüglich löschen.

Benötigen Sie noch weitere Daten, müssen die Kunden eine Einwilligungserklärung verfassen. Natürlich können Ihre Kunden dieser Erklärung jederzeit widerrufen. Damit jeder Kunde darüber Bescheid weiß, müssen Sie ihnen mitteilen, zu welchem Zweck Sie die Daten des Kunden benötigen und verarbeiten wollen. Die Einwilligung der Kunden muss zudem auch geprüft werden, ob die den Anforderungen nach der DSGVO entsprechen. Wurden die Anforderungen nicht erfüllt, müssen sie neu eingeholt werden.

Auch die Informationspflichten müssen von Ihnen eingehalten werden. Den Namen und die Kontaktdaten des Verantwortlichen und die Daten des Vertreters, sowie des Datenschutzbeauftragten müssen natürlich für den Kunden ersichtlich sein. Dann muss jedem Kunden der Zweck der Verarbeitung und die Rechtsgrundlage deutlich gemacht werden. Noch wichtig zu wissen ist, wie lange Sie die Daten speichern werden und dass der Kunde das Recht auf Auskunft, Berichtigung, Löschung, Einschränkung der Verarbeitung, Widerspruchsrecht und das Recht auf Datenübertragbarkeit besitzt. Außerdem hat jeder Kunde das Recht auf Widerruf der Einwilligung.

Diese und noch weitere Informationspflichten müssen gegenüber dem Kunden erfüllt werden. Wurden die Informationen nicht bei den Kunden erhoben, muss eine genaue Quelle angegeben werden, woher die Daten stammen. Auch wenn Sie als frisch gebackener Unternehmer eine Internetpräsenz besitzen, müssen Sie Ihren Nutzern mitteilen, ob und welche Cookies Sie auf Ihrer Website verwenden. In diesem Fall ist es wichtig zu wissen, ob Sie einen Dienstleister dafür benutzen, der möglicherweise im Drittland seinen Sitz hat. Denn in diesem Fall müssen Sie sich absichern, ob Sie die Daten der Kunden über die EU-Standardvertragsklauseln einfach so in ein Drittland weitergeben dürfen.

In manchen Fällen kann es vorkommen, dass Sie Lieferanten haben, von denen Sie auch Daten speichern müssen. Diese Daten fallen entweder unter das Vertragsverhältnis oder Sie benötigen auch in diesem Fall eine Einwilligung zur Sicherung der allgemeinen Daten. Natürlich müssen Sie auch hier einen Zweck der Sicherung angeben.

Sollten Sie sich überlegen ein paar Mitarbeiter einzustellen, sollten auch diese bezüglich der Datenschutzverordnung aufgeklärt werden. Unter anderem sollten die Mitarbeiter darüber aufgeklärt werden, in welchem Maße die private Nutzung von E-Mails und des Internets erfolgen darf. Wenn Sie es erlauben, können Sie es gleich mit einer Einwilligung zur Gestattung regelmäßiger Kontrollen verbinden, sodass keiner gegen die arbeitsrechtlichen Pflichten verstoßen kann. Holen Sie sich eine schriftliche Einwilligung, die Ihre zukünftigen Mitarbeiter auf die Vertraulichkeit von Daten verpflichten und sie auf den Datenschutz hinweisen.

Wenn Sie die Daten Ihrer Kunden speichern dürfen, sollten Sie sich auch über die Vertraulichkeit dieser Daten bewusst sein. Sie sollten in jedem Fall dafür sorgen, dass Unbefugten der Zutritt zu Ihren Datenverarbeitungsanlagen verwehrt wird, sodass Sie keinerlei Zugriff auf die personenbezogenen Daten haben. Auch sollte alles Mögliche unternommen werden, um Unbefugten eine Zugangskontrolle zu verweigern, um eine Nutzung der Datenverarbeitungssysteme auszuschließen. Außerdem sollten Sie Maßnahmen vollziehen, dass nur diejenigen auf die Daten zugreifen können, die von Ihnen eine Zugriffsberechtigung bekommen haben. Unbefugten dürfen die Daten weder lesen, kopieren, verändern oder entfernen.

Wenn Sie Daten abgespeichert haben, die unterschiedlichen Zwecken dienen, müssen Sie sie zudem getrennt verarbeiten – die Trennungskontrolle.

Während Sie die persönlichen Daten auf dem elektronischen Weg übertragen, sollten Sie sicherstellen, dass während des Transports nicht ohne Erlaubnis gelesen, kopiert, verändert oder entfernt wird. Diese Weitergabekontrolle sollten Sie auch bei der Übertragung auf einen Datenträger beachten. Auch sollten Sie stets darauf achten, dass alle Floskeln, die Sie in Ihrer Datenschutzerklärung verwenden, in zumutbarer Weise verstanden werden können. Haften Sie für diese Daten, indem Sie Maßnahmen vollziehen, die gewährleisten, dass personenbezogene Daten gegen einen Verlust oder einer zufälligen Zerstörung geschützt sind. Die Daten sollten jederzeit auffindbar sein und so gesichert sein, dass sie bei eventuellem Verlust auch wieder hergestellt werden können.

FINANZIERUNG

Wer sich eine eigene Existenz aufbauen will, der benötigt meistens ein wenig Startkapital. Nicht jeder hat vielleicht die Möglichkeit genug Geld anzusammeln, deshalb ist es besonders in der Startphase sehr schwer über die Runden zu kommen. Zum Startkapital gehören allerdings nicht nur die kommenden Investitionen des Unternehmens, auch müssen die eigenen Lebenshaltungskosten einkalkuliert werden. Diese Kosten dürfen auf keinen Fall vergessen werden. Will man ein neues Unternehmen aufbauen, fallen die Einkünfte am Anfang sehr gering aus.

Bei einer Existenzgründung ist die beste Quelle, um an Geld zu kommen, das Eigenkapital. Möchte man sich zusätzlich einen Kredit bei der Bank aufnehmen, sollte das Eigenkapital nicht unter 20 Prozent liegen. Damit signalisieren Sie der

Bank, dass auch Sie für Ihr unternehmerisches Risiko verantwortlich sein wollen. In den meisten Fällen reicht das Eigenkapital allein nämlich nicht aus, um ein ganzes Unternehmen auf die Beine zu stellen. Viele Gründer und Gründerinnen gehen zur Bank ihres Vertrauens, um den Rest mit Fremdkapital zu finanzieren. Junge Unternehmen und Gründer bekommen allerdings nicht die gleichen Konditionen wie Großunternehmen. Aus diesem Grund bieten Bund und Bundesländer spezielle Programme zur Förderung junger Unternehmen an. Sie bieten den Gründern damit einen Zugang zum Kapitalmarkt, um für Gleichheit zu sorgen.

Dennoch gelingt der Start mit einem gewissen Eigenkapital wesentlich einfacher. Denn: Gründer benötigen noch relativ überschaubare Summen. Sie müssen auf jeden Fall Ihr Equipment kaufen, die ersten Werbemaßnahmen ergreifen und die ersten Monate finanziell klarkommen. Diese Finanzierungen sind mit Eigenkapital wesentlich unkomplizierter. Sollte das geplante Vorhaben nämlich doch scheitern, müssen Sie wenigstens keine Restschuld bei der Bank begleichen. Sollten Sie neben Ihrem Eigenkapital dennoch Geld von der Bank benötigen, nimmt die Bank es immer positiv auf, wenn Sie ein wenig Eigenkapital mitbringen. Natürlich reicht nicht nur das Eigenkapital aus, denn auch die Geschäftsidee muss bei der Bank punkten. Manche Kreditinstitute setzen sogar voraus, dass Eigenkapital vorhanden ist.

Die erste Anlaufstelle wird die Hausbank sein, wenn Sie einen Kredit aufnehmen wollen. Diese Bank wird Sie am besten kennen und Sie somit gut einschätzen können, was Ihre Bonität betrifft. Zuerst wird die Hausbank das Vorhaben von Ihnen bewerten. In diesem Fall hoffen wir darauf, dass Sie sich bei Ihrem Businessplan viel Mühe gegeben haben. Natürlich gibt es immer mal die Möglichkeit, dass die Bank Ihn einen Kredit verwehrt, wenn Ihnen das Konzept nicht gefällt. Die Bank kann allerdings auch vorschlagen, dass besondere Fördermittel von der KfW beansprucht werden. Falls die Bank, aufgrund Ihrer Bonität, Ihnen keinen Kredit gewährt, kann das sehr problematisch für Sie und Ihr Unternehmen werden.

Denn dann fallen auch noch andere Finanzierungsoptionen weg. Falls nur Ihr Konzept nicht ausreicht, besteht immer noch die Möglichkeit es zu verbessern. Das Konzept kann nämlich, nach Rücksprache mit der Bank, ergänzt oder gänzlich neu gestaltet werden. Sollte die Bank Ihr neues Konzept annehmen, steht einer Existenzgründung nichts mehr im Weg. Wichtig ist nur, dass Sie für die Startphase genügend Kapital aufbringen können, um auch die Lebenshaltungskosten zu decken. Sie sollten sehr gut kalkulieren, damit keine Nachverhandlungen nötig sind und Sie dem ganzen Stress nicht erneut ausgesetzt sind. Als Existenzgründer haben Sie schließlich schon genug zu tun.

Sollte die Bank in Betracht ziehen einige Fördermittel zu aktivieren, läuft auch diese Abwicklung über die Hausbank. Zur Verfügung gestellt werden die Fördermittel von der KfW oder den Landesbanken. Diese Banken stellen dann Programme zu möglichst niedrigen Zinskonditionen zusammen. Teilweise setzt die Tilgung eines solchen Darlehens sogar erst später ein, sodass die Gründer sich erst auf die wesentlichen Dinge konzentrieren brauchen. Von dem Darlehen können dann die Gründung, Investitionen und Betriebsmittel finanziert werden. Sollten Sie sich für eines der Förderprogramme entscheiden, wird sich Ihre Hausbank um alles Weitere kümmern.

Wenn Sie kein Eigenkapital besitzen, können Sie Ihre Gründung auch mit Bürgschaften finanzieren. Sollte Ihre Hausbank Ihr Konzept nicht ausreichend finden oder gewährt die Bank Ihnen aufgrund Ihrer Bonität keinen Kredit, wird Sie eine Bürgschaft zur Absicherung des Risikos fordern. Das kann eine persönliche Bürgschaft von Menschen mit ausreichender Bonität sein oder eine dingliche Bürgschaft in Form von Wertpapieren oder sonstigen Mitteln. Vor dem Gespräch mit der Bank sollten Sie abklären, ob jemand aus Ihrem Bekanntenkreis möglicherweise für eine Bürgschaft in Frage kommt. Sollten Sie das im Voraus schon geklärt haben, kann das bei der Bank die Verhandlungen erleichtern.

MARKETING & VERTRIEB

Haben Sie die Finanzierung gesichert, können Sie mit den nächsten Schritten der Existenzgründung beginnen. Sind Sie sich wirklich sicher, dass Sie ein geeignetes Konzept entwickelt haben? Sind Sie überzeugt, dass Menschen Ihre Produkte oder Dienstleistungen kaufen würden? Gibt es genug Menschen, die bereit sind, dafür Geld zu bezahlen? Können Sie alle Fragen mit JA beantworten, sollten Sie sich nun etwas genauer um das Marketing und den Vertrieb Ihres Unternehmens kümmern.

Zeigen Sie Ihrer Zielgruppe, worauf es bei Ihnen ankommt. Kommunizieren Sie mit Ihren bestehenden Kunden und versuchen Sie neue Kunden zu gewinnen. Nur so kann Ihr Unternehmen wachsen und Geld einbringen. Um den Kunden Ihre Produkte oder Dienstleistungen näherzubringen, sollten Sie sich über ein Marketingkonzept Gedanken machen. Kunden wollen überzeugt und nicht mit offensiver Werbung angegriffen werden. Mit der richtigen Marketingstrategie finden Sie heraus, welches Produkt oder welche Dienstleistung zu welchem Preis verkauft werden sollte, über welchen Weg sie vertrieben werden sollen und mit welcher Werbemaßnahme sie angeboten werden sollen. Es wäre doch zu schade, wenn niemand von Ihren Angeboten erfährt. Schließlich haben Sie sich so viel Mühe gegeben, um dorthin zu kommen, wo Sie jetzt gerade sind.

Werbung im Allgemeinen kostet sehr viel Geld und das haben Sie als Existenzgründer noch nicht. Ziel sollte also sein, dass Sie Geld einsparen und das können Sie zum Beispiel mit einer gut ausgearbeiteten Marketingstrategie. Geld einsparen können Sie, wenn Sie nur die Menschen ansprechen, die in Ihre Zielgruppe passen. Woher Sie wissen, welche Personen in Ihre Zielgruppe passen? Das sind die Menschen, die an Ihren Angeboten Interesse haben und sich deshalb als potenzielle Kunden eignen. Um die perfekte Strategie auszuarbeiten, sollten Sie sich am besten einen Marketingberater suchen. Der hilft Ihnen, sich auf eine geeignete Strategie festzulegen und sie anschließend in Werbemaßnahmen umzusetzen. Professionelles Marketing ist wichtig und genau aus diesem Grund wird die Zusammenarbeit mit einem Marketingberater gefördert.

Um mit Ihrem Unternehmen erfolgreich zu sein, sollten Sie eine passende Marketingstrategie entwickeln. Mit Hilfe dieser Strategie werden Sie Ihre gesetzten Marketingziele erreichen. Allerdings sollten Sie im Bereich Marketing auf einige Dinge achten:

Auf welchem Markt sind Sie tätig?

Wie wollen Sie den von Ihnen ausgewählten Markt bearbeiten?

Wie reagieren Sie auf weitere Konkurrenten?

Wie werden Sie den Markt aufgliedern?

Wie werden Sie Ihre Marktstrategie an die Bedürfnisse des Marktes anpassen?

Wie gehen Sie auf die Wünsche Ihrer Kunden ein?

Bevor Sie allerdings mit einer geeigneten Marktstrategie anfangen, sollten Sie eine interne und externe Marktanalyse vornehmen. Eine externe Marktanalyse zeigt, wie die momentane Situation auf dem Markt ist. Auch gibt sie einen kleinen Einblick über die Teilmärkte. Dabei wird besonders auf die Verbrauchermerkmale, wie die soziodemographischen, die psychographischen und die geographischen Aspekte, eingegangen. Auch können Sie dank der Marktanalyse einen kleinen Einblick über die Entwicklung des Marktvolumens, des Marktpotenzials und der Marktanteile der Konkurrenz bekommen.

Nach dem kleinen Einblick in den Markt, sollten Sie eine umfassende Konkurrenzanalyse machen. Diese Analyse gibt Aufschluss über die Aufstellung und Positionierung der Wettbewerbsprodukte, wie hoch die Vertriebsstärke ist, etc.. Allerdings erfahren Sie durch die Konkurrenzanalyse keine genaueren Informationen. Sie werden lediglich nur allgemeine Informationen bekommen, wie die Geschäftsberichte, simple Produktbeschreibungen, Kataloge, Preislisten und weiteres Prospektmaterial.

Auch sollten Sie eine Stärken- und Schwächen-Analyse machen. Diese Analyse erfährt man durch die Beschreibung der Absatzstruktur, der allgemeinen Preissituation, der Bewertung der Umweltfaktoren, des Images des Absatzermittlers beim Verbraucher und dem Marketing-Mix. Die Einflüsse der Umweltfaktoren sind deshalb so wichtig, da sie wichtige Veränderungen und Entwicklungen frühestmöglich erkennen können. Doch was genau sind die Umweltfaktoren? Da sind einmal die ökonomisch-technischen Aspekte, diese geben die Möglichkeiten der technischen Produktauslegung, der Verkehrstechnik oder der Kommunikationstechnik wieder. Dann gibt es die ökologischen Aspekte, die zeigen, wie umweltfreundlich Ihr Unternehmen ist. Die sozialen oder die medialen Aspekte zeigen Veränderungen der soziodemographischen Strukturen auf und die rechtlichen und politischen Faktoren können Ihre Marketingstrategie direkt beeinflussen.

Aufgrund der Unternehmensziele lassen sich ganz leicht die Marketingziele ableiten. Aus diesem Grund sollten Sie auch eine interne Unternehmensanalyse durchführen. Ziele sollten Sie sich in jeden Fall setzen. Zielsetzungen sind extrem notwendig, um sich auf dem Markt positionieren zu können. Auch kann man sich dank der Zielsetzung perfekt auf dem Markt abgrenzen. Ihre Unternehmensziele präzisieren Sie, indem Sie sich Ihre Geschäftsidee ganz genau anschauen. Auch können Ihre Produkte, die Zielgruppe, Ihr Standort oder andere Dinge die Unternehmensziele festigen. Außerdem sollte jedes Ziel darauf abzielen, höchstmögliche Gewinne aus dem Verkauf von Produkten oder Dienstleistungen zu erwirtschaften. Diese Ziele sollten natürlich auf die Bedürfnisse der Kunden, der Gesellschaft und der Wirtschaftlichkeit abgestimmt sein.

Die Geschäftsidee ist ein wichtiger Baustein der Marketingstrategie. Allerdings dürfte Ihnen noch bekannt sein, dass die Geschäftsidee eine Abfolge einzelner Phasen ist. Die Geschäftsidee besteht aus einer Anfangsidee, die aufgenommen und mit der Zeit ausgearbeitet wird. Sie verformt sich im Laufe der Zeit und passt sich den Strukturen des wachsenden Unternehmens an. Auch spiegelt sich die Geschäftsidee in dem Produktlebenszyklus wider. Die heutige Zeit ist schnelllebig und kaum noch aufzuhalten. Aus diesem Grund ist auch die Lebensdauer der Produkte begrenzt. Wenn Sie die Nachfragezahlen verfolgen, können Sie die Produktion Ihrer Produkte ständig verbessern. Mit Hilfe einer Produktlebenszykluskurve können Sie den typischen Verlauf bei einer Produkteinführung darstellen.

Nähern wir uns den Marketingzielen, die sich aus den Unternehmenszielen ableiten lassen. Dank der Marketingziele sind Sie in der Lage sich Wettbewerbsvorteile zu verschaffen. In diesem Fall sollten Sie zwischen ökonomischen Zielgrößen und psychologischen Zielgrößen unterscheiden. Die ökonomischen Zielgrößen basieren auf der Umsatzgröße, den Gewinn, den Marktanteil, die

Liquidität und weitere Dinge. Die psychologischen Zielgrößen beschäftigen sich mit der Kundenzufriedenheit, dem Markenimage und der Bekanntheit.

Mit Hilfe der Marketingstrategie sollten Sie Ihre vorher festgelegten Unternehmens- und Marketingziele erreichen können. Diese Ziele sind allerdings die Basis der Marketingstrategie. Sie merken schon, dass alle Faktoren sich gegenseitig stützen, um ein erfolgreiches Unternehmen zu gründen. Sie fragen sich schon die ganze Zeit, was die eigentlich die Aufgabe einer Marketingstrategie ist? Im Normalfall legt es den Handlungsspielraum für das Unternehmen fest. Auch sollten Sie sich mit Hilfe einer Marketingstrategie besser auf einen Zielmarkt fokussieren können. Dank der Strategie werden zudem klare Prioritäten festgelegt, was die vorhandenen Mittel und deren Verteilung angeht. Zum Schluss wird eine abschließende Erfolgskontrolle durchgeführt. Durch einen einfachen Soll-Ist-Vergleich lassen sich so die ersten Ergebnisse feststellen.

Bisher haben Sie sich nur um die interne Unternehmensanalyse gekümmert. Nun sollten Sie sich direkt auf Ihren Markt beschränken. Dabei können Sie frei entscheiden, für welche Marktbearbeitungsstrategie Sie sich entscheiden. Wählen Sie die Herausforderungsstrategie, wollen Sie möglichst viele Marktanteile gewinnen. Dieses Ziel verfolgen Sie mit direktem Angriff auf den Marktführer. Bieten Sie in diesem Fall originellere Produkte, einen besseren Service oder sogar günstigere Preise an. Machen Sie der Konkurrenz deutlich, dass Sie genauso gut sein wollen, wie sie und ihre Produkte. Allerdings wollen Sie sich dabei immer ein Stück weit von Ihrer Konkurrenz differenzieren und abheben.

Wollen Sie die Marktmitläuferstrategie verfolgen, wollen Sie am Marktwachstum teilnehmen, ohne in den direkten Wettbewerb mit dem Marktführer zu treten. Bei der Marktführerstrategie wollen Sie die dominierende Marktführerposition halten. Allerdings sollten Sie einige Faktoren beachten, wenn Sie dieses Ziel erreichen wollen. Der Vergrößerung des Marktvolumens, der Verteidigung des erworbenen Marktanteils und der Vergrößerung des Marktanteils sollten Sie besondere Beachtung schenken.

Haben Sie die perfekte Strategie für Ihr Unternehmen erarbeitet, können Sie nun mit der Umsetzung beginnen. Der Marketing-Mix mit seinen vier Marketinginstrumenten setzt dabei Ihre zuvor ausgewählte Strategie in die Tat um. Schauen Sie sich daher mal folgende Faktoren etwas genauer an: Produktpolitik, Preispolitik, Distributionspolitik, Kommunikationspolitik. Diese vier Faktoren sind wichtige Instrumente, die aufeinander abgestimmt sein sollten.

Was genau ist die Produktpolitik? Die Produktpolitik bildet den wichtigsten Faktor zur Umsetzung der Marketingstrategie. Bei diesem Instrument kommt es auf die Produktgestaltung, die Sortimentsgestaltung und die Servicegestaltung an. Zuerst entscheiden Sie, welches Produkt genau Sie überhaupt anbieten wollen. Das müssen Sie übrigens nicht direkt bei der Existenzgründung wissen, denn dieser Vorgang wird erst im weiteren Unternehmenszyklus perfekt ausgearbeitet. Sie können selbst entscheiden, ob Sie ein komplett neues Produkt gestalten, ein schon vorhandenes Produkt nachmachen oder sogar ein Produkt in Zusammenarbeit mit einem anderen Unternehmen entwickeln.

Sollten Sie schon eine gewisse Zeit im Geschäft sein, kann eine Veränderung der Produkte nicht schaden. Variieren Sie und verbessern Sie Ihre Wettbewerbsposition. Das lockt nicht nur mehr Kunden an, sondern trägt auch zum Erfolg des Unternehmens bei. Achten Sie bei Ihrer Produktvielfalt darauf, dass sie funktional, ästhetisch und symbolisch ist. Außerdem sollte jeder Kauf eine Zusatzleistung beinhalten, wie zum Beispiel eine Garantie oder einen Kundendienst. Stellen Sie mit der Zeit fest, dass manche Produkte keine Gewinne mehr einbringen, sollten Sie nicht lange zögern und diese vom Markt entfernen. Bestimmen Sie nach qualitativen und quantitativen Kriterien, ob ein Produkt in Ihrem Sortiment bleiben kann. Wie sieht die Rentabilität aus? Bringt das Produkt genug Umsatz? Haben sich die Bedürfnisse der Kunden geändert?

Innerhalb der Kommunikationspolitik sollten Sie Ihre Werbeziele so präzise wie mögliche beschreiben. Schließlich wollen Sie durch die Werbemaßnahmen auch Erfolg verzeichnen können, oder nicht? Wie funktionieren nun die Werbemaßnahmen? In erster Linie sollten Sie bei den Kunden den Kontakt suchen und herstellen. Dann sollten Sie sicherstellen, dass Ihre Werbebotschaft von der Zielgruppe aufgenommen wird. Sie sollten Verständnis erreichen und Emotionen erzeugen. Die Werbemaßnahmen sollten im Gedächtnis des Kunden tief sitzen. So können Sie nämlich davon ausgehen, dass die Leute über Sie und Ihr Unternehmen sprechen und viel Aufmerksamkeit erzeugt wird. Allerdings sollten Sie aufpassen, dass Sie bei der Werbung nicht zu viele Informationen auf einmal vermitteln wollen. Das kann zu hoher Informationsbelastung führen. Wie die Werbung durch den Kunden aufgenommen wird, hängt allerdings vom Kunden selbst ab. Ist er zum Zeitpunkt sehr emotional oder informativ eingestellt? Auch hängt es davon ab, wie oft Sie die Werbung wiederholen lassen. Wird es dem Kunden irgendwann zu nervig, wird er Ihre Werbung vermutlich komplett ignorieren.

Ziel ist es, nach außen und nach innen, ein unverwechselbares Unternehmensbild zu erschaffen. Kunden sollten sofort erkennen können, wofür Ihr Unternehmen steht. Das interne Leitbild sollte dementsprechend motivieren. Mit Kommunikationsinstrumenten übermitteln Sie Ihre Werbung. Da gibt es einmal die Above-the-Line-Kommunikation und die Below-the-Line-Kommunikation. Die Massenkommunikation ist unter Above-the-Line-Kommunikation zu verstehen. Die Zielgruppe ist sehr distanziert und ziemlich breit gefächert.

Diese Werbung wird meistens über Funk und Fernsehen vertrieben. Printanzeigen, Außenwerbung, Schaufenster, Kinowerbung und Verpackungen gehören auch zu der Massenkommunikation. Bei der Below-the-Line-Kommunikation spricht man die Kunden eher direkt an. Das Event-Marketing, diverse Gespräche auf Messen oder anderen Veranstaltungen, das Direktmarketing und die Verkäufer-Käufer-Interaktion zählen zu dieser persönlichen Kommunikation. Sie können natürlich beide Varianten der Kommunikation anwenden, allerdings sollten Sie dabei stets auf Ihr Budget achten.

Auch die Preispolitik ist ein wichtiger Faktor. Dieser Bereich beschäftigt sich mit der Festlegung der Preise, der Preisdurchsetzung und mit den Liefer- und Zahlungsbedingungen. Wollen Sie Ihre Preise das erste Mal kalkulieren, können Sie sich am magischen Dreieck orientieren. Das magische Dreieck besteht aus der nachfrageorientierten, kostenorientierten und der konkurrenzorientierten Preisfestlegung. Bei der nachfrageorientierten Preisfestlegung richten Sie sich ganz nach dem Kunden. Analysieren Sie sein Preisverhalten, indem Sie einige notwendige Aspekte im Bezug auf die Kaufentscheidung berücksichtigen. Zugegebenermaßen können Sie sich auch nach der kostenorientierten Preisfestlegung richten. Bei diesem Prinzip müssen Sie die Preise auf Grundlage der anfallenden Kosten des Produktes festlegen. Sie errechnen also den Nettopreis aus, indem Sie die variablen Kosten, den Fixkostenanteil und einen passenden Gewinnaufschlag addieren. Im Anschluss rechnen Sie noch die Mehrwertsteuer hinzu, um den tatsächlichen Verkaufspreis zu bekommen.

Bei der konkurrenzorientierten Preisfestlegung richten Sie sich vollkommen nach den Preisen der Konkurrenz. Überprüfen Sie alle Preise der Konkurrenz aus der gleichen Branche und ermitteln Sie den Durchschnittspreis. Welche Preise Sie im Endeffekt nehmen, entscheiden allein Sie. Allerdings sollten Sie sich bewusst machen, dass die festgelegten Preise immer Einfluss auf Ihren unternehmerischen Erfolg haben. Es liegt an Ihnen, ob Sie Ihre Preise niedrig, mittel oder hoch einstufen. Je nach Preislage sind unterschiedliche Imageeffekte vorprogrammiert. Wollen Sie eher eine Niedrigpreislage schaffen, spricht das für eine recht gute Qualität, eine breite Verteilung von Waren und einen offensiven Marktauftritt. Wollen Sie sich lieber in der mittleren Preislage einordnen, gehen Ihre Kunden davon aus, dass Ihre Produkte eine überdurchschnittliche Qualität aufweisen und Sie eine breite Anerkennung am Markt besitzen.

Verfügen Sie über sehr hochwertige Produkte, sollten Sie sich in die Hochpreislage einordnen. Die Kunden erwarten eine Spitzenqualität, neueste Technik und ein anspruchsvolles Design. Außerdem setzen Sie eine gewisse Seriosität voraus.

Verkaufen Sie keine handelsüblichen Produkte oder Dienstleistungen, können Sie ruhig Ihre Preise differenzieren. Um höhere Gewinne einzufahren, sollten sie nämlich keine Einheitspreise festlegen. In diesem Fall können Sie Ihre

Preise ruhig nach Personen, Region, Zeitpunkt, Kaufmengen oder Leistungsunterschieden anpassen.

Haben wir den Begriff der Preispolitik nun geklärt, sollten Sie natürlich auch noch etwas über die Distributionspolitik erfahren. Dieses Verfahren legt fest, wie Ihre Produkte zum Endkunden gelangen. In diesem Fall müssen Sie den Absatzweg wählen, das Absatzorgan bestimmen und sich Gedanken über die Logistik machen. Ziel der Distributionspolitik ist, dass Sie Ihr Produkt oder Ihre Dienstleistung schnell zur Verfügung stellen können. Auch sollten Sie stets Einfluss auf die Vermarktung und Präsentation haben, um die Vertriebskosten zu senken. Hierzu müssen Sie eventuell Lager-, Transport- und Personalkosten minimieren.

Wie soll Ihr Produkt den Kunden erreichen? Hier können Sie zwischen dem direkten und dem indirekten Vertrieb wählen. Wollen Sie Ihre Produkte über einen Zwischenhändler vertreiben, dann ist das der indirekte Weg zum Kunden. Dieser Absatzweg eignet sich besonders für Groß- und Einzelhändler, die eine große Zielgruppe haben oder deren Zielgruppe sehr weitläufig ist. Über einen Onlinehandel, eine Niederlassung oder beim Direktverkauf, können die Produkte direkt an den Kunden gebracht werden. Der direkte Vertrieb eignet sich besonders dann, wenn Sie Ware anbieten, die schnell verderblich ist, Sie besonders erklärungsbedürftige Produkte haben, Sie nur einen kleinen Kundenkreis haben oder Sie Dienstleistungen anbieten.

Auch eignet sich der direkte Vertrieb, wenn Sie Gegenstände mit hohem Wert verkaufen oder Ihre Produkte sehr empfindlich sind, was den Transport betrifft. Der Vertrieb ist sehr wichtig, da erst durch ihn die Produkte zur Verfügung gestellt werden. Sind Ihre Produkte für Ihre Zielgruppe zugänglich, können Sie Einnahmen erzielen.

Mit einer Vertriebsstrategie können Sie Ihre Vertriebsziele erreichen. Dazu müssen Sie Ihre Zielkunden wählen und strukturieren, Ihre Kundenbeziehungen festlegen, Ihre Wettbewerbsvorteile ausarbeiten, die Vertriebswege und allgemein den Prozess bestimmen und Rahmenbedingungen für die Konditionen und die Preispolitik vorgeben. Wenn Sie die Vertriebsstrategie ausarbeiten, müssen Sie dieses auf Basis der Zielgruppen-, Markt- und Wettbewerbsanalyse tun. Eine Sache muss Ihnen dabei aber klar sein: Die Vertriebsstrategie muss relativ flexibel sein!

Haben Sie sich schon darüber Gedanken gemacht, wie Sie Ihre Produkte verkaufen wollen? Eine gute Möglichkeit ist die exklusive Variante. In diesem Fall besprechen Sie mit einem oder mehreren Einzelhändlern einige Dinge, sodass Sie der einzige Händler im Umkreis sind, welcher Ihre Produkte verkaufen darf. Bei der intensiven Variante verkaufen Sie Ihre Produkte an so viele Einzelhändler wie möglich. Die Händler haben so die Möglichkeit eine große Auswahl an verschiedenen Marken und Produkten anzubieten. Zu guter Letzt wäre die selektive Variante eine gute Möglichkeit, seine Produkte zu vertreiben. Bei dieser Variante wird nur eine bescheidene Menge Ihrer Produkte von ausgewählten Einzelhändlern verkauft. Allerdings verkaufen diese Einzelhändler auch konkurrierende Marken.

Wie Sie Ihre Produkte vertreiben legen Sie jedoch nicht nur auf Basis verschiedener Analysen fest, Sie sollten bei der Wahl Ihres Vertriebsweges auch auf Ihr Produkt selbst achten. Wollen Sie den direkten Kundenweg nutzen, können Sie kundenorientiert handeln und direkt Kundeninformationen sammeln. Zwischenhändler werden beim direkten Vertrieb ausgespart. Viel mehr treten Handelsvertreter und Vertriebsmitarbeiter mit Ihnen in Kontakt. Ist das der Fall, haben Sie immer einen Überblick über die Kosten der Preis- und Werbegestaltung.

Natürlich können Sie Ihre Produkte auch über einen Versandhandel vertreiben. Mit diesem Prinzip erreichen Sie geographisch verteilte Kunden. Diese Kunden können dann rund um die Uhr einkaufen. Allerdings sollten Sie sich für die Kunden des Versandhandels regelmäßige Aktionen einfallen lassen. Wie wäre es mit gezielten Rabatten? Oder vielleicht einem monatlichen Newsletter? Der Vorteil eines Versandhandels ist zudem, dass sich die allgemeinen Kosten, wie Ladenmiete, Personal und alle anderen Investitionen, reduzieren. Sollten Sie sich für einen Versandhandel entscheiden, können Sie mit nützlichen Statistiktools die Bewegungen Ihrer Kunden in Ihrem Onlinehandel verfolgen.

Danach können Sie Ihren Laden dementsprechend optimieren und perfekt auf Ihre Kunden abstimmen. Aber auch ein Onlinehandel birgt ein paar Schwierigkeiten. Sie müssen zum Beispiel immer davon ausgehen, dass der Kunde die Ware zurückschickt. Möglicherweise hat ihm die Ware nicht gefallen oder sie passt einfach nicht. Um ein paar Missverständnisse zu vermeiden, sollten Sie ihren Produkten deshalb stets hochwertige Bilder und ausführliche Beschreibungen zuordnen. Ein negativer Punkt ist zudem die Lieferzeit. Möchte der Kunde die Ware sofort haben, kann man diese Wünsche meist nicht erfüllen. Die Folge kann sein, dass der Kunde sich doch gegen die Ware entscheidet. Deswegen sollten Sie einen Sofortversand anbieten, damit der Kunde zügig seine Ware in den Händen hält.

Der jedoch am häufigsten gewählte Vertriebsweg ist der Direktvertrieb. Der Direktvertrieb erfolgt bei einem persönlichen Verkauf in einem Geschäft oder beim Erbringen einer Dienstleistung in einer Wohnung. Der Kunde kann also direkt mit dem Verkäufer oder Dienstleister kommunizieren und sich beraten lassen. Doch nicht immer muss jemand vor Ort sein, denn ein Direktvertrieb kann auch mit einem digitalen Kommunikationsinstrument stattfinden. Was hat das für Vorteile, wenn man keinen Zwischenhändler hat? Ohne Zwischenhändler ist es definitiv einfacher sich Stammkundschaft aufzubauen, da man im direkten

Kontakt mit den Kunden steht. Außerdem kann direkt auf die Bedürfnisse des Kunden eingegangen werden, indem Sie sie individuell beraten. Noch ein anderer Vorteil ist, dass Sie stets die Vertriebskontrolle bis zum Endverbraucher haben. So können Sie sicher sein, dass Ihre Ware unversehrt bei den Kunden ankommt. Wählen Sie diesen Vertriebsweg, werden Sie höchstwahrscheinlich nur Ihre eigenen Produkte anbieten. Der größte Nachteil des direkten Vertriebes sind die Kosten. Die Ausgaben fallen wesentlich höher aus, da mehr Gehälter an die Vertriebsmitarbeiter gezahlt werden müssen. Die Vertriebsmitarbeiter müssen zudem regelmäßig geschult werden, was die Kosten ebenso in die Höhe schnellen lässt.

Neben dem direkten Vertrieb durch persönlichen Kontakt mit dem Kunden, gibt es noch eine weitere Möglichkeit seine Ware an den Endverbraucher zu bringen: Der indirekte Vertrieb. Beim indirekten Vertrieb werden die Produkte über verschiedene Zwischenhändler verkauft. Geringe Vertriebskosten, geringe Kapitalkosten und die Nutzung von bestehenden Geschäftsbeziehungen sprechen für einen indirekten Vertrieb. Allerdings müssen Sie auch damit rechnen, dass Sie eine geringere Handelsspanne erhalten. Auch haben Sie fast gar keine Kontrolle über die Kundendienstleistung oder die Preis- und Werbegestaltung. Wenn Sie Ihren Vertrieb durch einen Zwischenhändler organisieren, müssen Sie außerdem damit rechnen, dass die Kundeninformationsbeschaffung erschwert wird.

Es kann nämlich immer mal wieder vorkommen, dass die Zwischenhändler die Informationen verlieren. Sie sind vermutlich nicht das einzige Unternehmen, welches mit dem Zwischenhändler kooperiert und deswegen wissen Sie auch nicht, wie die Einstellung zu Ihrem Unternehmen ist. Aus diesem Grund sollten Sie unbedingt einen Vertrag bezüglich der Treue und der Verschwiegenheitspflicht machen.

Einen Großhandel kann man zum Beispiel als Zwischenhändler bezeichnen. Er kauft also Ihre Produkte und vertreibt sie weiter. Es gibt ein paar Vorteile, die den Vertrieb über einen Großhandel begünstigen. Zum einen wird das Risiko aufgeteilt, sie tragen also nicht allein das Risiko. Außerdem reduzieren Sie Ihre Lagerkosten, weil ein Teil Ihrer Ware beim Großhandel liegt. Ihre Vertriebskosten werden zudem auch automatisch gesenkt. Falls Sie jedoch gerade Ihr Unternehmen gründen, sollten Sie bei den Verhandlungen mit deinem Großhandel etwas vorsichtig sein. Meist ist es nämlich so, dass der Großhändler eine stärkere Verhandlungsmacht besitzt, sodass Ihre Preise extrem nach unten getrieben werden. Akzeptieren Sie deren Bedingungen nicht, so laufen Sie Gefahr, dass der Großhändler Ihre Ware aus dem Verkauf nimmt.

Ein Fachhandel besitzt in der Regel einige Stammkunden, da diese Läden sich auf bestimmte Artikelgruppen spezialisieren. Sie verkaufen meist Produkte, die eine gute Qualität aufweisen und das kommt auch bei den Kunden sehr gut an. Auch der Service wird in einem Fachhandel groß geschrieben. Der einzige Nachteil eines Fachhandels ist, dass die Kosten für Sie als Unternehmen etwas höher ausfallen, da Ihre Vertriebsmitarbeiter in der Anfangszeit den Fachhändlern häufiger einen Besuch abstatten müssen.

Wenn Sie Personalkosten sparen wollen, sollten Sie mit einem Handelsvertreter in Kontakt treten. Dieser schließt nämlich Verträge in Ihrem Namen ab, dafür bekommt er natürlich eine Provision. Allerdings fallen bei Ihnen die ganzen Nebenkosten weg, wie zum Beispiel die Lohnnebenkosten, das Dienstauto, die Schulungen, denn der Handelsvertreter ist ein Gewerbetreibender, der diese Kosten selbst trägt.

Online Marketing

Online Marketing sollte man auf keinen Fall vergessen. Mittlerweile gewinnt das Online Marketing immer mehr an Bedeutung, denn auch die Kunden informieren sich immer mehr im Internet über diverse Angebote. Besonders Existenzgründer sollten sich rechtzeitig mit diesem wichtigen Bereich auseinandersetzen. Bevor Sie sich nun die perfekte Online Marketing Strategie erarbeiten, sollten Sie ein paar Information beschaffen. Informiert sich Ihre Zielgruppe überhaupt im Internet? Kaufen Ihre Kunden online? Es ist tatsächlich nicht selbstverständlich, dass jede Zielgruppe im Internet nach guten Angeboten Ausschau hält.

Wenn Ihre Zielgruppe dies jedoch tut, sollten Sie etwas genauer forschen. Wie geht Ihr Kunde bei der Informationsbeschaffung vor? Nutzt er eine Suchmaschine oder gibt er die Internetadresse stets direkt ein? Wenn Ihre Kunden tatsächlich online kaufen, ist es natürlich auch noch wichtig zu wissen, wo genau sie kaufen. Stöbern sie eher auf E-Commerce Plattformen oder sogar in einem Webshop? Diese Fragen sollten Sie alle beantworten können, damit Sie wissen, wo Sie Ihre Produkte listen lassen müssen.

Wenn Sie herausgefunden haben, ob Ihre Zielgruppe das Internet nutzt, können Sie mit dem Erarbeiten eines eigenen Konzepts loslegen. Orientieren Sie sich doch einfach an die 4P's. Das erste „P" ist das Produkt. Wollen Sie Ihre Online Marketing Strategie erarbeiten, müssen Sie sich erst im Klaren sein, welche Produkte Sie online anbieten wollen. Versuchen Sie die Produkte, die Sie online verkaufen wollen, mit neuen Funktionen auszustatten. Bieten Sie zum Beispiel verschiedene Farben an oder überlegen Sie sich eine neue Variante aus. Das zweite „P" ist der Preis. Online können Sie nicht unbedingt die Preise ansetzen, die Sie im Laden haben. Sie müssen sich dem Online-Umfeld anpassen, denn online gibt es wesentlich mehr Konkurrenz. Ihre Preise sollten Sie online ein wenig herabsetzen. Schließlich müssen Sie für Ihren Online-Auftritt nicht so viel Geld ausgeben, als für Ihre Ladenmiete. Die Kosten für den Versand übernimmt in den meisten Fällen der Anbieter. Die Preise unterscheiden sich online und offline sehr. Normalerweise ist es online sogar üblich, dass die Bezahlung meist erst nach der Lieferung stattfindet. Diesen Punkt sollten Sie unbedingt mit einplanen, wenn Sie Ihre Online Marketing Strategie ausarbeiten.

Das dritte „P" ist der Place. Wo genau Sie Ihre Produkte im Internet platzieren wollen, ist entscheidend für Ihr Online Marketing. Wollen Sie einen eigenen Webshop eröffnen oder Ihre Produkte lieber in einem anderen E-Commerce Shop unterbringen? Das vierte und letzte „P" ist die Promotion. Mittlerweile gibt es viele Unternehmen, die Ihre Produkte online anbieten. Es bedarf viel Ausdauer und Arbeit, um seine Produkte im Internet bekannt zu machen. Es gibt unterschiedliche Online Marketing Instrumente, die Sie einsetzen können, um im Internet gefunden zu werden. Haben Sie jedes einzelne „P" abgearbeitet, dürfen Sie nicht vergessen, sie aufeinander abzustimmen. Um eine erfolgreiche Strategie aufzubauen, sollten Sie in jedem Fall erst einmal mit einer eigenen Website starten.

Ihre Online Marketing Strategie sollten Sie auf verschiedenen Kanälen verbreiten. Unter anderem sollten Sie eine Strategie für Social Media erarbeiten, Sie sollten genügend Werbung über Facebook und YouTube schalten und Ihr E-Mail Marketing vorantreiben. Ihre Online Marketing Strategie sollten Sie auch in Ihrem Businessplan erwähnen. Schreiben Sie dort nieder, wieso das Online Marketing für Ihr Unternehmen so wichtig ist und zeigen Sie auf, welche Plattformen Sie nutzen möchten. Dabei sollten Sie auch auf die 4P's eingehen.

Besonders bei einer Existenzgründung sollten Sie viel Wert auf das Marketing legen. Schließlich müssen die Menschen erst einmal mitbekommen, was Sie Tolles zu bieten haben. Auch können durch das Marketing viele neue Kunden gewonnen werden. Allerdings ist das Geld in der Anfangsphase meist sehr knapp bemessen, sodass Sie selbst die Werbetrommel rühren müssen.

Offline

Nicht nur das Online Marketing spielt eine große Rolle bei einer Existenzgründung, auch sollte Ihr Unternehmen offline bekannt gemacht werden. Die bekannteste Art Werbung zu machen ist vermutlich die Mund-zu-Mund-Propaganda. Kann man jedoch noch keine laufende Kundschaft vorweisen, ist diese Art sehr schwer umzusetzen. Doch es gibt noch andere Wege, sein Unternehmen im Umkreis bekannt zu machen. Haben Sie vielleicht schon mal an passende Visitenkarten gedacht? Visitenkarten sind immer noch modern und sollten immer vorrätig sein.

Wenn jemand Interesse an Ihrem Unternehmen zeigt, dann können Sie ihm direkt eine Karte mitgeben. Besteht auch nach dem ersten Treffen noch Interesse, dann kann sich der potenzielle Kunde über die Angaben auf der Visitenkarte bei Ihnen melden. Natürlich können Sie ihm direkt noch mehr Karten geben, mit der Bitte, sie an andere Interessenten zu verteilen. Doch nicht nur Visitenkarten können an mehrere Interessenten verteilt werden, auch Flyer können in verschiedenen Läden ausgelegt werden.

Natürlich besteht auch noch die Möglichkeit in Printmedien Werbung von Ihrem Unternehmen zu machen. Meistens wird eine kleine Anzeige gedruckt, die kaum zu sehen ist. Will man seine Anzeige schon etwas auffälliger gestalten, sind diese jedoch kaum zu bezahlen. Doch es gibt noch eine andere Möglichkeit, in einer Fachzeitschrift oder einer Tageszeitung Werbung zu machen. Die meisten Verlage beschäftigen Freiberufler, die für ihre Zeitschriften redaktionelle Beiträge schreiben. Das ist die Chance für Selbstständige günstig an gute Werbung zu kommen. In diesem Fall müssen Sie als Existenzgründer dem Verlag einfach nur einen kostenlosen Text zur Verfügung stellen. Natürlich sollte Ihr Text zum Printmedium passen. Dann verlangen Sie eine namentliche Nennung des Autors, das Drucken Ihrer Kontaktdaten und die Erwähnung Ihrer Internetseite.

Werbung begegnet uns heutzutage überall. Mittlerweile ist es sogar möglich, Werbeaufdrucke an Schaufenstern, Werbetafeln oder sogar das eigene Auto zu befestigen. Ist das erledigt, braucht man sich erst einmal nicht mehr darüber den Kopf zerbrechen. Besonders das Auto ist eine gute Alternative, da man jeden Tag viel unterwegs ist und somit die Botschaft leicht verbreitet wird. Doch auch diese Art der Werbung ist nicht gerade günstig. Besonders bei der Existenzgründung kann das für einige Unternehmer am Anfang zu viel sein. Natürlich können Sie dabei spezielle Druckereien außen vor lassen und die Folie für die Autos selbst fertigen. Diese können ganz leicht im Handel erworben werden. Viele Händler bieten sogenannte Werbetechnik-Pakete an, die exakt mit dem richtigen Material und allem anderen ausgestattet sind.

Alle Selbstständige wollen eigentlich nur das eine: Den passenden Kunden. Deshalb ist es immer wichtig Kontakte zu knüpfen. Schließlich kennt immer jemand jemanden, der jemanden kennt. Sie kennen das vermutlich. Ein erfolgreiches Unternehmen lebt von Empfehlungen und Beziehungen. Natürlich müssen Sie im Gegenzug auch mal jemanden empfehlen, denn dieses Prinzip der Empfehlungen beruht auf Gegenseitigkeit. Wenn Sie zum Beispiel sich als Fotograf selbstständig machen wollen und dafür Models benötigen, die Sie ablichten können, dann bietet es sich natürlich auch direkt an eine Make-up-Artistin mit ins Boot zu holen.

In Sachen Marketing sind eigentlich keine Grenzen gesetzt. Viele Dinge können Sie in Sachen Werbung selbst machen. Dafür ist viel Geld nicht unbedingt nötig. Bringen Sie jedoch viel Kapital mit, dann können Sie Ihre Marketingstrategie weit auslegen. Werbung bestimmt heutzutage unser Leben. Oft lassen wir uns schon durch kleine Anzeigen, Werbebanner, Flyer oder andere Werbemittel beeinflussen und steuern. Ziel sollte sein, sich langsam aber stetig einen Namen aufzubauen und immer mehr zufriedene Kunden zu gewinnen. Haben Sie das erreicht, steht Ihrem Unternehmen nichts mehr im Wege.

CONTROLLING

Das Controlling ist auch ein wichtiges Thema, welches Sie als Existenzgründer auf keinen Fall aus den Augen verlieren dürfen. Controlling ist eine spezifische Form des Rechnungswesens. Das Wort Controlling kommt vom englischen Verb to control, was auf Deutsch so viel wie steuern oder auch kontrollieren heißt. In diesem Fall will man als Selbstständiger sein Unternehmen steuern und regeln.

Das interne Rechnungswesen trifft Entscheidungen über die Kosten und Ausgaben eines Unternehmens. Alle Ausgaben werden von den zuständigen Sachbearbeitern oder vielleicht von Ihnen selbst in eine Datenbank eingepflegt. Haben Sie alle Kosten aufgelistet, haben Sie die volle Kontrolle der Ausgaben.

Mit Hilfe der Daten können Sie zielgerichtete Entscheidungen treffen und zu dem Erfolg Ihres Unternehmens beitragen. In der Anfangszeit werden Sie vermutlich selbst das Controlling übernehmen. Bei größeren Unternehmen oder bei Unternehmen, die schon länger bestehen, wird diese Aufgabe von einem Controller übernommen. Bei größeren Unternehmen kann es auch vorkommen, dass eine ganze Abteilung für das Controlling zuständig ist. Zu den eigentlichen Aufgaben eines Controllers gehört die Planung des Budgets. Natürlich muss dies immer in Absprache mit der Geschäftsführung unternommen werden.

Auch hat ein Controller die Aufgabe die unternehmensspezifischen Ziele aufzustellen, indem er einen Plan erstellt, wie man genau diese Ziele nach einer bestimmten Zeit erreichen kann. Welche verschiedenen Maßnahmen muss man dafür ergreifen und wie viel Budget kann man für diese Umsetzung einplanen? Ein Controller erstellt diesen Plan für das ganze Unternehmen. Nach Erstellung des Plans überprüft er ständig die Entwicklung des Unternehmens. Auch die Wirtschaftlichkeit wird ständig überprüft und analysiert. Dabei überprüft er die bisher erreichten Werte, die sogenannten Ist-Werte und die noch zu erreichenden Werte, die Soll-Werte. Mit verschiedenen Methoden und Techniken wird dann versucht sich dem Soll-Zustand anzunähern. Mit dem Soll-Ist-Vergleich können sogar Abweichungen analysiert werden, wieso ein vorgenommenes Ziel nicht erreicht wurde.

Wie führt man das Controlling durch?

Besonders bei Existenzgründern fehlt meistens jemand, der das Controlling übernimmt. Sie wollen keine Zeit vergeuden, um zu planen und zu kontrollieren. Den meisten Gründern fehlt eine genaue Finanzplanung. Allerdings ist eine gute Planung der Schlüssel zum Erfolg eines Unternehmens. Niemals sollten Sie einfach so wirtschaften, ohne einen genauen Plan zu haben.

Der häufigste Grund, warum die meisten Gründer eine Finanzplanung links liegen lassen, ist der tägliche Druck. Die vielen Aufgaben, die sie zu bewältigen haben und die anstehenden Aufträge sind nicht jedermanns Sache, sodass der ganze Papierkram gerne mal liegen bleibt. Nehmen Sie sich die Zeit dafür und sorgen Sie für eine gut laufende Organisation in Ihrem Betrieb.

Haben Sie die Anfangsphase gut überstanden, sollten Sie sich jedoch nicht auf Ihren Erfolg ausruhen. Die meisten Unternehmer lassen nach einer erfolgreichen Phase nach und vernachlässigen den kritischen Blick auf Kosten und Einnahmen. Wieso einen kritischen Blick auf die Finanzen werden, wenn gerade alles so gut läuft? Doch meistens laufen genau dann die Kunden weg. Auch der Markt verschwindet aus dem Sichtfeld, sodass die Geschäftsführung keine Ahnung mehr hat, wo das Unternehmen gerade steht. Hoffentlich ist Ihnen klar, dass sich die Märkte, die Gewohnheiten der Kunden und die Arbeitsbedingungen sich stetig verändern, sodass Sie als Unternehmer entsprechen handeln müssen - auch wenn es gerade so gut laufen sollte.

Sie als Unternehmer haben vermutlich immer alle Ideen im Kopf, jedoch sollten Sie sich angewöhnen, Ihre Vorhaben auf Papier festzuhalten. Erst, wenn Sie schriftlich alles festgehalten haben, kann man sich ein genaueres Bild von allem machen. Nutzen Sie auch die komplexen Informationen aus der Buchhaltung! Viele Unternehmer lenken die Aufgaben eines Controllers auf ihre Mitarbeiter. Nervige Kostenrechnungen und rumfliegende Blätter sind schließlich nichts für einen Chef. Nicht? Doch! Sie sind derjenige, der die Entscheidungen trifft. Sie tragen die Verantwortung für Ihr eigenes Unternehmen. Dementsprechend sollten Sie sich auch für die nervigen Aufgaben genug Zeit nehmen. Nehmen Sie sich also auch genug Zeit für die Finanzen Ihres Unternehmens. Schließlich wollen Sie auch einen festen Boden unter den Füßen.

Wurde ein vernünftiger Finanzplan erstellt, bleibt oft der geplante Effekt aus. Besonders dann, wenn Ihnen nicht klar ist, an welchen Stellen noch Kosten entstehen können. In diesem Fall sollte jeder einzelne Punkt genau betrachtet werden. Wo fließt Ihr Geld hin? Woher bekommen Sie das Geld? Besser sollten Sie immer und zu jeder Zeit einen Überblick über Ihre Finanzen haben. So sind Sie vor bösen Überraschungen sicher. Dabei reicht es nicht aus, sich nur die Kosten und Einnahmen grob anzuschauen. Viele Unternehmer tun sich dabei schwer, die allgemeinen Kosten aufzuteilen. In den meisten Fällen sind sie zu ungenau oder zu kompliziert. Später stellt man vermutlich nur fest, dass der notwendige Aufwand in keinem Verhältnis zu dem Ergebnis steht. Deshalb sollten Sie Ihre Kosten so einfach wie möglich aufteilen und genau analysieren. Die Kosten, die nicht genau erfasst werden können, können normalerweise geschätzt werden.

Ein genaues Rechnungswesen spielt im Controlling eine sehr große Rolle, allerdings ist das noch lange kein Garant dafür, dass das Controlling auch funktioniert. Oft kommt es vor, dass Daten ermittelt werden, die für die unternehmerische Gestaltung nicht von Nöten sind. Auch kann es vorkommen, dass der Unternehmer Zahlen braucht, die vorher gar nicht ermittelt wurden. Sie sollten sich deshalb immer im Klaren sein, dass Sie das Sagen haben. Sie sind der Chef, der im Endeffekt alles absegnen muss.

Existenz sichern

UNTERNEHMENSSTEUERUNG

Wie führt man ein Unternehmen? Die Unternehmenssteuerung ist die wichtigste Aufgabe, damit das Unternehmen auf Dauer bestehen kann. Wichtig ist auch, dass man sich Ziele setzt, die man verfolgen kann. Wie soll sich das Unternehmen in Zukunft entwickeln? Welche Maßnahmen können Sie ergreifen, um die Ziele, die Sie sich gesetzt haben, erreichen zu können? Passen Sie sich nicht den Marktentwicklungen an. Gehen Sie nicht andauernd mit dem Trend und lassen alles auf sich zukommen. Arbeiten Sie aktiv an Ihren Risiken und Chancen, sodass Sie alle Ressourcen zu Gewinn umwandeln können.

Ab dem Gründungstag müssen Sie die betriebswirtschaftlichen Aufgaben sehr ernst nehmen. Dabei spielt es keine Rolle, ob Ihr Unternehmen schon sehr groß ist oder noch recht klein. Jeder Unternehmer muss für sich und sein Unternehmen Ziele setzen. Dann muss er natürlich die richtigen Maßnahmen ergreifen, um seine Ziele auch umsetzen zu können. Die Führungsaufgaben eines jeden Unternehmers bestehen also darin, Ziele zu erreichen, um das Unternehmen voranzubringen. Ziel ist, die Existenz des Unternehmens zu sichern. Dabei sollte der Unternehmer lieber kein volles Risiko eingehen. Denn das ist für alle Unternehmer strengstens untersagt. Wenn Sie Risiken erkennen sollten, verlangt der Gesetzgeber sogar, dass Sie alles Mögliche tun, um diese zu verhindern. Gegen politische oder finanzwirtschaftliche Risiken, sowie Risiken, die der Markt mit sich bringt, sollten sich alle Unternehmer absichern.

Auch Risiken, die durch eine technologische Entwicklung möglicherweise anstehen, sollten vermieden werden. Kann man ein perfekt funktionierendes Controlling vorweisen, kann die Geschäftsführung ein komplexes Risikomanagement erstellen. Somit ist eine Überwachung der Zahlungsfähigkeit garantiert und kann nachgewiesen werden.

Manche mögen der Überzeugung sein, dass eine umfassende Kontrolle für kleine Unternehmen uninteressant ist, jedoch gehört auch das zu Groß- und Kleinunternehmen. Oft sind die Gründer sich zu sicher und meinen, dass der Steuerberater schon alles für sie erledigen wird.

Das ist jedoch falsch. Verlassen Sie sich bei Ihrer Unternehmenssteuern nicht zu sehr auf die betriebswirtschaftliche Auswertung oder die Summen- und Saldenliste vom Steuerberater, denn diese Daten beziehen sich alle nur auf die Vergangenheit und nicht auf die Zukunft. Natürlich kann man anhand der vorliegenden Zahlen einige Vermutungen für die kommende Zeit anstellen, jedoch ist das keine Quelle, die zu hundert Prozent sicher ist. Die Unternehmenssteuerung bezieht sich auf die Zukunft. Die Ziele sollten feststehen, sodass Sie möglichen Komplikationen ausweichen können. Externe und interne Veränderungen sollten Sie bewerten und notfalls ändern können. Überwachen Sie die Lage Ihres Unternehmens. Lassen sich die kommenden Entwicklungen eigenhändig lösen? Dann nehmen Sie es in die Hand!

Wichtig für die Unternehmenssteuerung ist zudem die monatliche Buchführung. In der Buchführung werden alle unternehmensrelevanten Vorgänge erfasst. Dabei müssen Sie natürlich auch ein paar Punkte beachten. Ziel ist es, eine ordnungsgemäße Buchführung zu führen, damit alle termingerechten Zahlungen eingehalten werden können. Eine Finanzbuchhaltung läuft nicht nach betriebswirtschaftlichen Punkten, daher sind die Daten für die Geschäftsführung erstmal unbedeutend. Oft fehlen in den betriebswirtschaftlichen Auswertungen die entscheidenden Positionen, die für ein Unternehmen wichtig sind. Die Positionen mit Ergebnisauswirkung sind besonders wichtig. Die Bestandsveränderung gehört zum Beispiel auch dazu. Werden diese Posten nicht berücksichtigt, kann das eine erhebliche Fehleinschätzung der tatsächlichen Lage zur Folge haben. Sie wollen die richtigen Daten, zur richtigen Zeit und in der richtigen Form bekommen, um zukunftsweisende Entscheidungen treffen zu können. Was sind die wichtigsten Erfolgsfaktoren? Oder steht sogar eine gefährliche Krise bevor? Doch nicht alle Daten können von der betriebswirtschaftlichen Auswertung präsentiert werden. Prognosedaten oder Bereichsergebnisse liefert diese Auswertung nämlich nicht. Sie liefert nur verlässliche Basis-Daten zur Unternehmenssteuerung

Welche Controlling-Instrumente sind für Ihre Unternehmenssteuerung überhaupt wichtig? Zuerst sollten Sie natürlich Ihre aktuelle Lage kennen. Die IST-Situation sagt schon einmal sehr viel über Ihr Unternehmen aus. Halten Sie die Ergebnisse der letzten Monate nebeneinander und analysieren Sie die Entwicklung. Im nächsten Schritt sollten Sie langsam auf die Zukunft zugehen. Richten Sie sich dabei an die Werte aus der Vergangenheit und Ihren aktuellen Erkenntnissen. Legen Sie aufgrund der erwartenden Veränderungen Ihre Gewinn- und Liquiditätsziele fest. Danach planen Sie einige Maßnahmen, die notwendig sind, um Ihre Einnahmen und Ausgaben im Detail zu erläutern.

Dann schauen Sie sich Ihre Zahlungsfähigkeit an und legen einen umfassenden Plan an. Durch Kontrolle der Ausgaben und Einzahlungen haben Sie immer einen Überblick über Ihre derzeitige Situation. Die ständig aktualisierte Liquiditätsvorschau zeigt Ihnen rechtzeitig an, wann Sie handeln müssen, um immer zahlungsfähig zu bleiben.

Auch eine Abweichungsanalyse zeigt Ihnen regelmäßig auf, wie sich Ihr Unternehmen entwickelt hat. Seien Sie stets auf dem Laufenden, damit Sie rechtzeitig und vorausschauend handeln können.

Welche Reports benötigen Sie, um Ihr Unternehmen vernünftig zu steuern? Im vorigen Absatz haben Sie etwas über die Controlling-Instrumente erfahren. Sie bekommen allerdings auch nur die Informationen, die angelegt wurden. Dementsprechend müssen Sie schon frühzeitig wissen, welche Daten Sie bekommen wollen und müssen. Bei den regelmäßigen Reports geht es eher um die Jahresplanung von Rentabilität und Liquidität. Holen Sie sich eine regelmäßige Ist-Entwicklung des aktuellen Jahres und schauen Sie sich die Abweichungen zwischen der Ist-Entwicklung und dem Plan des laufenden Jahres an. Auch sollte natürlich eine umfassende Rentabilitätsvorschau erstellt werden sowie eine Liquiditätsvorschau.

Damit Controlling-Reports brauchbar sind, müssen Sie regelmäßig mit ihnen arbeiten. Ungefähr jeden Monat sollten Sie einmal die Zeit aufbringen, um diese wichtige Aufgabe zu managen. Auf jeden Fall sollten Sie dabei auf die Kennzahlen eingehen. Die Unternehmenskennzahlen geben wichtige Informationen über den aktuellen Zustand des Unternehmens. Mit Hilfe dieser Zahlen können Sie rechtzeitig notwendige Schritte einleiten, die das Unternehmen wieder auf den richtigen Weg bringen. Wurde ein Ziel nicht in der geplanten Zeit eingehalten, hat sich eventuell die Herstellung einiger Produkte verzögert oder sind andere unvorhersehbare Dinge passiert, dann können Sie rechtzeitig handeln. Verschiedene Kennzahlen sollten Sie dabei kombinieren oder ergänzen. Die Kennzahlen zur Entwicklung oder die Zahlen zur Liquidität, sind zum Beispiel voneinander abhängig. Nur durch die Ergänzung verschiedener Kennzahlen lässt sich eine drohende Zahlungsunfähigkeit feststellen.

Schauen wir uns ein paar Beispiele zu diesem Thema an. Stellt man eine Umsatzsteigerung fest, ist das zunächst erst einmal sehr positiv. Allerdings kann man das Umsatzplus auch anders verstehen. Wurden die überschüssigen Umsätze schon verbucht, heißt das nicht, dass sie für den aktuellen Zeitraum gedacht sind. Sie können auch schon für die kommenden Monate gedacht sein. Sollte das der Fall sein, kann es sein, dass diese Umsätze später fehlen werden.

Sollten negative Abweichungen vom Plan auftreten, ist das eigentlich eine positive Sache. Es sei denn hinter diesen negativen Abweichungen stecken Probleme mit dem Personal. Haben etwa gute Mitarbeiter gekündigt? Haben Sie eventuell sogar Probleme, das richtige Personal zu finden? Falls das eintreten sollte, ist dies natürlich keine positive Entwicklung. Auch ist es keine positive Entwicklung, wenn Ihre Reisekosten niedriger sind.

Das kann passieren, wenn Sie Ihre Vertriebsarbeit vernachlässigt haben. Haben Sie Ihre Vertriebsarbeit vernachlässigt, dann wird sich das auch bald negativ auf die Auftragslage auswirken. Haben sich die Kosten vermehrt, dann ist das eigentlich negativ. Allerdings kann es auch bedeuten, dass Sie Ihre Werbekosten gesteigert haben. Eine werbliche Aktion kann sehr spontan stattfinden, daher können auch die Kosten nicht vorher geplant werden. Jedoch ist es sehr wahrscheinlich, dass Sie durch diese Werbeaktion potentielle Neukunden gewinnen.

Sollten Sie feststellen, dass eine Liquiditätsenge zu erwarten ist, dann können Sie einige Maßnahmen ergreifen. Zum Beispiel können Sie die Einzahlungen aus Umsätzen steigern, einige Privateinlagen durchführen, eventuell ein Darlehen aufnehmen, Material auf Rechnung kaufen, auf Privatentnahmen verzichten oder eine geplante Investition auf einen anderen Zeitpunkt verlegen. Natürlich gibt es noch mehrere Maßnahmen, die man ergreifen kann, um eine Liquiditätsenge zu überbrücken. Dabei muss Ihnen klar sein, dass diese Maßnahmen eine gewisse Vorlaufzeit benötigen. Man kann nicht erwarten, dass man alles innerhalb eines Monats umsetzen kann. Aus diesem Grund, müssen Sie Ihre Berichte regelmäßig aktualisieren. Sind erste negative Aspekte zu verzeichnen, ist es leider meist schon zu spät mit der Umsetzung.

Führen Sie Ihr Unternehmen und lassen Sie es nicht von jemand anderem kontrollieren. Die Reports können Sie ruhig von Ihren Mitarbeitern erstellen lassen, allerdings sollten Sie die Analyse stets selbst durchführen. Machen Sie sich dabei ruhig Notizen, denn niemand kann sich alles merken. Das verleitet nur dazu, das Unternehmen aus dem Bauch heraus zu steuern. Sie sind der Chef. Sie tragen die Verantwortung für Ihr Unternehmen. Vernachlässigen Sie deshalb nicht das Controlling, die Steuern oder die Privatentnahmen. Um erhebliche Verluste zu vermeiden, empfehlen wir Ihnen direkt etwas zu unternehmen, damit Ihr Unternehmen auch auf lange Sicht noch bestehen bleibt.

Mit der Unternehmensplanung muss sich jeder Existenzgründer beschäftigen. Zum einen müssen Sie sich Gedanken über die Ausrichtung eines Unternehmens machen und Ihr unternehmerisches Selbstverständnis einbeziehen. Wo sehen Sie sich und Ihr Unternehmen in ein paar Jahren? Möchten Sie, dass Ihr Unternehmen relativ klein bleibt oder möchten Sie, dass Ihr Unternehmen stetig wächst? Wollen Sie Ihr Unternehmen lieber alleine führen oder möchten Sie einen Partner an Ihrer Seite haben? Oder wollen Sie mit einem anderen Unternehmen kooperieren? Das sind nur einige der vielen Fragen, die Sie beantworten sollten, um Ihr Unternehmen so zu gestalten, wie Sie es wünschen. Dabei sollten Sie natürlich nicht außer Acht lassen, welche Mittel Ihnen zur Verfügung stehen.

Eine weitere Säule der Unternehmensplanung bezieht sich darauf, wie Sie auf erkennbare oder direkte Herausforderungen eingehen. Verringern sich Ihre Umsätze, verändert sich der Markt oder sinkt Ihre Kundenzahl? Dann sollten Sie auf keinen Fall in Panik geraten! Überlegen Sie genau, was Ihr nächster Schritt sein soll, um einen Bankrott zu vermeiden. Prüfen Sie die Umsetzung der Maßnahmen deshalb sehr genau! Auch sollten Sie dabei auf die Stärken und Schwächen Ihres Unternehmens eingehen. Was haben Sie und Ihre Mitarbeiter zu bieten? Welche Fachkräfte fehlen Ihrem Unternehmen? Wie ist Ihr Unternehmen ausgestattet? Verfügt es über die neueste Technologie oder gibt es irgendwelche Defizite? Denken Sie, dass Ihr Standort genau richtig für Ihre Branche ist? Welche positive Kritik haben Sie schon von Ihren Kunden erhalten? Oder haben sich Ihre Kunden schon über ein paar Dinge beschwert? Ihre Stärken und Schwächen sollten Sie gegenüberstellen und überlegen, wie Sie Ihre Stärken noch weiter ausbauen und Ihre Schwächen reduzieren können. Vielleicht fällt Ihnen ja sogar etwas ein, wie Sie Ihre Stärken in Ihre Maßnahmen mit einbeziehen können.

Die Zielsetzung ist bei Ihrer Unternehmensplanung extrem wichtig. Dabei sollten Ihre Ziele möglichst genau und natürlich auch realistisch sein. Leiten Sie Ihre Ziele doch einfach aus Ihrem Ergebnis der Bestandsaufnahme ab. Wenn Ihr Unternehmen geringe Umsätze aufweist, setzen Sie sich doch einfach das Ziel, Ihren Umsatz um 10 Prozent zu steigern. Hat Ihr Unternehmen ein paar Kunden verloren, dann versuchen Sie im nächsten Jahr mindestens 150 neue Kunden zu akquirieren. Wollen Sie Ihr Unternehmen allgemein etwas vergrößern, dann sollten Sie Ihr Auftragsvolumen in den nächsten Jahren steigern. Setzen Sie sich realistische Ziele! Danach können Sie schauen, ob Ihre Maßnahmen etwas gebracht haben.

Was können Sie tun, um Ihre Ziele zu erreichen? Überlegen Sie sich eine Art Strategie und behalten Sie immer im Auge, worin Ihre Marktchancen bestehen. Welche Stärken können Sie ausnutzen, um Ihre Ziele umzusetzen? Wie viel Aufwand müssten Sie aufwenden, um Ihre Vorhaben zu vollenden? Welche Maßnahmen könnte man also ergreifen, wenn man mehr Umsatz erzielen will? Sie könnten beispielsweise mehr Werbung schalten, damit Sie neue Kunden gewinnen. Auch eine Anzeigenschaltung in einer lokalen Zeitung wäre in diesem Fall sinnvoll. Wollen Sie mehr Menschen erreichen, sollten Sie zudem Ihre Social Media Aktivität weiter ausbauen. Was würden Sie tun, wenn Sie Ihr Auftragsvolumen in den nächsten Jahren steigern wollen? Denken Sie doch mal an neue Vertriebskooperationen! Suchen Sie Kontakt mit anderen Partner-Unternehmen und versuchen Sie mit ihnen zu verhandeln. Seien Sie bei der Umsetzung Ihrer Ziele ein wenig kreativ.

Nachdem Sie einige Maßnahmen durchgeführt haben, ist es an der Zeit, Ihre Ergebnisse zu kontrollieren. Haben Sie Ihre Ziele erreicht, die Sie erreichen wollten? Falls Sie Ihre Ziele nicht erreicht haben, sollten Sie dringend untersuchen, was Ihnen bei der Umsetzung gefehlt hat. Was war der entscheidende Fehler? Besonders wichtig ist, dass Sie Ihre Maßnahmen und deren Ergebnisse auf

Papier festhalten. Nur so können Sie Ihre Planabweichungen bzw. die Veränderungen ermitteln.

Existenzgründer haben normalerweise noch keine Erfahrung mit einer umfangreichen Unternehmensplanung gemacht. Die meisten Unternehmer haben jedoch große Probleme, eine geeignete Strategie bzw. einen Plan zu erstellen. Sollten Sie zum ersten Mal ein Unternehmen gründen und demnach noch nicht viel Erfahrung gesammelt haben, sollten Sie sich einen Experten suchen, der Ihnen alles erklärt und offen für sämtliche Fragen ist. In manchen Bundesländern werden diese Berater durch einen Zuschuss gefördert.

KRISENMANAGEMENT

Kommen wir nun zu dem Krisenmanagement eines Unternehmens. Der Begriff Krisenmanagement entstand im Zusammenhand mit der Kuba-Krise im Jahr 1962. Am Anfang war die Verwendung des Begriffes eher zurückhaltend. Auch in der Betriebswirtschaftslehre wurden dem Begriff anfangs verschiedene Inhalte zugeordnet. Normalerweise bedeutet der Begriff eine besondere Führung im Umgang mit verschiedenen Prozessen, die das Unternehmen gefährden können. Sollten einige Krisenerscheinungen auftauchen, erklärt sich das Krisenmanagement von selbst. Die akuten Krisen sollten mit diesem System bewältigt werden. Immer mehr wird das Krisenmanagement auf eine neue Probe gestellt. Die Internationalisierung verlangt den einzelnen Unternehmen nämlich so einiges ab und stellt sie andauernd vor neue Herausforderungen.

Das Krisenmanagement an sich erfolgt in verschiedenen Phasen. Den Phasen werden verschiedene Aufgaben zugeteilt. Das Krisenmanagement setzt nicht ein, wenn das Problem entsteht, sondern erst dann, wenn es auch als solches wahrgenommen wird. Sollte ein Problem nicht rechtzeitig wahrgenommen werden, wird es schwer, wirksam mit Hilfe des Krisenmanagements vorzugehen. Die Zeit läuft ab, um sinnvolle Alternativen zu aktivieren. Daher umfasst das Krisenmanagement eine Krisenvorsorge sowie eine Früherkennung zur Krisenvermeidung. Sollte sich also eine gefährdende Entwicklung bemerkbar machen, kann der Unternehmer mit einem gut durchdachten Krisenmanagement alles Mögliche tun, um sein Unternehmen fortzuführen.

Wie kann eine Unternehmenskrise umgangen werden? Auch hier müssen Sie Ihre Ziele planen, wie Sie Ihr Unternehmen wieder aus der Krise befreien wollen. Alle Zielerreichungsplanungen bilden das Krisenprogramm. Die meisten festgelegten Planungen von Krisenprogrammen erfolgen in Form von Projekten. Kontrolle gehört zu einem Krisenmanagement immer dazu. In Form von Hochrechnungen wird ständig verfolgt, wie die Situation aussieht. Das Krisenmanagement umfasst alle Personen, die in Führungspositionen sind. Sie tragen

Verantwortung bei der Identifikation, der Realisation, der Planung und der Kontrolle von Strategien, Zielen und Maßnahmen.

So versuchen Sie aktiv eine Krisenvorsorge, -vermeidung und -bewältigung zu erstellen. Sollte eine Krise anfallen, gehen Sie als Gruppe gemeinsam gegen diese vor. Die Unternehmensführung, die Aufsichtsgremien, eventuelle Berater oder Sachwalter sind als Institution für das Krisenmanagement verantwortlich. Eigentlich ist die Führung des Unternehmens für die Bewältigung der Krise zuständig, allerdings wird häufig auf externe Berater zurückgegriffen. Sind Unternehmenskrisen schon so weit fortgeschritten, dass ein Insolvenzverwalter hinzugezogen werden muss, wird die Institution um den Insolvenzverwalter erweitert.

Betrachtet man das Krisenmanagement als System, kann man es in verschiedene Bereiche aufteilen. Die Krisenvorsorge, die Krisenvermeidung und die Krisenbewältigung. Insgesamt gibt es vier Krisenphasen, die potenzielle Unternehmungskrise, die latente Unternehmungskrise, die beherrschbare Unternehmungskrise und die nicht beherrschbare Unternehmungskrise. Die Krisenvorsorge bezieht sich auf die zukünftig eintreffenden Perioden, in denen eine potenzielle Unternehmungskrise auftreten kann. Man macht sich also schon vorher Gedanken über mögliche Unternehmungskrisen. Mit verschiedenen Prognosen und sämtlichen Alternativplänen kann festgestellt werden, ob eine solche Krise möglich ist. Die Krisenvorsorge nennt man auch antizipatives Krisenmanagement.

Die Krisenvermeidung bezieht sich auf latente Unternehmungskrisen. Mit Hilfe von Früherkennungssystemen wird versucht die Entwicklung zur akuten Krisenphase zu verhindern. Dieses Vorgehen nennt man das präventive Krisenmanagement. Das reaktive Krisenmanagement befasst sich mit akuten Krisen. Diese Form beschäftigt sich also mit der Krisenbewältigung. Krisen, die beherrschbar sind, können durch das repulsive Krisenmanagement überstanden werden. Eine erfolgreiche Zurückschlagung ist also Grundvoraussetzung für ein solches Krisenmanagement.

Die Planung, die Realisation und die Kontrolle sind die wesentlichen Aufgaben dieses Managements. Es werden dementsprechend Sanierungsmaßnahmen und Sanierungsstrategien durchgeführt, um die zentralen Aufgaben zu realisieren. Die unternehmungshaltende Krisenbewältigung wird sogar durch die Bestimmungen der Insolvenzordnung gefördert, sodass die Sanierung eines Unternehmens erleichtert wird. Das unbeherrschbare Krisenmanagement, auch genannt als liquidatives Krisenmanagement, bezieht sich auf Unternehmungskrisen, die keine Überlebenschancen mehr bieten. Dementsprechend wird erwartet, dass ein geordneter Rückzug geplant wird. Eine planvolle Liquidation muss durchgeführt werden, um alle, die am Unternehmen beteiligt sind, zu schützen.

Größere Verlust sollen so vermieden werden. Dieses Krisenmanagement wird oft im Zusammenhang mit einem Insolvenzverfahren durchgeführt.

Wie verhalten Sie sich in einer Krisenphase? Natürlich muss ein umfassendes Krisenmanagement auch die emotionale Seite der Führungskräfte und der Mitarbeiter beachten. Die interne und externe Kommunikation ist daher sehr wichtig, um auch in einer echten Krisenzeit ideal handeln zu können. Die Führung hat beim Krisenmanagement eine sehr hohe Priorität. Sie müssen in schweren Zeiten das Unternehmen leiten und Komplikationen vermeiden und bewältigen können. Wichtig ist, dass das Unternehmen nicht gefährdet wird. Vor allem sollte die Krisenvermeidung sehr ernst genommen werden. Mit Hilfe von Prognose- und Früherkennungsprognosen wird also versucht, die Krisen frühzeitig zu erkennen und zu bekämpfen.

Die Krisenbewältigung sollte alle Reaktionen des Managements betreffen. Planung, Steuern und Kontrolle, das sind die drei Maßnahmen, die man treffen sollte, um einer Krise vorzubeugen. Die Planung ist dabei die zentrale Aufgabe, mit der Steuerung erfolgt die Realisation und die Kontrolle ist die notwendige Ergänzung des Krisenmanagements. Das Krisenmanagement ist eine sehr komplexe Angelegenheit, mit der sich aber jeder Existenzgründer unbedingt beschäftigen sollte.

ERFOLGSFAKTOREN

Ein Unternehmen zu gründen ist nicht gerade einfach. Neben einer guten Geschäftsidee, benötigt man auch ein paar kreative Ideen bei der Umsetzung. Außerdem muss der Existenzgründer natürlich auch viel Durchhaltevermögen beweisen und eine gute Strategie ausarbeiten. Liegt die Gründungsphase erst einmal hinter einem, wirft man vorsichtig einen Blick in die Zukunft. Wie soll Ihr Unternehmen in 10 Jahren aussehen? Werden Sie stetig kleine Veränderungen vornehmen oder an Ihrem Prinzip für immer festhalten? Wird Ihr Unternehmen überhaupt auf lange Sicht den schnelllebigen Markt überstehen? Wie können Sie sich sicher sein, dass eine erfolgreiche Zukunft auf Sie und Ihr Unternehmen wartet? Gibt es eine Formel, mit der man sein Unternehmen erfolgreich führen kann? Was können wir tun, damit man sich um die Zukunft keine Sorgen machen muss?

Tatsächlich gibt es ein paar wichtige Faktoren, die man beachten kann, um ein erfolgreiches Unternehmen aufzubauen. Anhand dieser Faktoren sollten Sie erst einmal überprüfen, ob Ihr Unternehmen über die nötigen Eigenschaften verfügt. Außerdem können Sie anhand der einzelnen Faktoren erkennen, ob Ihre Gründungsidee überhaupt Chancen auf eine erfolgreiche Zukunft hat. Im Folgenden wollen wir Ihnen eine Checkliste präsentieren, die Ihnen helfen soll, auf

Dauer erfolgreich zu sein. Treffen alle Punkte auf der Checkliste auf Sie und Ihr Unternehmen zu, dann können Sie sich glücklich schätzen, denn dann bringen Sie optimale Bedingungen mit, um Ihr Unternehmen erfolgreich zu machen.

Wollen Sie ein erfolgreicher Existenzgründer sein, dann ist eine gute Idee natürlich Grundvoraussetzung. Doch auch kommt es auf Ihre Fähigkeiten an, die diese Idee in die Realität umsetzen. Ein Existenzgründer sollte dementsprechend immer einsatzbereit sein und auch dann noch arbeiten können, wenn andere schon Feierabend machen und zu ihrer Familie fahren. Natürlich heißt das auch, dass Sie vorübergehend auf Ihren Urlaub, sowie auf Ihre Freizeit verzichten müssen, um rund um die Uhr für Ihr neu gegründetes Unternehmen da sein zu können.

Das kann natürlich manchmal auch sehr anstrengend werden. Außerdem sollten Sie als Existenzgründer einen ausgesprochen starken Ehrgeiz und ein gutes Selbstbewusstsein mitbringen. Das kann in brenzligen Situationen sehr hilfreich sein. Auch sollten Sie natürlich von Ihrer Idee überzeugt sein und andere auch davon begeistern können. Diese Überzeugungskraft benötigen Sie zum Beispiel bei der Bank, wenn Sie sich einen Kredit für die Gründung aufnehmen müssen. Sie sollten sich im Klaren sein, dass eine Existenzgründung nicht immer einfach ist und es eine starke Belastbarkeit voraussetzt. Falls Ihnen der Stress jedoch mal zu viel wird, sollten Sie sich spezielle Hilfe für Existenzgründer holen. So können Sie sicherstellen, dass Ihr Geschäftserfolg nicht geschädigt wird.

Auch Ihre persönlichen Stärken und Schwächen sollte Sie immer im Blick behalten, denn diese können Ihnen helfen ein erfolgreiches Unternehmen zu führen. Versuchen Sie herauszufinden, wie Sie Ihre Stärken am besten einsetzen können. Wie können Sie verhindern, dass Ihr Schwächen zu sehr in den Vordergrund rücken? Seien Sie geschickt und machen Sie am besten eine übersichtliche Darstellung Ihrer Stärken und Schwächen.

Außerdem spielt auch Ihr Umfeld eine sehr wichtige Rolle. Denn Ihr Umfeld gibt Ihnen die nötige Unterstützung, die Sie eventuell in manchen Situationen brauchen. Ihr Umfeld trägt also aktiv zum Erfolg bei. Besonders die Familie steht hier im Fokus, sie sollte natürlich von Anfang an mit einbezogen werden. Intensive Gespräche über Ihren Verzicht auf Urlaub und Freizeit sollten natürlich auch geführt werden, dann ist Ihnen der Rückhalt garantiert.

Neben den persönlichen Eigenschaften, die Sie als Existenzgründer mitbringen sollten, trägt natürlich auch die Geschäftsidee zum Erfolg eines Unternehmens bei. Bei Ihrer Ideenfindung sollten Sie natürlich auf die Markt- und Konkurrenzsituation achten. Damit Sie die derzeitige Marktlage verstehen, empfehlen wir Ihnen, sich über den Markt ausreichend zu informieren. Wie funktioniert der Markt überhaupt? Wenn Sie diese Frage beantworten können, sind Sie bestens vorbereitet. Wenn Sie Ihre Idee entwickeln, sollten Sie zudem auf die

Wünsche des Kunden eingehen und sich an ihnen orientieren. Was haben Ihre Kunden für Vorstellungen? Was wünschen sich Ihre Kunden? Damit Ihre Idee auch von jemandem wahrgenommen wird, sollten Sie mögliche Kunden ausfindig machen und ihre Neugierde wecken.

Wenn Sie sich für eine Neugründung entscheiden, müssen Sie Ihren potenziellen Kunden außergewöhnliche Produkte und besondere Dienstleistungen versprechen. Natürlich können Sie auch eine noch unentdeckte Marktnische abdecken. Wie erfahren Sie, dass es ein bestimmtes Produkt noch nicht gibt? Um Ihre Konkurrenz zu kontrollieren, müssen Sie gründlich recherchieren. Auch können Sie zu Branchenbüchern greifen und sich dort einen Überblick verschaffen. Reicht Ihnen das immer noch nicht, können Sie eine Sichtung des Gewerberegisters beantragen oder beim Patentamt nachfragen.

Es ist allerdings nicht zwingend notwendig eine Marktnische abzudecken. Sie können natürlich auch ein Unternehmen gründen und Produkte anbieten, die es in Ihrem geografischen Umkreis noch nicht gibt. Das gleiche gilt natürlich auch für noch nicht angebotene Dienstleistungen in Ihrem Umfeld. Sollten trotzdem schon ähnliche Unternehmen in Ihrer Umgebung sein, können Sie natürlich immer noch durch einen besonders freundlichen Kundenumgang, einer guten Beratung, einem guten Service, durch günstige Preise, durch hohe Qualität und durch ein attraktives Design auffallen. Oder Sie wandeln schon vorhandene Produkte ein wenig ab und variieren Sie je nach Geschmack und Bedürfnisse des Kunden.

Neben einem begrenzten Kapital, haben viele Existenzgründer auch Probleme mit der Zeit. Plötzlich werden spontan große Investitionen getätigt, von denen sich erhofft wird, dass sie die Probleme innerhalb des Unternehmens lösen. Jedoch sind kurzfristige Investitionen nicht wirklich fördernd für den weiteren Geschäftsverlauf. Wenn Ihnen in den Sinn kommen sollte, Sie wollen ein paar Investitionsgüter anschaffen, dann überlegen Sie es sich gut und planen Sie diesen Schritt genau ein. Überprüfen Sie Ihre Finanzen! Nichts ist schlimmer, als hohe Ausgaben zu haben, die vorher nicht eingeplant waren.

Auch reicht die Zeit oft nicht aus, um sich gute Angebote einzuholen. Das Leben eines Existenzgründers ist anstrengend, da kann schon mal die Zeit knapp werden, um Angebote zu vergleichen. Haben Sie keine Zeit sich andere Angebote einzuholen, laufen Sie Gefahr, zu hohe Ausgaben zu tätigen. Hätten Sie ein paar Vergleiche gehabt, hätte man das natürlich verhindern können. Sollten sie also planen, große Investitionen zu tätigen, sollten Sie sich ausreichend Zeit nehmen, um das beste Angebot zu finden. Falls Sie wirklich keine Zeit dafür haben, sollten Sie sich wenigstens einen Berater suchen, der die Aufgabe für Sie übernimmt. Auch im Internet finden Sie zur Not genügend Preisvergleiche, die Ihnen helfen können.

Um seine Existenz zu sichern, benötigen Sie dringend einen Businessplan. Besonders wichtig ist, dass Sie Ihr Unternehmen die ersten zwei Jahre komplett durchplanen. Natürlich ist es klar, dass Sie viele Daten noch gar nicht kennen können, doch Umfragen haben ergeben, dass es sich auf jeden Fall lohnt, einen Businessplan zu erstellen. Mit dem Plan können Sie Ihre Geschäftsidee ausarbeiten und präzisieren. Wenn Sie Ihren Plan fertiggestellt haben, können Sie ihn Ihren potenziellen Partnern, Banken oder auch Investoren vorlegen.

Natürlich ändern sich mit der Zeit auch Ihre Vorstellungen, dementsprechend können Sie Ihren Plan jederzeit nach Ihren Wünschen anpassen. Sie können schließlich nicht in die Zukunft schauen und wissen, wie sich Ihr Unternehmen in den nächsten Jahren entwickeln wird. Tatsächlich ist es bei einigen Existenzgründern vorgekommen, dass sich ihr Plan sogar komplett geändert hat. Der Businessplan ist eben kein richtiger Fahrplan, sondern eher eine gute Grundlage für Ihre Vorhaben.

Was sollte in einem Businessplan stehen? Alle wichtigen Meilensteine sollten natürlich in diesem Businessplan festgehalten werden. Welche Kooperationspartner kommen in Frage? Welche Kundenanzahl stellen Sie sich in der Anfangsphase vor? Wie sollten Ihre Umsatzzahlen aussehen? Wann wollen Sie das erste Mal Gewinne verbuchen können? Wenn Sie Ihr Vorhaben in die Tat umgesetzt haben, sollte Sie Ihre Punkte den aktuellen Zahlen und der Geschäftsentwicklung anpassen. Wie ist ein Businessplan aufgebaut? Geben Sie dem Leser einen kleinen Überblick, dann sollten Sie Ihr Vorhaben kurz zusammenfassen, damit man einen ersten Eindruck von Ihrer Geschäftsidee bekommt. Im nächsten Schritt gehen Sie etwas genauer auf Ihre Produkte oder Dienstleistungen ein. Auch sollten Sie ein paar Punkte zu Ihrer Branche, dem Marketing, dem Standort und natürlich zu Ihrer Unternehmensform niederschreiben. Wie Sie Ihr Unternehmen führen wollen, welche Investitionen Sie planen und eine Zwei-Jahres-Planung gehört ebenfalls in einen Businessplan.

Was neben einem detaillierten Businessplan nicht fehlen darf? Ein Finanzplan! Falls Sie von der Bank einen Kredit für Ihr Gründungsvorhaben benötigen, sollten Sie in jeden Fall einen Finanzplan erstellen. Eine grobe Preiskalkulation, mit einer Gewinn- und Verlustplanung, einer Planung des Personals, der Cash-Flow-Planung, einer Umsatzplanung, einer Planung der Liquidität und einer Bilanzplanung darf natürlich auch nicht fehlen. Da Sie noch in der Planungsphase Ihrer Existenzgründung stecken, sollten Sie auch die Anlaufphase mit einplanen. Sie sollten sich im Klaren sein, dass Ihr Vorhaben immer etwas anders laufen kann, wie Sie es sich vorgestellt haben. Haben Sie eine grobe Preiskalkulation aufgestellt, müssen Sie trotzdem alle Einnahmen und Ausgaben regelmäßig überwachen, damit keine großen Überraschungen auftreten können.

Das Marketing ist ebenfalls ein wichtiger Punkt, um Ihre Existenz zu sichern. Um mit seinem Unternehmen Erfolg zu haben, müssen Sie ein gewisses Verständnis für den Markt aufbauen, die Konkurrenz genau analysieren und die Wünsche der Kunden erfüllen. Auch spielt das richtige Marketing eine sehr große Rolle, um erfolgreich zu sein. Es stehen Ihnen viele Optionen zur Verfügung, da wären einmal die klassischen Marketingmaßnahmen, wie Werbung in der Zeitung, im Kino oder auf einem Plakat, doch auch die neueren Marketingmaßnahmen können Sie sehr gut nutzen, um Ihr Unternehmen bekannt zu machen.

Das Internet ist eine gute Alternative zu klassischen Marketingmaßnahmen. Zeitungswerbung ist relativ kostspielig, deshalb sollten Sie auch die kostengünstigen Social-Media-Kanäle nutzen, mit denen Sie Ihre Message ebenfalls verbreiten können. Auf vielen Social-Media-Kanälen können Sie sogar kostenlose Tools verwenden, die Ihnen helfen, mehr Reichweite zu generieren.

Um viele neue Kunden zu gewinnen, lohnt es sich, auf einen Marketing-Mix zu setzen. Wenn Sie Ihre Marketingmaßnahmen ergreifen, sollten Sie deshalb auf mehrere Kanäle zurückgreifen. So können Sie sich eine gute Positionierung am Markt sichern. Um die best möglichsten Ergebnisse zu erzielen, sollten Sie Ihre Kanäle regelmäßig überprüfen, damit Sie eventuell Änderungen vornehmen können. Das Verhalten Ihrer Kunden und Ihrer möglichen neuen Kunden ändert sich nämlich ständig, deshalb sind Anpassungen manchmal notwendig. Marketing ist mehr als nur Werbung. Eine gute Recherche und ein Marketingplan sind sehr wichtig, um den Erfolg Ihres Unternehmens voranzutreiben.

Für viele Kunden ist es bequemer und einfacher, wenn Sie alles, was sie benötigen, aus einer Hand kaufen können. Selten kommt es vor, dass ein Unternehmen mehrere Dienstleistungen oder Produkte aus verschiedenen Branchen anbietet. Die meisten Existenzgründer spezialisieren sich nämlich auf eine bestimmte Sache. Damit Sie Ihren Kunden gerecht werden, sollten Sie nicht davor zurückschrecken mit anderen Unternehmen zu kooperieren. Suchen Sie nach Unternehmen, die mit Ihren Produkten oder Dienstleistungen Ihre Leistungen ergänzen können. Durch Kooperationen mit anderen Unternehmen können Sie zusätzlich neue Kunden gewinnen.

Wollen Sie Ihr eigenes Unternehmen gründen, kommen viele neue Aufgaben auf Sie zu. Auch lernen Sie viele neue Berufe kennen. Denn ein Unternehmen, welches erfolgreich sein will, braucht Menschen, die sich in verschiedenen Bereichen auskennen. Es ist nie verkehrt, den einen oder anderen Experten an Bord zu haben. Sie werden einen Einkäufer, einen Verkäufer, einen Controller oder auch einen Werbeexperten brauchen. Natürlich kommt es immer darauf an, in welcher Branche man ein Unternehmen aufbauen will. Auch können Kollegen, Familienmitglieder, Mitarbeiter oder auch Freunde und Bekannte gefragt werden, ob Sie ein paar Tipps haben. Wenn danach natürlich immer noch Unklarheiten bestehen, sollten Sie sich einen Berater suchen, der sich auf das Thema Existenzgründung spezialisiert hat.

Natürlich können Sie sich auch Tipps von einer Messe oder von anderen Veranstaltungen einholen. Das ist natürlich Ihnen überlassen. Allerdings gibt es mittlerweile auch viele Gründer-Workshops, die auf alle Themen kurz eingehen und die wichtigsten Fakten zur Existenzgründung aufgreifen. Auch können bei diesem Workshop neue Kontakte geknüpft werden – vielleicht ergibt sich sogar eine neue Kooperation? Alle Möglichkeiten, andere Gründer und Investoren zu treffen, sollten von Ihnen auf jeden Fall wahrgenommen werden.

Viele Existenzgründer können auf eine Förderung bestehen. Die bekannteste Förderung ist der Gründungszuschuss, diesen Zuschuss bezeichnet man auch als Ich-AG. Jeder Unternehmer kann diesen Zuschuss bekommen, wenn er einen Geschäftsplan vorlegen kann, er mindestens zwölf von den letzten 24 Monaten einer sozialversicherungspflichtigen Anstellung nachgegangen ist und ein paar andere Formalitäten vorweisen kann. Außerdem stellen die Bundeskörperschaften Darlehen zur Verfügung, die für die anfänglichen Investitionen gedacht sind. Dazu zählen zum Beispiel die Kosten für den Notar, die Kosten für die ersten Werbemaßnahmen oder die Kosten für nötige Anlagen. Zum einen gibt es das KfW-Startgeld und der KfW-Unternehmerkredit, diese Gründungsförderung zeichnet sich durch besonders günstige Konditionen aus.

Natürlich können Sie auch an einem Gründungswettbewerb teilnehmen. Dazu brauchen Sie nur Ihren Businessplan einreichen. Anhand Ihres Businessplans wird Ihre Geschäftsidee genau überprüft und anhand bestimmter Kriterien bewertet. Begutachtet wird Ihre Idee von Kapitalgebern und Gutachtern. Solche Gründungswettbewerbe sind für alle Existenzgründer sehr attraktiv, da das Unternehmen sehr viel Aufmerksamkeit bekommt. Neben der Aufmerksamkeit bekommt der Gewinner eine umfangreiche Beratung zu seiner Geschäftsidee und einen Sach- oder Geldpreis. Die Preise können bei der Existenzgründung sehr hilfreich sein.

An was denken Sie, wenn Sie an eine Existenzgründung denken? Was schwebt Ihnen im Kopf, was Sie erreichen wollen? Die meisten denken an Freiheit, selbstbestimmtes Leben und an Erfolg. Doch bis das der Fall ist, müssen Sie viel Zeit investieren. Der Weg ist nicht einfach, denn Erfolg kommt nicht einfach so. Erfolg muss man sich erarbeiten. Was zeichnet einen erfolgreichen Unternehmer überhaupt aus? Welche Eigenschaften muss ein Gründer besitzen, um ein erfolgreiches Unternehmen aufzubauen?

Wenn Sie ein erfolgreicher Existenzgründer sein wollen, dann müssen Sie auch alles dafür tun. Nur wer alles für sein neues Unternehmen gibt, kann damit rechnen, dass er hinterher erfolgreich ist. Schon vorher sollten Sie sich

Gedanken darüber machen, wie viel Arbeit überhaupt auf Sie zukommt. Natürlich können Sie es nicht zu hundert Prozent wissen, aber kalkulieren Sie großzügig. Planen Sie erst einmal viele Überstunden, viel Stress, keine Wochenenden und keine Feiertage ein. Fällt die Arbeit im Endeffekt doch etwas kürzer aus, können Sie sich immer noch darüber freuen. Denken Sie nicht an eine Existenzgründung, wenn Sie weniger arbeiten wollen. Wenn Sie deshalb nur ein Unternehmen gründen wollen, dann sollten Sie sich lieber einen Teilzeitjob suchen. Damit sind Sie dann vielleicht besser dran. Nicht umsonst gibt es den Spruch: Wer selbstständig ist, der arbeitet selbst und ständig.

Die Anfangsphase wird Sie Nerven kosten. Die ersten Jahre werden mit Sicherheit sehr schwer. Zuerst benötigt man einen guten Kundenstamm, auch sollten Sie viele Kontakte knüpfen, die Ihnen vielleicht in schwierigen Situationen helfen können und Sie brauchen ein gutes Marketing. Nur wenn Ihr Unternehmen bekannt ist, können Sie davon ausgehen, dass Sie auch irgendwann Erfolg haben werden. Allerdings müssen Sie viel Ausdauer mitbringen, wenn Sie sich einen großen Kundenstamm aufbauen wollen. Die eigene Motivation darf dabei natürlich nie verloren gehen. Auch dann nicht, wenn es mal nicht gut laufen sollte.

Um erfolgreich ein Unternehmen führen zu können, müssen Sie sich Ziele setzen. Allerdings müssen Sie vorsichtig sein, dass Sie sich nicht übernehmen. Wer seine Ziele realistisch setzt, der wird erpicht sein, sie zu erreichen. Stellen Sie sich ruhig einen Plan auf, der Ihre Ziele unterteilt. Der Plan kann über mehrere Jahre gehen, er kann aber auch über verschiedene Etappen sein. Wichtig ist dabei, dass Sie ein realistisches Hauptziel anstreben. Haben Sie das vor Augen, können Sie in kleinen Schritten darauf zu gehen. Doch Sie brauchen nicht nur Unternehmensziele, auch sind Ihre persönlichen Ziele von Bedeutung. Halten Sie sich ständig vor Augen, wieso Sie das ganze überhaupt auf sich nehmen. Wieso arbeiten Sie so hart? Für was wollen Sie das alles machen?

Wer ein Unternehmen gründen will, der muss viel Selbstvertrauen haben. Wenn jemand pessimistisch eingestellt ist und negativ an Projekte herangeht, dann ist das zum Scheitern verurteilt. Wenn Sie Erfolg in einem Unternehmen haben wollen, dann dürfen Sie nicht immer sagen, dass Sie etwas nicht können - machen Sie es einfach. Sie müssen an sich glauben und einfach mal Sachen anpacken. Nur wer selbst an sich glaubt, kann andere auch von etwas überzeugen. Wer mit den kleinsten Fehltritten im Alltag nicht umgehen kann, der wird auch mit der besten Idee nicht viel machen können. Deshalb: Seien sie selbstbewusst und setzen Sie sich durch, diese starken Fähigkeiten werden Sie in manchen Situationen des Alltags gebrauchen.

Wie finden Sie das: Sie gehen in einen Laden, dabei haben Sie äußerst gute Laune. Dann kommt Ihnen ein Angestellter des Ladens entgegen. Er sieht wütend aus, vermutlich ist ihm gerade irgendetwas schiefgelaufen. Er schaut Sie an und sagt nichts. Er geht stumpf an Ihnen vorbei und ignoriert Sie. Was denken Sie sich dabei? Ich glaube die Frage brauchen wir Ihnen gar nicht beantworten, oder? Vermutlich kennen Sie die Antwort am besten. Wollen Sie ein Unternehmen gründen, müssen Sie es erst einmal bekannt machen. Dann brauchen Sie Kunden, Berater und natürlich auch das richtige Personal. Um genügend Kunden anzulocken, muss Ihr Unternehmen in vollem Glanz erstrahlen. Doch nicht nur Ihr Unternehmen muss strahlen, auch Sie müssen das. Seien Sie freundlich, zuvorkommend und besonders wichtig ist, zeigen Sie dem Kunden niemals Ihre schlechte Laune.

Ein anderer wichtiger Punkt ist die Kontaktfreudigkeit. Auch der Austausch mit anderen Selbstständigen kann Ihnen helfen, ein erfolgreiches Unternehmen zu führen. Schließlich durchleben Sie gerade ein ähnliches Szenario. Knüpfen Sie also Kontakte. Wenn Sie eher verschlossen sind, sollten Sie Ihre Existenzgründung nochmal überdenken. Wer nicht gerne auf Menschen zugeht, der wird auch später Schwierigkeiten mit seinen Kunden haben. Wenn Sie also eher zurückhaltend sind, können Sie sich natürlich auch einen Partner suchen, der aufgeschlossen ist. Der Partner würde dann in dem Fall den Kundenkontakt und Lieferantenkontakt übernehmen, während Sie für die internen Dinge zuständig sind.

Es gibt Tage, da läuft einfach nichts. Diese Tage gibt es auch bei der Existenzgründung. Immer mal wieder können Probleme auftauchen, mit denen man am Anfang nicht gerechnet hat. In solchen Fällen sollten Sie versuchen die Probleme so früh wie möglich zu erkennen und zu lösen. Nehmen Sie manche Probleme nicht auf die leichte Schulter, denn dann besteht die Gefahr, dass Sie sich festfahren. Falls Ihnen mal ein Fehler passieren sollte, üben Sie sich in Selbstkritik. Überlegen Sie sich nach jedem abgeschlossenen Projekt, was Sie gut gemacht haben und was hätte besser laufen können. Nur so schaffen sie es, Ihr Unternehmen stetig zu verbessern.

Sie als Unternehmer tragen die Verantwortung. Dementsprechend sind Sie auch dafür verantwortlich, wenn etwas nicht richtig kalkuliert wurde. Einnahmen und Ausgaben müssen deshalb immer genau eingeplant und kalkuliert werden. Sie sollten stets die wiederkehrenden Ausgaben im Hinterkopf haben, wie Gehalt für die Angestellten, Steuern, Versicherungen und Mieten. Die restlichen Ausgaben müssen Sie kurzerhand planen, auch wenn das nicht immer ganz einfach ist, schließlich haben Sie nun kein festes Gehalt mehr. Wer da nicht richtig kalkuliert, kann durch die Existenzgründung schnell am Existenzminimum landen. Wenn Sie als Unternehmer mal mehr verdient haben, können Sie nicht im gleichen Atemzug mehr Geld ausgeben. Wer nämlich mehr verdient hat, der muss auch gleichzeitig mehr an das Finanz- bzw. an das Gewerbeamt zahlen. Für diese Situation sollte sich deshalb frühzeitig Geld weggelegt werden.

Als Unternehmer muss man ein gutes Zeitmanagement besitzen. Besonders am Anfang denken sich die meisten Existenzgründer vermutlich, dass sie einfach nur die Fristen der Projekte einhalten müssen. Allerdings sollten Sie auch planen, ordnen und strukturieren können. Wenn Sie Unordnung in Ihr Büro lassen, wird Sie das irgendwann viel Zeit kosten. Auch sollten Sie für das perfekte Zeitmanagement Ihre Arbeit aufteilen können. Wollen Sie Termine einhalten, können Sie nicht alles selbst machen. Wenn Sie alles selbst machen wollen und im Endeffekt Ihre Termine nicht einhalten können, entstehen große Probleme, die man hätte vermeiden können. Jede Minute ist kostbar. Nutzen Sie sie geschickt und setzen Sie Ihre Prioritäten so, dass Sie im Sinne des Unternehmens handeln.

Der wichtigste Faktor für eine erfolgreiche Existenzgründung ist jedoch der Spaß an der beruflichen Selbstständigkeit. Haben Sie einfach Spaß bei der Arbeit! Auch wenn Sie mal einen stressigen oder anstrengenden Tag hinter sich haben, machen Sie sich immer bewusst, was Sie bis jetzt schon geschafft haben. Sie hatten den Mut dazu, ein eigenes Unternehmen aufzubauen. Wie viele Menschen können das schon von sich behaupten? Nicht viele Menschen sind mit sich und Ihrer Arbeit im Reinen. Diese positive Einstellung wird sich mit Sicherheit auch auf Ihre Kunden auswirken! Sie wissen ja: Wer den Tag mit einem Lächeln beginnt, hat ihn bereits gewonnen.

VOR- UND NACHTEILE EINER EXISTENZGRÜNDUNG

Nun kennen Sie die Grundlagen zur Existenzgründung. Sind Sie sich immer noch nicht sicher, ob Sie diesen Schritt wagen sollen? Wir haben für Sie eine übersichtliche Liste der Vor- und Nachteile zusammengestellt, die Ihnen bei Ihrer Entscheidung helfen soll.

Nachteile

Manche Nicht-Selbstständige mögen eine voreingestellte Meinung von Selbstständigen haben, allerdings trifft das in den meisten Fällen nicht zu. Sie verfügen über das Privileg, jeden Tag arbeiten zu können, wann sie wollen. Außerdem ist jeder Selbstständiger so erfolgreich, dass er sich einen neuen Mercedes leisten kann. Sie verstehen, worauf wir hinauswollen? Doch wie sieht die Wahrheit aus? Selbstständigkeit ist oft harte Arbeit. Auf jeden Fall ist die Anfangszeit sehr harte Arbeit. Sie müssen Ihr Unternehmen erst einmal „Groß" machen, um sich einige Dinge leisten zu können. Hinzu kommt, dass man um jeden Auftrag kämpfen muss. Es ist nicht selbstverständlich, dass sich sofort nach der Eröffnung alle Leute für Ihren Laden interessieren. Zuerst müssen Sie die Startphase überstehen, danach müssen Sie sich darum kümmern, dass Ihnen die Kunden erhalten bleiben. Schauen wir uns den nächsten Punkt an - die Einnahmen.

Besonders am Anfang der Existenzgründung sind die Einnahmen sehr bescheiden. Das Geld reicht gerade so, um den Lebensunterhalt zu bezahlen. Viele Ausgaben können nämlich noch nicht richtig eingeschätzt werden, daher kommt es oft zu unerwarteten Geldausgängen. Auch die Motivation schwindet im Laufe der Zeit, denn die anfängliche Euphorie lässt mit der Zeit nach. Nur wer mit viel Ehrgeiz und Motivation dabei ist, kann auf Dauer erfolgreich selbstständig sein und das ist alles andere als leichte Arbeit.

Vorteile

Sie machen Ihr Hobby zum Beruf. Das, was Sie am liebsten machen, können Sie also den ganzen Tag lang machen. Als Selbstständiger hat man die Chance, viele neue Leute kennenzulernen. Sie könnten neue Kontakte knüpfen und auf Gleichgesinnte treffen. Vielleicht können Sie sich ja gegenseitig austauschen und so Ihr Unternehmen fördern. Wenn Sie Ihr eigenes Unternehmen gründen, kommen viele neue Aufgaben auf Sie zu. Sie lernen verschiedene Aufgabenbereiche kennen und müssen nicht immer die gleichen Aufgaben erledigen. Auch wenn Sie in der Anfangsphase nicht wirklich viel Freizeit haben, können Sie sich umso mehr darauf freuen, wenn Sie Ihr Unternehmen gefestigt haben.

Dann kommen Sie übrigens auch in den Genuss von mehr Freizeit und Selbstbestimmung. Sie sind dann also Ihr eigener Chef. Außerdem müssen Sie keine Kompromisse eingehen, denn wenn Sie alleine arbeiten, können Sie entscheiden, worauf Sie sich einlassen. Zudem gehört auch die freie Einteilung der Arbeitszeit dazu. Sie können morgens anfangen zu arbeiten, mittags aufhören zu arbeiten oder eben dann, wann es Ihnen passt. Sie sind Ihr eigener Chef. Wenn Sie lange genug an Ihrem Unternehmen festhalten, spiegelt sich das auch irgendwann in Ihrem Verdienst wieder.

Schluss

Wir hoffen, dass Ihnen der Ratgeber zur Existenzgründung gefallen hat und Ihnen dadurch der Weg in die Selbständigkeit erleichtert wird. Wie Sie sicherlich festgestellt haben, ist es durchaus mit Anstrengung verbunden, ein Unternehmen aus dem Nichts zu gründen. Sie müssen verschiedene Bedingungen und Voraussetzungen erfüllen, um ein erfolgreiches Unternehmen auf die Beine zu stellen. Eine gute Geschäftsidee alleine reicht da leider nicht aus, um Erfolg zu haben.

Die Geschäftsidee ist zwar der erste wichtige Schritt und eine notwendige Voraussetzung, allerdings entscheidet eine gute Idee nicht über den Erfolg eines Unternehmens. Auch die anfängliche Euphorie kann ein Unternehmen nicht über Wasser halten. Viele andere Aspekte treffen bei der Existenzgründung aufeinander. Zum Beispiel ist die persönliche Einstellung auch ein wichtiger Faktor. Sie sollten die Existenzgründung auf keinen Fall als Freizeitbeschäftigung betrachten, natürlich muss der Spaß an der Arbeit sehr weit oben angesiedelt sein, allerdings benötigen Sie auch sehr viel Durchhaltevermögen und Ehrgeiz, um auf Dauer ein erfolgreiches Unternehmen zu leiten. Daher sollten Sie sich dringend vor Beginn einer Existenzgründung überlegen, ob Sie sich dafür geeignet fühlen. Zudem gehört zu einer erfolgreichen Unternehmensführung jede Menge Planung und Umsetzung.

Als Selbstständiger müssen Sie von allem ein bisschen können. Sie erledigen viel mehr Aufgaben als ein festangestellter Arbeitnehmer, dementsprechend tragen Sie auch wesentlich mehr Verantwortung. Obwohl Sie viel mehr Verantwortung übernehmen, müssen Sie in der Anfangszeit mit einem stark schwankenden Einkommen rechnen. Das bedeutet, dass Sie wesentlich mehr Kraft und Zeit investieren müssen. Besonders in der Anfangsphase, wenn Sie sich noch nicht um geeignetes Fachpersonal gekümmert haben, müssen Sie viele Dinge selbst erledigen. Jedoch kann niemand, nicht mal ein Selbstständiger, das alles alleine erledigen, ohne dabei wichtige Zeit zu verschwenden.

Hinzu kommen die fachlichen Voraussetzungen, die finanziellen Faktoren, sowie die wirtschaftlichen und juristischen Bedingungen. Um erfolgreich eine Existenz zu gründen, müssen Sie viele Voraussetzungen erfüllen. Am Anfang sollte eine gute Geschäftsidee stehen, die in einem Businessplan festgehalten wird. Mit Hilfe des Businessplans versuchen Sie Ihr Unternehmen von Jahr zu Jahr zu verbessern. Der Plan kann sich, je nach Lage des Unternehmens, weiterentwickeln und ständig anpassen.

Damit Ihrer Existenzgründung nichts mehr im Wege steht, sollten Sie sich zusätzlich von einem Experten zum Thema Existenzgründung beraten lassen. Planen Sie genügend Zeit für die Vorbereitungsphase ein! Denn: Je besser die Planung, desto weniger böse Überraschungen können einem den Start in die Selbstständigkeit verderben.

DAS GROSSE 4 IN 1 BUCH

PROJEKT MANAGEMENT

Das Grundlagen Buch zu agiles Projektmanagement, Scrum & Kanban. Wie Sie Projekte effektiv planen, steuern und mit Erfolg durchführen. Ziele erreichen mit Disziplin & Fokus!

Vorwort

Zum Schluss des letzten Jahrhunderts war man mit den bekannten Formen eines Projektmanagements mehr als unzufrieden. Sie waren nicht auf die rasante Entwicklung der Wirtschaft angepasst, da sie an steife Vorgehensweisen gebunden und absolut unflexibel bei kurzfristigen Änderungen waren. Insbesondere in der aufstrebenden, sich ständig verändernden Welt der Daten- und Software waren diese Projektformen nicht mehr angepasst. Das vorrangige Ziel war es also, Software mit geringstem Aufwand entwickeln zu können und dabei festgelegte Regeln einzuhalten. Diese Art der Entwicklung nannte man „agil". Die Regeln, auch genannt Werte und Prinzipien, wurden im „Agilen Manifest" niedergeschrieben. Sie bestehen aus zwölf Grundregeln und vier Werten und sind bis zum heutigen Tag die Grundlage jeglichen agilen Arbeitens. Obwohl agil eigentlich für den Softwarebereich entwickelt wurde, finden wir es heute auch in der klassischen Projektplanung, in der es als ein eigenständiges Werkzeug innerhalb der Projektarbeit eingesetzt wird. Genannt wird es dann „agiles Projektmanagement".

Der Begriff „agil" ist aber in der Vergangenheit zu einem Trend geworden und hat sehr an Beliebtheit gewonnen. Unternehmen glänzen vielfach damit, agil zu sein. Resultierend daraus hat der Begriff „agil" leider eine Definition erhalten, die dieser Methode nicht mehr gerecht wird. Sehr schnell greifen Unternehmen in ihren Projekten zu diesem Wort, es ist ja trendig. Nur in der Praxis wird es nicht umgesetzt. Oft werden Projekte als agil bezeichnet, die eigentlich eher als chaotisch bezeichnet werden müssten. Man kann es sehr deutlich mit einem Spruch aus der Werbung beschreiben.

„Nicht überall, wo agil draufsteht, ist auch agil drin."

Eigentlich ist der Begriff „Agiles Projektmanagement" falsch. Der ursprüngliche Einsatz innerhalb der Softwareentwicklung entsprach mehr einem Prozessmanagement. Der Prozess in der Softwareentwicklung wurde ursprünglich auf einem traditionellen Projektmanagement, auch Wasserfallmodell genannt, aufgebaut. Man setze hierbei voraus, dass Anforderungen an das Produkt bereits bei Beginn des Projektes auf das genaueste definiert waren. Das Wort „Wasserfallmodell" wurde aus dem Projektverfahren abgeleitet, denn vom Projektstart an wurden im Gesamtablauf des Verfahrens, aus den gewonnenen Erkenntnissen, weitere Anforderungen angeschlossen. Das Ganze baute sich stufenweise auf, entsprach also bildlich gesehen einem Wasserfall. Oft war aber in diesem Projektablauf, aufgrund der sehr umfangreichen Anforderung zu Beginn des Projektes und der nachfolgenden „Wasserfall-Stufen", das gesamte Projekt zum

Scheitern verurteilt. Somit wurde die Wasserfall-Methode sukzessiv durch die agile Methode abgelöst.

Um das Agile Projektmanagement in der Praxis einzusetzen, müssen bei den Projektteilnehmern zwingend Kenntnisse des traditionellen Projektmanagements vorliegen, um die Umsetzung der verschiedenen Planungsmethoden und Werkzeugen des agilen Projektmanagements verstehen zu können. Das Ziel des Agilen Projektmanagements ist es, ein Projektteam in die Lage zu versetzen, mit hoher Qualität und weitestgehend freien Handlungsrahmen ein Projekt optimal zu verwirklichen.

In diesem Handout wird der Begriff „agil" so verwendet, wie er sich aus der Softwareentwicklung entwickelt hat und später in einem geltenden Regelwerk, dem Agilen Manifest, niedergeschrieben wurde. Das Agile Manifest wird später noch im Detail beschrieben. Dabei geht es im Kern um schnelle Veränderungen bei den Produktanforderungen, explizit um Veränderungen innerhalb des Projektablaufs. Dabei werden Ihnen die wichtigsten Werkzeuge und Planungsmethoden des Agilen Projektmanagements vorgestellt.

Es bestehen allerdings nicht nur Vorteile bei diesem Verfahren, leider liegen auch Nachteile vor. Auch diese werden Ihnen im Folgenden vorgestellt.

Erkenntnisse aus den Vor- und Nachteilen, sowie den Methoden und Vorgehensweisen des Agilen Projektmanagements lassen immer mehr Anwender zu der Erkenntnis kommen, doch wieder auf den festen Handlungsrahmen des traditionellen Projektmanagements zurückzukehren. Einige Anwender bezeichnen das Agile Projektmanagement sogar als veraltet und wenig leistungsfähig. Das ist aber grundsätzlich falsch, da unbeachtet bleibt, dass alle neuen Projektmanagement-Modelle ihre Basis in der traditionellen Verfahrensweise haben, darauf aufgebaut sind und lediglich als Alternative für die Projektumsetzung zu verstehen sind.

Schlussendlich muss jeder Projektleiter für sich entscheiden, welche Art des Projektmanagement sich am besten für die eigene Projektarbeit eignet. Vor dieser Entscheidung sollten also alle vorhandenen Gesichtspunkte genauestens betrachtet werden.

Die Kombination des traditionellen Projektmanagement mit dem Agilen Projektmanagement wird im Übrigen als „Hybrides Projektmanagement" bezeichnet.

Ganz besonders muss noch auf die teilweise unterschiedlich genutzten Begriffe Prozess und Projekt hingewiesen werden. Oft werden diese beiden Begriffe verwechselt. Folgende Unterschiede liegen vor:

Bei einem Prozess werden erarbeitete Arbeitsschritte regelmäßig und mehrfach durchlaufen, um die Funktionalität sicher feststellen zu können.

Finanzielle Mittel, Personalstärken und materielle Ressourcen werden variabel eingesetzt. Ein definiertes Ziel ist hierbei nur ungenau angegeben.

Bei einem Projekt werden Arbeitsschritte nur einmal durchlaufen und anschließend als erledigter Projektschritt dem Gesamtprojekt zugeführt. Finanzielle Mittel, Personalstärken und materielle Ressourcen werden nur begrenzt eingesetzt. Das Ziel muss zu einem genau definierten Termin erreicht werden.

Bei den nachfolgenden Erläuterungen werden Sie feststellen, dass jede Menge agiler Techniken ihre Basis in den traditionellen Techniken haben. Einige davon werden Ihnen sicher bekannt vorkommen.

Nochmals der Hinweis: Wollen Sie ein Agiles Projektmanagement optimal nutzen und zielführend einsetzen, benötigen Sie einen ausgeprägten Wissensstand über die Methode eines Projektmanagements und hervorragende Kenntnisse über die agilen Prinzipien und Techniken.

******** Diese Passage bitte vorerst nicht beachten ********

1) b 2) c 3) a 4) a, b, c 5) b 6) c 7) a 8) b

WAS ERWARTET SIE BEIM LESEN?

Das gesamte Spektrum des Agilen Projektmanagements ist so umfangreich, dass mit dieser Ausarbeitung lediglich ein Grundlagenwissen über die Methoden und die unterschiedlichen Werkzeuge/Techniken vermittelt werden kann. Unterstützend hierzu bieten sich die verschiedenen Sach- und Lehrbücher an. Zu empfehlen ist auf jeden Fall das „Learning by Doing". Hierzu werden diverse Seminare zu den unterschiedlichsten Themen angeboten.

Einige erdachte Beispiele in dieser Ausarbeitung sollen Ihnen spielerisch ein wenig Verständnis für diese Projekt-Methode nahebringen.

Das Agile Projektmanagement wird häufig als Alternative zum traditionellen Projektmanagement betrachtet. Wie bereits erwähnt, ist diese Ansicht grundlegend verkehrt. Sie werden in dieser Ausarbeitung immer wieder Schnittpunkte zu beiden Methoden feststellen. Diese Schnittstellen sind eigentlich logisch, da jedes Projektmanagement feste Phasen durchläuft (siehe nächsten Punkt 2.2). Sie werden nach dem Lesen dieser Ausarbeitung kein perfekter agiler Projektmanager werden. Aber das Verständnis soll bei Ihnen geweckt werden, über vorhandene und bewährte Methoden des Projektmanagements nachzudenken.

Im folgenden Hand-Out können sich Begriffe und Aussagen wiederholen. Das ist der Komplexität des Projektmanagements geschuldet und soll einzelne Ausführungen noch einmal verdeutlichen.

In diesem Hand-Out sind auch einige frei erfundene und teilweise auch sehr stark übertriebene Beispiele zum Thema aufgeführt. Zur Vermeidung von Irritationen weise ich ausdrücklich darauf hin, dass die namentlich genannten Personen selbstverständlich frei erfunden sind. Jegliche Ähnlichkeit mit lebenden oder realen Personen wäre rein zufällig.

Allgemeines zum Thema Projektmanagement

WAS BEDEUTET DAS WORT "PROJEKTMANAGEMENT"

Das Wort „Projekt" stammt aus dem Lateinischen und bedeutet frei formuliert „nach vorn geworfen" oder in den heutigen Sprachschatz interpretiert „in die Zukunft gerichtet". Im geschäftlichen, wirtschaftlichen Bereich bezeichnet man mit einem Projekt eine einmalige Aufgabenstellung, die in einem festgelegten Zeitraster erledigt werden soll. Um dies zu gewährleisten und um das Ziel der Aufgabe aufgrund der Abstimmung aller Einzelschritte, der Komplexität der Arbeitsschritte, den möglicherweise auftretenden Risiken und den ungeplanten Schwierigkeiten nicht zu gefährden, benötigt man eine Führung, das Management. Daraus resultiert für die gesamte Aufgabenstellung das Wort Projektmanagement.

Die angewandten Methoden/Techniken, gleich ob traditionell oder agil, bilden dabei nur die Verfahrensschritte in der Durchführung und stehen in starker Abhängigkeit zur Komplexität des Projektes. Sie werden aber gleich beim nächsten Punkt 2.2 ein Beispiel durchspielen, bei dem eigentlich gar kein Projektmanagement angesetzt werden muss. Nähere Erläuterungen dazu folgen am Ende des Beispiels.

PHASEN EINES PROJEKTMANAGEMENTS

Bei einem Projektmanagement unterteilt man in verschiedenen Phasen:

Definition (auch: Initiierung)

Bei der Definition wird das Projekt genauestens analysiert, man setzt erreichbare Ziele in den Bereichen Zeit und Kosten und ermittelt die vorhandene Manpower bzw. Ressourcen. Um ein Projekt zu definieren müssen die Bedingungen des Projektes neu sein und mit Risiken verbunden sein. Trifft dies nicht zu, handelt es sich um „einfache" Entwicklungen.

Planung
Bei der Planung werden weitere Details des Projektes ermittelt, unter anderem wird auch die Besetzung des Teams, bestehend aus Mitarbeitern und Projektleiter festgelegt.
In dieser Phase können auch zeitdefinierte Teilbereiche beschlossen werden. Ein erstellter Kostenplan und ein Termin bilden z.B. die Grundlage des gesamten Projektes.

Entwicklung (auch: Durchführung)
Das Team ist in der Arbeit. Durch die Projektleitung wird der terminliche Ablauf überwacht, ggf. überarbeitet. Es stehen dafür verschiedenste Hilfsmittel, zum Beispiel Boards zur Verfügung.

Test, ggf. Abschluss
Das Endergebnis wird durch die Projektleitung geprüft und vorgestellt.
Eine genaue Analyse des Projektes dient als Unterstützung für später folgende Projekte.

Beispiel: Phasen eines Projektmanagements – Version 1

Um Ihnen die Phasen noch deutlicher zu machen, nachfolgend ein Beispiel der einzelnen Phasen. Dieses Beispiel ist fiktiv, aber so könnte es in einem Unternehmen in der Praxis vorfallen.

Anmerkung:
Sie, als Leser dieser Ausarbeitung, werden für dieses Beispiel in die Person eines Mitarbeiters des Unternehmens versetzt.

BEISPIEL – START

Definition (auch: Initiierung)
Es nähert sich die Mittagspause. Sie befinden sich gerade auf den Weg in die Kantine. Kurz davor begegnen Sie ihrem Chef. Er begrüßt Sie und fragt, ob Sie ein paar Minuten Zeit für ihn hätten. Sie bejahen und gehen daraufhin gemeinsam in das Büro ihres Vorgesetzten. Dort angekommen, offeriert er Ihnen folgendes: „Ich habe noch einmal über die Adressliste nachgedacht. Mir ist sie noch zu unübersichtlich. Das müssten wir noch einmal nacharbeiten.“

Planung
Nach dem Mittagessen rufen Sie einen Kollegen an und fragen, ob er ein paar Minuten Zeit für Sie hätte. Da er bejaht, machen Sie sich auf den Weg in sein Büro. Dort angekommen, erklären Sie ihm folgendes:

"Ich habe vor dem Mittagessen unseren Chef getroffen. Er ist mit unserer Adressliste noch nicht ganz zufrieden. Sie ist ihm noch etwas zu unübersichtlich. Er hat mir auch aufgezeigt, wo er Verbesserungsmöglichkeiten sieht. Können wir die Liste morgen noch einmal überarbeiten?" Der Kollege willigt ein und sie vereinbaren für morgen Vormittag einen Termin.

Entwicklung (auch: Durchführung)
Sie treffen sich am nächsten Vormittag mit Ihrem Kollegen in seinem Büro, sitzen einige Zeit zusammen und entwickeln eine neue, aktualisierte Adressliste.

Abschluss
Nachdem Sie die Liste erstellt haben, rufen Sie Ihren Chef an und teilen ihm mit, dass Sie gemeinsam mit ihrem Kollegen die Adressliste überarbeitet haben. Sie würden diese Liste ihrem Chef gerne aushändigen. Da er in dringenden Gesprächen sitzt, bittet er Sie, ihm das Ganze per Mail zuzusenden. Er würde sich dann am kommenden Tag bei Ihnen melden. Am nächsten Morgen meldet sich Ihr Chef, nickt diese neue Liste ab und bedankt sich bei Ihnen für die schnelle Erledigung.

BEISPIEL – ENDE

(Dieses Beispiel werden Sie später noch einmal, mit den Techniken eines Projektmanagements, vorgestellt bekommen).

Zu diesem Beispiel kann man unterschiedlicher Meinung sein. Folgende Frage stellt sich: handelt es sich hierbei überhaupt um ein Projekt? Schließlich wird keine einzige Technik bzw. Werkzeug (Erläuterung hierzu unter dem nachfolgenden Punkt 3.6), egal ob aus dem traditionellen oder dem agilen Projektmanagement, eingesetzt. Oder? Festzuhalten ist aber: Es liegt zuerst einmal keine klare Aufgabenstellung vor, da lediglich von „könnte" bzw. „können" gesprochen wird. Zusätzlich fehlt auch der Hinweis auf ein Budget bzw. auf einen Endtermin. Dieser Auftrag wird intuitiv durch den Mitarbeiter abgewickelt. In der Praxis gibt es viele derart gelagerte Vorgänge, die stets mit dem Ausdruck „Projekt" definiert werden. Insbesondere größere Aufgaben sind in vielen Unternehmen eigentlich schon automatisch ein Projekt.

Doch ein professionelles Projektmanagement zeichnet sich eben durch den Einsatz bewährter Werkzeuge/Techniken aus.

DAS TRADITIONELLE PROJEKTMANAGEMENT (WASSERFALL-METHODE)

Das traditionelle Projektmanagement-System basiert auf einem standardisierten Ablauf und soll ein Projekt unterstützend steuern. Charakteristisch dabei ist ein hoher Analyseaufwand und ein genauer Planungsablauf. Am häufigsten wird das traditionelle Projektmanagement im Baugewerbe bei Neu- oder Umbauten, bei Wartungs- und Installationsarbeiten eingesetzt. Das sind im Regelfall Projekte, bei denen der Zeitplan feststeht, dadurch die Fertigstellung von Teilschritten des Projektes feststehen und die Kosten nicht nur für den Gesamtauftrag, sondern auch für die Teilschritte feststehen.

Da aber am Beginn eines Projektes kaum Änderungen oder neue Wünsche vorhergesagt werden können, kann das Endergebnis des Projektes durchaus auf Unzufriedenheit beim Kunden stoßen. Alternative Bezeichnungen für das traditionelle Projektmanagement sind:

- Klassisches Projektmanagement
- Wasserfall-Methode

Vor- und Nachteile traditionelles Projektmanagement

Vorteile

- Standardisierter Ablauf
- Genaue Vorgabe des Ablaufplans
- Im Vorfeld festgelegter Endtermin
- Feste Zuordnung der Ressourcen
- Optimierte Auslastung der Ressourcen
- Vor Projektbeginn erfolgt die Festlegung der Kosten
- Klassische Kontrollmöglichkeiten

Nachteile

- Hoher Aufwand bei Änderungen im Projektablauf
- Großer zeitlicher Puffer, um Endtermin einzuhalten
- Nicht geeignet für unklare Projektanforderungen
- Ablaufänderungen nicht möglich, da Projektteile genau fixiert sind
- Änderungen machen ein vorzeitiges Scheitern des Projektes möglich

DAS AGILE PROJEKTMANAGEMENT

Die Bezeichnung agiles Arbeiten stammt ursprünglich aus der Softwareentwicklung, ist aber in den letzten Jahren immer mehr in anderen Bereichen ins Gespräch gebracht worden. Mittlerweile können nicht nur Software-Unternehmen agil arbeiten. Doch was bedeutet agil bzw. Agilität? Nimmt man den Duden zur Hilfe, wird uns das Wort agil wie folgt beschrieben: Von großer Beweglichkeit zeugend; regsam und wendig. Genau diese Erläuterung beschreibt das Konzept des agilen Projektmanagements äußerst passend. Der gesamte Abwicklungsprozess im agilen Projektmanagement zeugt von einer sehr hohen Beweglichkeit. Dadurch findet diese Methode immer mehr Anklang im Projektmanagement.

Dabei wird „Agil" oder „Agilität" mittlerweile in unzähligen Wortspielereien ins Gespräch gebracht. „Agile Methoden", „Agiles Management", „Agile Organisation", „Agile Führung" sind nur ein paar Beispiele dafür.

Doch bei näherem Betrachten stellt man fest, dass hinter diesen Worten wenig Kenntnisse über die Arbeitsweisen eines Agilen Projektmanagements bestehen. Gewinnbringend ist aber genau dieses Verständnis für die agile Arbeitsweise und seine Prozesse.

Zu beachten ist allerdings, dass im agilen Projektmanagement die Rollen, die Prozesse und die Projektpläne aus dem traditionellen Projektmanagement hinterfragt werden. Einfach ausgedrückt könnte man folgendes formulieren: Das traditionelle Projektmanagement bildet den Grundpfeiler für das agile Projektmanagement.

Die Basis eines agilen Projektmanagements begründet sich auf vier wichtige Grundgedanken.

Grundgedanke 1:
Das Agile Projektmanagement beruht darauf, dass die beteiligten Projektmitarbeiter (Stakeholder) und deren Wechselbeziehungen im Team wichtiger sind als die geplanten Prozesse. Jeder Projektteilnehmer kann und soll dabei seine Kenntnisse voll einbringen und wird im Gegensatz zum traditionellen Projektmanagement nicht im Geringsten reglementiert oder eingeschränkt. Das Wissen, die Begeisterung, die Kreativität und die Kommunikation untereinander sind dabei die treibenden Kräfte des gesamten Projektes, welches damit hochgradig flexibel und sehr dynamisch ist. Dies betrifft unter anderem die Qualität, den Umfang, die Zeit und die Kosten. Kurzfristige Änderungen sind aufgrund der Dynamik möglich.

Grundgedanke 2:
Beim Agilen Projektmanagement ist die Einbindung des Kunden als weiterer Stakeholder sehr wichtig. Dabei wird die Zusammenarbeit mit dem Kunden höher angesiedelt, als die im Vorfeld erfolgten Vertragsgespräche. Die Kraft der Vertragsverhandlungen wird vielmehr in die Umsetzung des Projektes eingebunden.

Grundgedanke 3:
Eine schriftliche Dokumentation des Projektes wird als unwichtig angesehen. Die Zeit der aufwendigen Berichterstattung wird vielmehr in die Entwicklung unterstützender Softwareprojekte investiert.

Grundgedanke 4:
Änderungen, neue Wünsche oder Erkenntnisse werden berücksichtigt. Dabei wird der ursprüngliche Plan flexibel angepasst. Endtermin und Auftragsinhalt bleiben dabei erhalten.

Leider ist in der letzten Zeit festzustellen, dass ein Agiles Projektmanagement immer mehr unter betriebswirtschaftlichen Gesichtspunkten eingesetzt wird. Es stehen dabei nicht mehr die positive Einstellung und Selbstorganisation der Projektteilnehmer im Vordergrund, sondern vielmehr regeln betriebswirtschaftliche Interessen die Aufgabenstellung. Das ist natürlich nichts anderes als eine „Mogelpackung“ und wird auch mit ziemlicher Sicherheit nicht zu dem angedachten Erfolg eines agilen Projektmanagements führen.

Vermutlich beruhen diese betriebswirtschaftlichen Interessen auch auf einige Irrtümer, die im Laufe der Zeit beim Einsatz eines agilen Projektmanagements aufgebaut wurden.

Irrtum 1:
Agil ist nicht schneller als traditionell.
Mit dieser Aussage unterstreicht man den Irrglauben, dass bei Anwendung des Agilen Projektmanagements das Produkt nicht nur schnell entwickelt wird, sondern auch günstig sein muss. Sowohl bei einem traditionellen Projekt als auch bei einem agilen Projekt, stehen die Prozesskosten und der Endtermin allerdings im Vorfeld fest. Das agile überzeugt aber bei Änderungen innerhalb der Projekt-Aufgaben mit seiner Flexibilität. Typische Änderungen innerhalb des Projektes, die eine schnelle Reaktion verlangen, könnten z.B. folgende sein:

- Eine bestimmte Anforderung erscheint dem Kunden mittlerweile nicht mehr ganz so wichtig.

- Dem Kunden sind neue Anforderungen an das Produkt bewusst geworden.

Zusätzlich wird im agilen Projektmanagement, besser gesagt in einem seiner Werkzeuge, häufiger die Bezeichnung „Sprint“ genutzt. Diese Bezeichnung stammt aus der Scrum-Technik (wird noch im Folgenden näher beschrieben), bedeutet aber nicht „Schnell“, sondern „Teilschritt“.

Irrtum 2:
Agil ersetzt traditionell.
Dieses Thema ist bereits erwähnt worden. Agiles Projektmanagement kann kein Ersatz für das Traditionelle Projektmanagement sein. Es baut schließlich auf den traditionellen Grundlagen auf. Daher ist es auch nicht ungewöhnlich, dass sich beide Projektmethoden, gewollt oder ungewollt, vermischen.

Irrtum 3:
Agil ist ganz neu.
Auch dies ist ein Irrtum! Das Zusammenwirken vieler neuer Erkenntnisse aus den vergangenen Jahren, insbesondere aus dem Personalmanagement haben das heute genutzte Agile Projektmanagement geformt. Einige Techniken sind auch heute noch immer Bestandteile des traditionellen Projektmanagements, z.B. die Daily Stand-Up Meetings.

Leider muss aber beim Agilen Projektmanagement kritisch betrachten werden, dass der Focus dieses Verfahrens, das positive Bild des Menschen und die motivierende Zusammenarbeit, oft nicht gelebt wird. In der Praxis plant man zwar mit agilen Werten, umgesetzt wird es aber nicht. Es wird leider immer häufiger klassisch geführt. Vermutlich liegt es daran, dass immer mehr betriebswirtschaftliche Gründe in den Vordergrund treten. Somit wird das agile Verfahren schleichend zu einer Mogelpackung, versehen mit Stress und Termindruck. Also genau das Gegenteil des ursprünglichen Gedankens.

AGILITÄT – EINE CHANCE?

Ein wichtiger Aspekt für Unternehmen, sich erfolgreich am Markt zu positionieren, ist die Kunst, sich den wechselnden Anforderungen am Markt schnell und erfolgreich anzupassen. Agilität ist genau der Schritt, sich diesen Veränderungen zu stellen und damit Wettbewerbsvorteile zu erzielen.

Damit dieser Erfolg eintreten kann, benötigt man aber im Unternehmen neben einer Grunddynamik, die bereit ist, veränderte Denkweisen zu akzeptieren, auch eine unternehmerische Stabilität. Diese findet man in der Regel in der

Firmenphilosophie, einer Unternehmensvision oder gewachsene Unternehmenswerte. Genau an diesen Merkmalen kann jedoch der positive Ansatz des agilen Arbeitens scheitern. Hierarchische Führungsebenen und Mitarbeiterstrukturen, eingefahrene Prozesse und Arbeitsabläufe, verstaubte Dienstvorschriften müssen aufgebrochen werden, um die angedachte Dynamik des agilen Arbeitens möglich zu machen.

Kurzerklärung des Agilen Projektmanagements

Als Agiles Projektmanagement wird ein Prozess beschrieben, bei dem Projektteilnehmer oder Projektteams in kurzen Projektschritten tätig sind, sehr flexibel auf Veränderungen reagieren können und durch einen regelmäßigen Gedanken- und Erfahrungsaustausch produktiv arbeiten können.

Die Vorgehensweise beim Agilen Projektmanagement lebt mit hohen Toleranzen für das Projektteam und den Bereichen Qualität, Budget, Umfang und Terminstellung. Der Kunde wird in diesem Projektmanagement sehr stark eingebunden und bestimmt dadurch den Weg zum Projektziel entscheidend mit.

Vor- und Nachteile Agiles Projektmanagement

Vorweg kann man festhalten, dass es sehr viele Vorteile bei einem agilen Arbeiten gibt. Weitaus mehr als ein paar wenige Nachteile. An erster Stelle der Vorteile steht dabei natürlich immer die Steigerung der Produktivität. Die dauerhaft agile Denkweise wird einen Prozess positiv unterstützen, der sich konzentriert mit immer neu gestellten Aufgaben dem Unternehmensziel nähert. Begleitend dazu verändert sich auch die Kultur im Unternehmen. Es entsteht eine wichtige Transparenz im Unternehmen, die Kommunikation über Abteilungsgrenzen hinweg funktioniert besser, die neue übertragende Eigenverantwortung steigert die Identifikation der Mitarbeiter gegenüber dem Unternehmen. So wird ganz nebenbei durch den agilen Gedanken erreicht, dass Mitarbeiter sich wohler fühlen, dem Unternehmen länger oder sogar immer treu bleiben und auch zukünftige Bewerber davon überzeugt werden, bei diesem Unternehmen „einzusteigen".

Vorteile (Kurzfassung)

- Kleine Projektabläufe, dadurch überschaubar
- Neue Arbeitsschritte erfolgen erst mit Fertigstellung des Vorherigen
- Es ist möglich flexibel mehrere Ideen oder Abläufe zu testen
- Neue Erkenntnisse können umgehend eingearbeitet werden
- Entwicklung neuer kreativer Ideen
- Reaktionsschnelle Zusammenarbeit durch kleine, eigenständige Teams

- Kostenbudget nach tatsächlichem Leistungsaufwand

Nachteile (Kurzfassung)
- Methodenkenntnisse der Projektteilnehmer
- Veränderte Führungskultur
- Hoher Abstimmungsbedarf
- Nicht vorhersehbarer Termin des Projektziels

Agiles Arbeiten hat also mehr Vor- als Nachteile.
Stellt sich die Frage: Warum setzt nicht jedes Unternehmen das agile Arbeiten um?

Eine Antwort ist schnell gefunden: Weil den Führungskräften der Unternehmen suggeriert wird, dass Veränderungen aufgrund alt eingefahrener Strukturen und Denkweisen scheitern würden. Diese Einschätzung liegt allein darin begründet, dass in diesen Unternehmen

- keine klaren, zielorientierten Visionen bestehen
- Entscheidungen nach altherkömmlichem Patriarchalismus getroffen werden.

Der letzte Punkt bedeutet dabei die größte Herausforderung einer Veränderung. Anstatt des „Chefs", der ausschließlich kontrolliert und delegiert, muss dieser Vorgesetzte Transparenz zeigen, wertorientiert denken und die Selbstentscheidungen seiner Mitarbeiter fördern. Kurz gesagt: Ein „Coach" muss es sein.

UNTERSCHIED TRADITIONELLES VS. AGILES PROJEKTMANAGEMENT

Die beiden Modelle stehen nicht in direkter Konkurrenz zueinander. Im Gegenteil! Beide Begriffe, „agil" und „traditionell" sind mittlerweile auf das Projektmanagement übertragen worden. Somit stehen zwei unterschiedliche Modelle, voneinander unabhängig, für den Start eines Projektmanagements zur Verfügung. Wie bereits beschrieben, unterscheiden die beiden Modelle sich in ihrer Struktur.

Als agil bezeichnet man ein Projektmanagement, das auf einen agilen Prozess basiert und dabei agile Werte, Prinzipien und Techniken nutzt.

Als traditionell bezeichnet man ein Projektmanagement, das auf einen standardisierten Prozess aufbaut.

Den Unterschied beider Modelle kann man am besten mit einem Begriff aus dem Heizungsbereich erklären. Hierzu folgendes Beispiel:

BEISPIEL – START
Sie haben wohlmöglich in Ihrem Haus eine Heizungsanlage installiert. Diese Heizungsanlage erledigt grundsätzlich zwei Hauptfunktionen: Sie steuert und sie regelt.

Die **Steuerung** schaltet zu fest programmierten Zeiten die Heizung an und wieder aus. Nehmen wir als Beispiel die Winterregelung: Am 01.10. schaltet die Heizung sich ein, am 01.05. wieder aus.

Die **Regelung** dagegen veranlasst, dass eine gewünschte und eingestellte Raumtemperatur konstant gehalten wird. Diese konstante Raumtemperatur kann von Ihnen beliebig und jederzeit verändert werden. Was bedeutet dies im Projektmanagement. Nachfolgend dazu ein kleines Beispiel:

BEISPIEL – ENDE

Sie benötigen für die Umsetzung eines Projektes sehr viele Informationen, mit denen Sie eine Planung optimal erstellen können. Sie wären aber auch in der Lage bei Störungen aufgrund ihres Wissenstandes die Zielrichtung des Projektes schnell zu verändern. **Sie könnten also steuern!!!**

Optimaler wäre es aber doch, dass, von den gleichen Parametern ausgehend, diese Veränderungen dynamisch, besser gesagt, agil bearbeitet würden. **Sie könnten also regeln!!!**

Umgesetzt auf das Projektmanagement, können sie mit dem traditionellen Projektmanagement **steuern** und mit dem Agilen Projektmanagement **regeln.**

Zu beachten ist aber, dass zwar im Agilen Projektmanagement Änderungen in den Anforderungen zugelassen sind, der Zeitablauf, besser gesagt, das Ziel genau terminisiert ist. Reicht der ursprünglich festgelegt Zeitplan aufgrund der Erkenntnisse und der daraus resultierenden neuen Anforderungen nicht aus, muss der Umfang der Anforderungen reduziert werden. Daraus resultierend wäre ein neuer Auftrag für ein neues Projekt notwendig. Im traditionellen Verfahren würde einfach das Ziel terminlich verschoben werden.

DAS LEBEN ZWISCHEN TRADITIONELL VS. AGIL

Den Unterschied zwischen agil und traditionell können wir im alltäglichen Leben live erleben. Das nachfolgende Beispiel hat bestimmt so oder ähnlich schon jeder einmal persönlich erlebt. Es hat zwar nicht mit einem Projektmanagement zu tun, zeigt aber Handlungsweisen, die den Unterschied sehr deutlich machen.

Der Alltag mit einem Unternehmen des Versandhandels

BEISPIEL - START

Ein großer Versandhandel hat zu Weihnachten ein besonders günstiges Angebot für einen Tischgrill veröffentlicht. Frau Kunde war davon derart begeistert, dass sie sich umgehend an ihren PC gesetzt und eine Bestellung veranlasst hat. Neben der Bestellbestätigung hat Frau Kunde auch einen verbindlichen Liefertermin erhalten. Rechtzeitig, zwei Tage vor dem Fest, am Mittwoch, sollte Frau Kunde ihren Tischgrill erhalten.

Sie besorgte umgehend und hoch erfreut die entsprechenden Zutaten und freut sich auf einen superschönen Festtag. Doch zum großen Ärger, am bestätigten Termin kam: **N I C H T S.** Frau Kunde setzte sich am nächsten Vormittag mit dem Unternehmen telefonisch in Verbindung. Der chronologische Ablauf gestaltete sich folgendermaßen:

Donnerstag vormittags: Ein Anruf von Frau Kunde geht in der Service-Hotline des Versandhandels ein. Sie beschwert sich darüber, dass das Paket nicht zum bestätigten Termin am Mittwoch eingetroffen ist.

Die Service-Mitarbeiterin dort nimmt das Telefonat an und notiert die Reklamation von Frau Kunde auf einer Liefer-Reklamationskarte. Diese Reklamationskarte leitet die Service-Mitarbeiterin online an den Warenausgang weiter.

Der Mitarbeiter im Warenausgang prüft den Vorgang und stellt fest, dass überhaupt kein Auftrag vorliegt. Er vermutet einen EDV-Fehler und leitet diesen Vorgang an den IT-Bereich weiter.

Der Mitarbeiter im IT-Bereich prüft den Vorgang und stellt fest, dass am Tag der Bestellung Wartungsarbeiten am EDV-System stattgefunden haben. An diesen Arbeiten war er selbst nicht beteiligt. Er leitet den Vorgang an den zuständigen Programmierer weiter.

Zwischenfazit 1:
Mehrere Mitarbeiter des Versandhauses hatten, zumindest kurzzeitig, diesen Vorgang schon „in den Händen", bewegt wurde aber **N I C H T S.**
So kam es, wie es kommen musste.

Frau Kunde ruft am Mittwoch nachmittags ein zweites Mal in der Service-Hotline an und beschwert sich darüber, dass immer noch keine Reaktion seitens des Unternehmens erfolgt ist.

Die Service-Mitarbeiterin (natürlich eine andere Person!) erstellt ein weiteres Mal eine Reklamationskarte, erklärt aber gegenüber Frau Kunde, dass der Vorgang erst am nächsten Tag bearbeitet werden kann, da die zuständigen Mitarbeiter bereits Feierabend haben.

Der nächste Tag:

Frau Kunde wird immer erboster und ruft gleich Donnerstag vormittags erneut bei der Service-Hotline an. Auch diesmal ist eine andere Mitarbeiterin des Service-Bereiches am Telefon. Eine dritte Reklamationskarte wird angelegt.

Der zuständige Programmierer beginnt mit der Fehlersuche. Da er aber noch andere Termin-Arbeiten erledigen muss, erfolgt diese Suche nur nebenbei. Die Zeit vergeht! Am Nachmittag findet der Programmierer den Fehler. Bei den Wartungsarbeiten wurden irrtümlich Bestellungen entgegengenommen, auch Liefertermine mitgeteilt, wurden aber in eine separate Datei für offene Vorgänge weitergeleitet.

Der Programmierer korrigiert den Fehler und leitet alle Vorgänge an den Kommissionsbereich weiter.

Zwischenfazit 2:

Immer noch **N I C H T S.**

Im Kommissionsbereich gehen die Liefervorgänge ein und landen in der üblichen Stapelverarbeitung.

Frau Kunde ruft erneut, Donnerstag mittags, in der Service-Hotline an. Jetzt nicht mehr erbost, sondern richtig wütend. Sie verlangt einen kompetenten Vorgesetzten zur Klärung des Vorgangs.

Frau Kunde wird an den Hauptabteilungsleiter Versand, Herrn Dienst weitergeleitet. Herr Dienst sagt zu, den Vorgang umgehend zu klären.

Nach längerer Recherche kann Herr Dienst den Vorgang klären und weist den Versandleiter Herrn Post an, die Bestellung vorrangig zu bearbeiten. Es ist spät nachmittags und Herr Post erklärt, dass dieses Paket frühestens morgen, am Heiligabend morgens, zum Versand gebracht werden kann.

Es dürfte sich aber erledigt haben: Frau Kunde hat zwischenzeitlich den Auftrag storniert.

Dieses Beispiel mag sehr übertrieben dargestellt sein, zeigt aber, wie in den unternehmerischen Arbeitsschritten ein Vorgang abgearbeitet wird. Eigentlich haben alle Mitarbeiter nur das gemacht, was in ihrem täglichen Arbeitsauftrag auch gefordert wurde. Alles Kriterien, die man auch in einem traditionellen Projektmanagement wiedertrifft.

Wie hätte es aber agil laufen können?

Die Mitarbeiterin in der Service-Hotline hätte neben der Information an den Warenausgang auch den IT-Bereich informieren können. Es hätte ja davon ausgehen können, dass ein Fehler nur in diesen beiden Bereichen entstanden sein konnte. Sie hätte gleichzeitig beide Bereiche bitten müssen, kurzfristig eine Info über die umgesetzten Maßnahmen zurückzugeben. Die Mitarbeiterin der Service-Hotline hätte sich bei Frau Kunde zurückmelden müssen und den Stand der Nachforschung übermitteln können.

Der Versandleiter hätte die Möglichkeit einer Ersatzlieferung, losgelöst der Prüfungen des Hauptvorgangs, veranlassen können.

Die Service-Hotline hätte Frau Kunde über die Ersatzlieferung informieren können und bestätigen müssen, dass der Tischgrill rechtzeitig vor Weihnachten eintrifft.

Der Versandleiter hätte den Versandauftrag für den Hauptauftrag abfangen können und keinen Versand veranlasst.

Fazit: Frau Kunde könnte zufrieden am Weihnachtstag das gegrillte genießen!

BEISPIEL - ENDE

Was zeigt uns dieses Beispiel? Viele Reaktionen, die auch in einem Agilen Projektmanagement gelebt werden: schnelle Reaktion, Zwischeninformation an den Kunden, flexibles Handeln, kurzfristige Entscheidungen treffen.

Zu allem Überfluss gibt es noch eine dritte Variante, eine Mischung aus dem traditionellen und dem Agilen Projektmanagement, das sogenannte hybride Projektmanagement.

DAS HYBRIDE PROJEKTMANAGEMENT

Das Wort „Hybrid“ ist uns heute im allgemeinen Sprachgebrauch nicht unbekannt. Unter „Hybrid“ verstehen wir etwas „vermischtes“, „gebündeltes“ oder „gekreuztes“. Am geläufigsten ist uns dieser Ausdruck aus der Automobilindustrie. Dort finden wir Kraftfahrzeuge mit einem hybriden Antrieb, einem Motor, wahlweise angetrieben mit Benzin oder Strom. Diese „Vermischung“ finden wir auch im Projektmanagement. Es gibt eine Vielzahl von Modellen, die sich weder auf den agilen noch auf den traditionellen Prozess gründen. Das führt dann dazu, dass sehr häufig ein nicht genau charakterisiertes agiles Projektmanagement automatisch zum traditionellen Projektmanagement erklärt wird. Das ist auf der einen Seite zwar falsch, aber auch wieder richtig. **Betrachtet man das hybride Projektmanagement sehr genau, stellt man schnell fest, dass man sich in Verbindung mit agilen Prinzipien und Techniken größtenteils wieder in einem altbekannten Projektmanagement befindet.**

Eine derart gelagerte Kombination, die Vermischung unterschiedlichster Projektmanagement-Methoden wird ebenfalls als hybrid bezeichnet. Dabei reicht es bereits völlig aus, dass einzelne Elemente der unterschiedlichen Methoden miteinander verbunden werden.

Je nach Konstellation der zusammengestellten Methoden bezeichnet man diese auch als

Bimodales Projektmanagement
Kombination von genau 2 Managementsystemen

Selektives Projektmanagement
Auswahl der geeignetsten Elemente aus verschiedenen Managementsystemen

Adaptives Projektmanagement
Sorgfältig ermittelte Elemente aus allen Managementsystemen, genauestens zugeschnitten auf das Vorgehen des Prozesses.

Multimodales Projektmanagement
Kombination von mehr als 2 Managementsystemen

Das hybride Projektmanagement wird in den meisten Projekten in einer Kombination aus traditionellen Methoden und agilen Techniken eingesetzt. Das bedeutet, es gibt drei Möglichkeiten der Kombination:

- traditionell mit agil
- traditionell mit traditionell
- agil mit agil

Die bekannteste rein agile Kombination in der Realisierung eines Projektes ist dabei Scrumban, eine Mischung aus Scrum und Kanban (näheres hierzu folgt).

Agiles Projektmanagement

Um das Agile Projektmanagement umzusetzen, stehen heute eine Vielzahl von Methoden und Techniken und Werkzeugen für den Einsatz zur Verfügung. Spielt allerdings der Faktor Zeit nicht die allererste Rolle, können durchaus klassische Elemente völlig ausreichend sein. Das gilt auch, wenn das Knowhow der Projektteilnehmer nur eingeschränkt nutzbar ist.

Ist das Projektes aber mit hoher Geschwindigkeit abzuwickeln und sind Abweichungen in Teilbereichen des Projektes einkalkuliert, ist die agile Vorgehensweise unabdinglich. Dies gilt insbesondere für die Einhaltung des Budgets. Veränderungen im Prozessablauf führen bei der klassischen Variante unweigerlich zu höheren Kosten bzw. einer längeren Laufzeit.

In der agilen Variante werden diese Störfaktoren bereits angenommen und eingeplant. Um ein Scheitern eines agilen Projektmanagements zu vermeiden, sind aber zwingend dessen Grundvoraussetzungen genauestens zu prüfen. Kurz zusammengefasst eignet sich ein agiles Projektmanagement für Projekte, die ein nicht abschließendes Bild der Anforderung zeigen, ständigen Veränderungen und den daraus resultierenden Reaktionen ausgesetzt sind, sehr komplex sind und daraus das Endprodukt noch nicht definiert werden kann oder schnelle Ergebnisse liefern sollen.

GRUNDVORAUSSETZUNG FÜR EIN TEAM IM AGILEN PROJEKTMANAGEMENTS

- Stimmen die sozialen Kompetenzen innerhalb des geplanten Teams?
- Ist das Vertrauen in die Teammitglieder vorhanden?
- Können die Teammitglieder regelmäßig, fundierte Feedbacks abgeben?
- Besitzen die teilnehmenden Bereiche ausreichend Ressourcen?
- Im Regelfall sind Vertriebs- und Marketingabteilungen zu gewissen Jahreszeiten nicht komplett ausgelastet und wären in einem klassischen Projekt besser aufgehoben.
- Stimmen die Kompetenzen im Team?

Es nützt nichts, wenn Bereiche ein fundierteres Wissen haben, andere Bereiche aber erst darauf geschult werden müssen.

GRUNDVORAUSSETZUNGEN FÜR DAS PROJEKT IM AGILEN PROJEKTMANAGEMENT

➢ Die Anforderungen des Kunden sind nicht detailliert?
Sollten die Anforderungen von Beginn an aber genau definiert sein, macht ein agiles Projektmanagement keinen Sinn.

➢ Ist bei Änderungen im Projektverlauf mit einer Kostensteigerung zu rechnen?
Wenn Änderungen im Projekt eine Kostensteigerung verursachen, wird bei einem agilen Arbeiten das Budget kaum zu halten sein.

➢ Ist das Endprodukt in Teilprodukte zerlegbar?
Können Zwischenschritte bzw. Teilprodukte nicht genau definiert werden, ist bei Kundenänderungen ein agiles Arbeiten nicht möglich.

➢ Eignen sich Teammitglieder für ein agiles arbeiten?
„Eigenbrötler", nicht teamfähige und besserwissende Teammitglieder eignen sich nicht für ein agiles Arbeiten.

➢ Ist das Projektteam mit der richtigen (< 9 Personen) Mannschaftsstärke ausgestattet?
Zu viele Köche verderben den Brei - so sagt es ein Sprichwort. Für ein agiles Arbeiten trifft dies ebenfalls zu. Ein agiles Arbeiten wird proportional schwieriger, wie die Teamstärke wächst.

➢ Ist der Kunde zur Mitarbeit bereit?
Sollte der Kunde lediglich den Auftrag abgeben und danach auf das Resultat warten, ist ein Agiles Projektmanagement zum Scheitern verurteilt.

➢ Besteht das Unternehmen auf eine genaue Dokumentation der Projektarbeiten?
Genaue Dokumentationen sind im Agile Projektmanagement nicht vorgesehen und führt zwangsläufig zu Reibungsverlusten.

WAS VERSTEHT MAN UNTER DEM AGILEN MANIFEST?

In neugestarteten Projekten fand das Agile Projektmanagement immer mehr Beliebtheit. Gleichzeitig erfolgte aber dessen Umsetzung in den unterschiedlichsten Varianten. Um diesen „Wildwuchs" einzudämmen, entwickelten mehrere Software-Entwickler im Jahre 2001 Leitsätze. Diese Leitsätze wurden, nennen wir es einmal, zu den Spielregeln des Agilen Projektmanagement. Sie wurden in insgesamt 12 Leitsätze / Prinzipien und 4 Werten definiert und bilden seitdem den Grundstock für ein agiles Arbeiten. Die 12 Prinzipien beziehen sich in ihrer Formulierung, wie ja auch ursprünglich aus der Praxis entstanden, auf das Gebiet der Softwareentwicklung. Heutzutage gilt dies aber auch für jedes andere Produkt.

Die 12 Prinzipien entsprechen dem Originaltext und sind entsprechend übernommen!

>> Prinzip 1:
Unsere höchste Priorität ist es, den Kunden durch frühe und kontinuierliche Auslieferung wertvoller Software / Produkte zufrieden zu stellen.

Die Idee dieses Prinzips ist, die natürliche Distanz zwischen Auftraggeber (Kunde) und Auftragnehmer (Entwickler) so gering wie möglich zu halten. Der Kunde wird in das Team integriert. Für dieses Team gilt dann das Ergebnis des Projektes als gemeinsames Ziel. Der Kunde wird, genau wie alle Mitarbeiter, die direkt an der Entwicklung beteiligt sind, regelmäßig über fertiggestellte Teilschritte informiert. Mit dieser Maßnahme wird erreicht, dass der Kunde stets das Gefühl hat, für sich das optimalste Endprodukt ausgehändigt zu bekommen. Werden Zwischenergebnisse präsentiert, ist es wichtig, dass alle Merkmale des Teilschrittes vollständig und nicht nur teilweise funktionsfähig sind. Sollten Zwischenergebnisse beim Kunden im Arbeitsablauf bereits eingesetzt werden, ist gegen eine vorzeitige Teil-Übergabe nichts einzuwenden. Es darf dabei aber nicht der Zeitplan des Projektes bis zum geplanten Termin/Ziel verändert werden.

Es ist bei diesem Prinzip aber nicht daran gedacht, dass der Kunde, durch die Einbindung in den Projektablauf, einen terminlichen Druck auf die Entwickler ausübt, um das angestrebte Ziel früher zu erreichen. Das würde zwangsläufig zu einem halbherzigen und vermutlich mit Fehler behafteten Endergebnis führen.

>> Prinzip 2:
Heiße Anforderungsänderungen selbst spät in der Entwicklung willkommen. Agile Prozesse nutzen Veränderungen zum Wettbewerbsvorteil des Kunden.

Es dürfte kaum zutreffen, dass beim Start eines Projektes die Anforderungen des Kunden zu 100 Prozent stimmen. Im Umkehrschluss bedeutet dies aber auch, dass Änderungswünsche des Kunden vorkommen werden. Das wäre auch völlig normal, da gerade der Kunde durch seine Einbindung in das Projekt lernt, neue Erkenntnisse sammeln kann und daraus neue Ideen entwickelt. Folglich sollte also damit gerechnet werden und das Team darauf vorbereitet sein. Die Änderungswünsche des Kunden müssen positiv betrachtet und nicht als Belastung des Projektes verstanden werden. Der Kunde und seine Wünsche sind real und müssen auch so betrachtet werden.

Allerdings dürfen Änderungswünsche des Kunden nicht dazu führen, dass ein Projekt ein völlig anderes Produkt / Ergebnis entwickelt. Umso wichtiger ist es, im Erstgespräch möglichst viele Informationen vom Kunden zu erhalten, die in die Erstplanung des Projektes einfließen können.

>> Prinzip 3:
Liefere funktionierende Software / Produkte regelmäßig innerhalb weniger Wochen oder Monate und bevorzuge dabei die kürzere Zeitspanne.

Im traditionellen Projektmanagement gibt es nur 3 Projektschritte: Auftrag, Entwicklung, Fertigstellung. Das Problem liegt dabei darin, dass es für den Kunden am Ende des Projektes ein „Überraschungspaket“ gibt. Niemand kann am Anfang des Projektes nämlich abschätzen, was am Ende wirklich rauskommt. Das ist bekanntlich in der agilen Arbeitsweise anders. Hier lebt das Projekt von Erkenntnissen und Veränderungen. Durch die Einbindung des Kunden kann er zeitnah erkennen, inwieweit sich sein Ursprungswunsch in ein für seinen Bedarf optimiertes Produkt verändert. Die Vorstellung von Teilergebnissen fördert dies beim Kunden zusätzlich.

Es sollte aber vermieden werden, zu viele Teilergebnisse abzuliefern. Das verwirrt den Kunden nur, insbesondere, wenn für ihn Rückschritte in der Entwicklung des Produktes erkennbar sind.

>> Prinzip 4:
Fachexperten und Entwickler müssen während des Projektes täglich zusammenarbeiten.

Dies ist eigentlich noch einmal eine Ergänzung zum dritten Prinzip. Genau die Schnittstelle zwischen Kunde und Entwickler birgt die Gefahr von Fehlinterpretationen in der Entwicklung. Das geschieht sehr häufig, da am Beginn des

Projektes die Gedanken des Kunden nicht mit den Ideen des Entwicklerteams zusammenpassen. Folglich könnte sich in diesen Fällen die Produktvorstellung des Kunden völlig konträr zu der Fertigstellung des Endproduktes bewegen. Dagegen wirkt eine vertrauensvolle und enge Zusammenarbeit zwischen dem Kunden und dem Entwicklerteam, die am besten mit regelmäßigen, gegenseitigen Abstimmungen in den Meetings erfolgt.

Das soll aber nicht dazu führen, dass Kunde und Entwicklerteam sich nur noch in Meetings aufhalten und

der Projektablauf zur Nebensache wird.

>> Prinzip 5:
Errichte Projekte rund um motivierte Individuen. Gib ihnen das Umfeld und die Unterstützung, die sie benötigen und vertraue darauf, dass sie die Aufgabe erledigen.

Ein agiles Arbeiten kann nur mit Mitarbeitern erfolgen, die motiviert sind, denen es gelingt, kreativ und konzentriert die Aufgabenstellung anzugehen und dabei Lösungen zu schaffen, die überzeugen und begeistern. Dabei ist das Umfeld für das Team, aber auch für den Projektablauf sehr wichtig. Das kann sehr schnell erreicht werden. Im Organisatorischen Bereich zum Beispiel mit ordentlichen Arbeitsräumen, ausgestattet mit guter Technik und einem Team, das möglichst nah zusammensitzen kann. Im Psychologischen Bereich stärkt man die Teammitglieder durch das Vertrauen, das jedem Einzelnen entgegengebracht wird und der Zusage, eigene kreative Ideen entwickeln und umsetzen zu können. Dabei gilt: Wer Freude an seiner Arbeit hat, wird auch viel leisten. Das traditionelle Denken: „Ich Chef - Du Mitarbeiter" ist im agilen Arbeiten völlig überflüssig. Damit soll aber nicht bedeuten, dass Teilergebnisse im Laufe des Projektes nicht einem Test oder einer Prüfung unterzogen werden.

>> Prinzip 6:
Die effizienteste und effektivste Methode, Informationen an und innerhalb eines Entwicklerteams zu übermitteln, ist im Gespräch von Angesicht zu Angesicht.

Entwicklungsprozesse in einem agil arbeitenden Team leben von dem Gedankenaustausch. Das beste Werkzeug hierfür ist das Teammeeting. Aber warum in festgelegten Zeitabständen treffen? Im Zuge der hochtechnisierten Zeit, könnte doch so manches auch über Kommunikationsmedien erfolgen. Dazu muss man wissen, dass es bei der verbalen Kommunikation unter Menschen zu den unterschiedlichsten Interpretationen kommen kann. Erst die Ergänzung über die non-verbale Kommunikation, z.B. der Gesichtsausdruck oder die Mimik, führen zu einem Gesamtbild der Kommunikation. Das beste Hilfsmittel, dies zu erreichen, ist ein Meeting. Verbale und non-verbale Kommunikation in Einem vereint. Besser geht es nicht!

Das soll jedoch nicht bedeuten, dass nun alle Entscheidungen, Klärungen usw. innerhalb eines Meetings geklärt werden müssen. Natürlich bleibt auch der Weg der digitalen Kommunikation (Mail, Telefon, Fax usw.). Richtungsweisende Entscheidungen innerhalb eines Projektes sollten aber in diesen Meetings festgelegt werden.

>> Prinzip 7:
Funktionierende Software / Produkte sind das wichtigste Fortschrittsmaß.

Das wichtigste für einen Auftraggeber ist es, dass ein Entwicklungsteam für ihn das bestmöglichste Produkt entwickelt. Das soll natürlich auch in einer möglichst kurzen Zeit erfolgen. Bei welchem Entwicklungsstand sich ein Projekt befindet, könnte man mit den unterschiedlichsten Kriterien nachweisen. Für den Kunden ist es jedoch wichtig, möglichst frühzeitig über den Fortschritt, das Fortschrittsmaß des Projektes informiert zu werden. Das optimalste Fortschrittsmaß ist das Teilergebnis, das in sich geschlossen funktionsfähig, dabei theoretisch auch einsetzbar ist.

>> Prinzip 8:
Agile Prozesse fördern nachhaltige Entwicklung. Die Auftraggeber, Entwickler und Benutzer sollen ein gleichmäßiges Tempo auf unbegrenzte Zeit halten können.

Unter Nachhaltigkeit versteht man nicht Kurzfristigkeit, sondern die Dauerhaftigkeit. Das bedeutet aus Kundensicht: Er hat an einem Produkt das Interesse, möglichst langlebig, produktiv und wertschöpfend damit arbeiten zu können. Dabei soll es in einer gleichbleibenden maschinellen oder persönlichen Auslastung erreicht werden. Spitzenzeiten oder Leerlauf sind unerwünscht. Aber nicht nur für den Auftraggeber ist Nachhaltigkeit wichtig. Auch für ein Projektteam gilt dies. Allerdings mit etwas anderen Vorrausetzungen. Es spielt weniger das Ergebnis, sondern vielmehr die Belastung in dem gesamten Projektablauf eine Rolle. Bei den Teammitgliedern muss vermieden werden, dass in ihren Arbeitsschritten mal wenig (Fehlzeit), dann wieder viel (Spitze) Leistung erbracht werden muss.

Ein zeitweise auf Höchstleistung ausgerichtetes Arbeiten wird dauerhaft nicht funktionieren.

Besser ist es, wenn die Entwickler ihr Arbeitsmaß und damit die Arbeitsfortschritte, nach der agilen Denkweise, selbst bestimmen und auf einem gleichbleibenden Level arbeiten können.

>> Prinzip 9:
Ständiges Augenmerk auf technische Exzellenz und gutes Design fördert Agilität.

Wie schon bereits erwähnt ist es vor dem Start eines Projektes sehr wichtig, auf die Auswahl der Teammitglieder ein hohes Augenmaß zu richten. Teamfähigkeit, Kenntnisse, Fähigkeiten, Ideenreichtum und Lernbereitschaft sind einige Kriterien, die dazu befähigen, agil zu arbeiten. Aber nicht nur vor dem Start eines Projektes muss darüber nachgedacht werden. Auch während des Projektes muss das Augenmerk auf diese Qualitäten erfolgen. Einem „Einbruch" bei den Mitarbeitern muss rechtzeitig entgegengewirkt werden. Nur so werden alle Teammitglieder bis zum Abschluss des Projektes agil arbeiten.

>> Prinzip 10:
Einfachheit – die Kunst, die Menge nicht getaner Arbeit zu maximieren – ist essenziell.

Dieses Prinzip ist mit einer Weisheit sehr gut zu erklären: „Erledige nur das, was wichtig ist. Erledige nichts, was unwichtig ist". Übersetzt bedeutet es, sich nur mit den wichtigen Dingen im Projekt zu beschäftigen und keinen Zeitaufwand für unwichtige Schritte aufzuwenden.

Im agilen Projektmanagement sollte diese „Weisheit" jeder Projektteilnehmer regelmäßig überprüfen. Damit werden Reibungsverluste im Prozess und der Zusammenarbeit des Teams vermieden.

>> Prinzip 11:
Die besten Architekturen, Anforderungen und Entwürfe entstehen durch selbstorganisierte Teams.

Die Selbstorganisation eines Projektteams bei einem agilen Projekt ist der gravierende Unterschied zu Mitarbeiterstrukturen in traditionellen Projekten. Die Teams in dem agilen Projekt schaffen zeigen ein kreatives Denken gegenüber dem Produkt, arbeiten durch ihre Selbstorganisation innovativ und stark zielorientiert. So werden bei optimaler Zusammensetzung der Teammitglieder im Regelfall bessere Ergebnisse erzielt.

Zu bemerken bleibt, dass Selbstorganisation nichts mit Regelfreiheit zu tun hat. Natürlich bestehen auch in einem agilen Team regeln. Diese sind aber gemeinsam festgelegt!

>> Prinzip 12:
In regelmäßigen Abständen reflektiert das Team, wie es effektiver werden kann und passt sein Verhalten entsprechend an.

Dieses Prinzip spricht einen wichtigen Grundsatz der agilen Denkweise an: Die immerwährende Weiterentwicklung des Teams / der Teammitglieder. Im gesamten Projektablauf analysiert das Team mögliche Fehler oder Schwachpunkte, um die Erkenntnisse daraus in den folgenden Projektschritten einzuarbeiten. Es entspricht durchaus dem Leitsatz „Learning by Doing".

WAS VERSTEHT MAN UNTER AGILEN WERTEN?

Das Agile Projektmanagement gliedert sich in Werte, Prinzipien, Techniken und Methoden. Um zu verstehen, was hinter dem agilen Projektmanagement steht, sollte man Methoden und Techniken nicht nur unterscheiden, sondern genauestens definieren.

- **Agile Werte:**
Hierbei handelt es sich um das Fundament des gesamten Projektablaufs
- **Agile Prinzipien:**
Sie basieren auf den agilen Werten und bilden im gesamten Prozess die Grundsätze jeglicher Handlung.
- **Agile Techniken:**
Hierbei handelt es sich um definierte Verfahren, mit denen die agilen Prinzipien umgesetzt werden
- **Agile Methoden:**
Diese verbinden Werte, Prinzipien und Techniken zu einem abgeschlossenen Prozess.

WAS VERSTEHT MAN UNTER AGILEM ARBEITEN?

Sollten Sie sich bei der Umsetzung eines Projektes für die agile Variante entscheiden, bedeutet dies zwingend den Einsatz agiler Werkzeuge bzw. Techniken und agiler Methoden auf der Grundlage der 12 Manifeste und der 4 Werte. Je nach Komplexität des Projektes werden Teile aus den Werkzeugen und den Werten zu einem agilen Mindset für das Projekt zusammengefügt. Dieses Mindset muss aus Werten, persönlichen Einstellungen und Qualitäten, sowie persönlichen Verhaltensweisen bestehen. Dieses Mindset bildet den Impuls des Projektes.

Wichtig! Agile Arbeit gelingt nur durch eine positive Einstellung zum Projekt.

Die Wichtigkeit dieser These liegt in der angestrebten Begeisterung der Projektteilnehmer. Das agile Arbeiten funktioniert nur mit eingeschworenen Mitarbeitern, die andere Einstellungen und Verhaltensweisen gegenüber dem Projekt haben, als die Mitarbeiter, die in der traditionellen Weise denken und arbeiten. Wie bekommt man aber nun Mitarbeiter aus der traditionellen in die agile Denkweise? Das gelingt natürlich in erster Linie durch die Begeisterung und Einstellung der Unternehmensführung. Setzen Sie bereits im Vorfeld eines Projektes agile Werkzeuge, Methoden und Denkweisen im Unternehmen ein. Bei einer schrittweisen Anwendung können Mitarbeiter Erfahrungen sammeln und sich für diese Arbeitsweise begeistern. Das bedeutet aber auch im Umkehrschluss, dass ein anstehendes Projekt gut vorbereitet sein will. Der Nebeneffekt ist, dass agiles Arbeiten schrittweise im Alltag des Unternehmens Einzug halten kann.

Agiles Projektmanagement leben

Durch Ihre Entscheidung ein Agiles Projektmanagement ins Leben zu rufen, müssen Sie Kundenperspektiven (Persona) und Kundenanforderungen (Use Case) entwickeln, um die Ziele, Wünsche, Vorschläge und Terminisierungen ihrer Stakeholder (Teammitglieder) festzuhalten. Sie müssen sich im Klaren sein, dass bei einem Agilen Projektmanagement eine Vielzahl von Anforderungen vorliegen wird. Ihrem Geschick überlassen bleibt es, diese Anforderungen an Releases und Sprints so zu planen, dass die Stakeholder das beste Ergebnis erzielen können. Je genauer Sie diese Aufgabe erledigen, um so einfacher wird es Ihnen fallen, Änderungen oder Anpassungen, einzupflegen. Hilfestellung dabei können Sie sich durch einige visuellen Hilfsmittel holen. Nutzen Sie für sich den Einsatz von Diagrammen, zum Beispiel Cumulative Flow. Hierbei wird für jede Stufe des Projektes die Anzahl der einzelnen Arbeitsaufträge erfasst. Sammeln sich sehr viele Arbeitsaufträge in einer Stufe sind die Stakeholder überlastet und es kann zu Störungen oder Komplikationen führen. Für die Überwachung des Budgets bietet sich das Earned Value Diagramm an. Hierbei werden erledigte Aufgaben in eine Parallelität mit den laufenden Kosten gebracht. Im Besonderen müssen Sie auf derartige Werkzeuge zugreifen, wenn Sie mit mehreren Teams gleichzeitig arbeiten. In dieser Situation kommen Sie ohne das passende Tool nicht produktiv weiter.

Beispiel: Phasen eines Projektmanagements – Version 2

BEISPIEL - START

Wie zu Anfang mitgeteilt (Beispiel aus Pkt. 2.2.1), erleben sie nun nachfolgend das gleiche Beispiel aus Sicht der Agilität. So könnte es in der Praxis aussehen. ***Sie, als Leser dieser Ausarbeitung, werden für dieses Beispiel in die Person eines Teamleiters des Unternehmens versetzt.***

Definition (auch: Initiierung)
Dienstag: Es nähert sich die Mittagspause. Sie befinden sich gerade auf den Weg in die Kantine. Kurz davor begegnen Sie ihrem Chef. Er begrüßt Sie und fragt, ob Sie ein paar Minuten Zeit hätten. Sie bejahen und gehen gemeinsam in das Büro ihres Vorgesetzten. Dort offeriert er Ihnen folgendes: „Das ist schön, dass Sie die Zeit so kurzfristig gefunden haben. Sie sind ja der Teamleiter unseres laufenden Projektes. Ich habe gestern mit unserem Auftraggeber über seinen aktuellen Auftrag gesprochen. Ihm ist die erstellte Adressliste noch zu unübersichtlich. Ich habe ihn daraufhin nach seinen Wünschen und Vorstellungen gefragt. In diesem Briefing ist alles notiert." Er überreicht Ihnen das Briefing und gibt Ihnen als Termin den kommenden Freitag, 10:00 Uhr, vor.

Planung
Nach dem Gespräch mit Ihrem Chef, rufen Sie umgehend die Kollegen an, die an diesem Teilprojekt beteiligt sind und teilen Ihnen mit, dass bei dem anstehenden Teammeeting am nächsten Tag diese Änderung angesprochen werden.

Da es sich um nicht sonderlich umfangreiche Änderungen handelt, wird durch die anwesenden Teammitglieder schon gleich ein geänderter Prozess festgelegt.

Entwicklung (auch: Durchführung)
Die Teammitglieder arbeiten umgehend diese Änderungen in den laufenden Prozess ein. Am Donnerstag erhalten Sie das Ergebnis.

Abschluss
Am Freitag, 10:00 Uhr, stehen Sie pünktlich bei Ihrem Chef im Büro. Sie überreichen ihm einen Ausdruck der überarbeiteten Liste und bitten ihn, bei seinem nächsten regelmäßigen Gespräch mit dem Kunden, seine Zustimmung einzuholen.

BEISPIEL - ENDE

WAS SIND AGILE TECHNIKEN /WERKZEUGE?

Agile Techniken/Werkzeuge sind Methoden, die aus den Werten und Prinzipien des Agilen Manifests Strukturen entwickelt haben, die für jedes Projekt eingesetzt werden können. Mittlerweile werden die agilen Konzepte auch auf Projekte außerhalb der Softwareentwicklung übertragen. Sie lassen sich mittlerweile problemlos in den Alltag implementieren.

Das bekannteste Werkzeug ist ohne Frage Kanban. Hierbei handelt es sich innerhalb einer Produktion um eine veränderte Prozesssteuerung, mit dem Ziel, die gesamte Wertschöpfungskette in jeder Fertigungsstufe zu optimieren. Die Entwicklung von Kanban erfolgte in den ersten Varianten durch den japanischen Automobilhersteller Toyota. Es wurde der tatsächliche Verbrauch von Material am Bereitstellungs- bzw. Verbrauchsort ermittelt und bei Entnahme eine angepasste Neueinlagerung geregelt. Das Ziel von Kanban war, die Reduzierung der Bestände in den regionalen Fertigungsstätten zu reduzieren, die gesamte Wertschöpfungskette zu optimieren und somit die Produktivität zu steigern. Heutzutage arbeiten so alle großen Produktions-Unternehmen mit Prozesssteuerungen, die ihre Grundlage in Kanban haben.

Nachfolgend eine kleine Auswahl geläufiger Techniken. Alle werden später noch einmal am Beispiel eines erdachten Projektes aufgeführt.

Use Cases

Hiermit werden Anforderungen an das Produkt, die schlussendlich das Ergebnis des Projektes sein sollen, aus der Sicht des Kunden beschrieben. Da der Kunde später der Anwender sein wird, ist das Ziel dieser Technik, eine komplette Beschreibung der Funktionalität des Produktes in der Sprache und dem Verständnis des Kunden zu erhalten. Die Vorteile hierbei liegen im Folgenden:

Der Kunde formuliert die Anforderungsbeschreibung des Produktes mit seinen eigenen Worten und versteht auch später das Ergebnis.

Der Kunde hat damit eine klare Entscheidungspriorität für den Fall, dass einzelne Projektpunkte aus Zeit- oder Kostengründen verschoben bzw. gestrichen werden müssen.

Die Produktentwickler verstehen die Sicht, die Anforderungen und den Nutzen des Kunden besser. Missverständnisse seitens der Entwickler treten dadurch nicht auf.

Die nachfolgend aufgeführten Werkzeuge sind eng mit Use Cases verknüpft:
Anwendungsfälle: Ausführliche Beschreibung der Anforderungen seitens des Kunden.

Persona: Kundenperspektive übernehmen

User Stories
Hierbei handelt es sich um eine etwas einfachere Beschreibung, aber nicht minder wichtig, der Anforderungen von Mitarbeitern an das neue Produkt. Es soll sich durch Fragen herauskristallisieren, welche Wünsche und Anforderungen ein Mitarbeiter „X“ hat, welche Wünsche „Y“ vorliegen, um das Ergebnis „Z“ zu erhalten. In dem Gespräch zwischen Ihnen und Herrn Dr. Auweh muss sich daraus eine Geschichte, eben die Story, entwickeln. So könnte zum Beispiel die Sprechstundenhilfe den Wunsch haben, die offenen und erledigten Termine eines Patienten einzusehen, um die Häufigkeit nicht eingehaltener Termine zu erkennen und dadurch eine andere Planung, zum Beispiel Termine am Anfang oder Ende einer Sprechstunde, vorzunehmen. Anstelle eines Mitarbeiters kann natürlich auch der Auftraggeber sich äußern.

Die Vorteile hierbei liegen im Folgenden.

Durch diese detaillierten Beschreibungen eines Ziels besteht die Möglichkeit, ein Produkt noch kundenfreundlicher zu gestalten. So könnten tabellarische Ansichten, die dem Kunden nicht geläufig waren, dazu beitragen, Produkte positiver zu gestalten, als der Kunde es vorgegeben hatte.

Die nachfolgend aufgeführten Werkzeuge sind eng mit User Stories verknüpft:

Epics: Eine Zusammenfassung miteinander verknüpfbarer User Stories.
Story Mapping: Eine systematische Darstellung der User Stories eines Produktes.
Product Backlog: Eine Sammlung der kompletten Epics und der kompletten User Stories.
Task Board
Das Task Board wird genutzt, um dem Team die aktuellen Aufgaben des Projektes aufzuzeigen. Dafür reicht bereits eine einfache Tafel, die in Kategorien aufgeteilt ist und mittels Zettel oder Kärtchen die Aufgaben der Teams und den aktuellen Stand anzeigen. Das am einfachsten ausgestattete Task Board ist in folgende Kategorien aufgeteilt:

- „Insgesamt anstehend“
- „Aktuell anstehend“
- „in Arbeit“
- „Erledigt“

Um verantwortliche Teams oder Mitarbeiter besser zu Kennzeichen, können unterschiedlich farbige Zettel oder Kärtchen genutzt werden. Die Vorteile eines Task Boards sind:

- Das Projektteam kann immer aktuell den Stand des Projektes sehen
- Das Verschieben eines Zettels / Kärtchens kann nur von einem Teammitglied vorgenommen werden, der bereit ist, dafür auch aktive Verantwortung zu übernehmen.
- Der Aufwand zur Pflege des Task Boards ist relativ klein und einfach.

Das Task-Board ist der Kommunikationspunkt. Hier trifft man die Teamkollegen, tauscht sich aus und gibt Erfahrungen weiter.

Sollten die Teams oder Mitarbeiter räumlich weit voneinander getrennt sein, empfiehlt es sich, eine IT-Lösung einzusetzen. Dabei ist aber darauf zu achten, dass die Kommunikation der Projektteilnehmer nicht zu kurz kommt, oder ganz schlimm, gar nicht mehr stattfindet.

Die nachfolgend aufgeführten Werkzeuge sind eng mit Task Board verknüpft:

Iteration (Sprint):
Der Ausdruck Iteration stammt vom lateinischen Namen „iterare" = wiederholen ab. Mit der Iteration ist ein Arbeitsschritt gemeint, der mehrfach wiederholt zum Einsatz kommt und dabei einen Produktentwickler näher an eine Lösung oder endlich an das Ziel führen soll.

Inkrement:
Auch dieser Ausdruck hat seinen Ursprung im Lateinischen und heißt so viel wie „vergrößern". Umgesetzt auf das agile Projektmanagement bedeutet es, das ein Produkt zwar als Ganzes geplant wird, aber die Umsetzung in Teilschritten (Sprint) umgesetzt wird. Die Sprints eines Inkrements werden im Sprint Backlog angezeigt und müssen vom Entwicklungsteam im Sprint-Planning bestätigt werden. Natürlich müssen zu diesen Teilschritten auch Rückmeldungen vom Kunden eingeholt werden. Zur Freigabe eines Inkrements muss die **Definition of Done** überprüft sein.

Definition of Done (DoD): Es handelt sich um eine Aufstellung, in der alle Kriterien einer Fertigstellung des Produktes erfasst sind. Die Definition of Done ist im Regelfall eine „Wunschliste" des Product Owners, in der er Rahmenbedingungen, z.B. Qualitätsstufen, zur Fertigstellung des Produktes angibt. Diese Rahmenbedingungen müssen durch das Entwicklungsteam beachtet werden. Die

Verwaltung, besser gesagt die Arbeitshoheit über die Definition of Done liegt beim Entwicklungsteam.

Daily Stand-up (oder Daily Scrum)

Projekte neigen ständig dazu, ineffektive Tätigkeiten zuzulassen. Dies ist immer wieder in den unsinnigen Besprechungen oder Meetings zu erkennen. Viel Gerede, wenig Nutzen. Kurze Besprechungen sind weitaus sinnvoller. Daraus hat sich das Werkzeug Daily Stand-Up entwickelt. Dieses tägliche (Daily) Meeting wird im Stehen (Stand-Up) abgehalten. Da niemand gerne lange steht, liegt es in der biologischen Dynamik, dass die Verweildauer bei diesen Meetings nur von kurzer Dauer ist. Das Augenmerk liegt bei dieser Art der Kommunikation in

- Kurz
- im Stehen
- informativ

Business Value

Jeder Anwendungsfall oder jedes Teilprodukt ist mit einem bestimmten Wert hinterlegt. Im agilen Projektmanagement wird dies als Business Value = Geschäftswert bezeichnet. Die Betrachtung dieses Wertes ist sehr wichtig, da in der agilen Welt alle Prozessteile variabel geführt werden. Daher sollte man zu jeder Zeit klare Erkenntnisse über die Anforderungen haben, die dem Kunden wichtig oder weniger wichtig sind. Damit treffen Sie stets die richtigen Entscheidungen innerhalb des Projektablaufes. Gemeint sind hiermit natürlich vorrangig Budget und Laufzeit.

Eine Auswahl weiterer agilen Techniken /Werkzeuge, sortiert nach Gruppierungen, sind nachfolgend mit einer kurzen Erklärung aufgeführt. Die aufgeführten Techniken / Werkzeuge können auch übergreifend in den Gruppierungen eingesetzt werden.

Weitere Techniken / Werkzeuge sind:

Burn-Down-Charts

Ein Burn-Down Chart ist ein Diagramm, grafisch dargestellt, mit einer senkrechten und einer waagerechten Achse. Auf der senkrechten Achse befinden sich die einzelnen Arbeitsschritte, auf der waagerechten Achse dazu die geplanten Arbeitszeiten. Werden nun die erledigten Arbeitsschritte innerhalb des Projektes entfernt, ändert sich auch zwangsläufig die Zeitachse. Übrig bleiben die noch zu erledigten Arbeiten mit dem aktualisiertem Einzel- und Gesamtzeitaufwand.

Es macht somit für alle Projektteilnehmer den aktuellen Arbeitstand im Projektablauf sichtbar.

Burn-Down Charts werden mittlerweile nicht nur im agilen Projektmanagement eingesetzt, sondern auch in nahezu allen Varianten eines Projektmanagements.

Timeboxing

Wir kennen ihn alle, den geflügelten Satz aus dem Arbeitsleben: “Eine Besprechung dauert immer länger, als sie geplant ist“. Aber woran liegt das? Zuerst einmal beginnen Meetings selten pünktlich und meistens besteht das Problem der konstruktiven Diskussion. Oder einfach ausgedrückt: Man verquatscht sich!!! Dagegen kann man aber etwas unternehmen, z.B. mit Zeitlimits. Legen Sie die Dauer eines Meetings fest. Versehen Sie die Besprechungspunkte mit Zeitlimits. Achten Sie darauf, dass Beginn, Pausenzeiten und Ende des Meetings genau festgelegt sind und informieren Sie die Teilnehmer darüber, dass diese Termine strikt eingehalten werden. Diese Maßnahmen sind vom Grundsatz her schon Timeboxing. Jetzt noch ein einfaches Werkzeug, eine Uhr und fertig ist eine agile Methode. Mittlerweile gibt es schon im Handel spezielle Timeboxing-Uhren. Bei diesen Tischuhren wird die noch verbleibende Zeit rot angezeigt, sodass Sie immer sehen können, wieviel Zeit noch zur Verfügung steht.

Earned Value Analyse (EVA)

Hierbei handelt es sich um eine Kontrollfunktion innerhalb eines Projektmanagements für Budget und Stand des Prozesses. Es ermittelt die Plan-Zahlen sowie den Ist-Aufwand des Projektes und kann zusätzlich die unterschiedlichsten, von Ihnen eingestellte, Werte berechnen. Von Interesse sind zum Beispiel nachfolgende Fragen:

- Liegt das Projekt hinter dem Zeitplan zurück, obwohl der Stand der IST-Kosten unter dem Budget-Plan liegt?
- Ist die Arbeitszeit im Projekt optimal genutzt?
- Wie hoch werden die tatsächlichen Kosten am Ende des Projektes stehen?

Review

Sitzung, in der Kunden / Teammitglieder Statusmeldungen zu einem Teilprodukt den Entwicklungsstand abgeben.

Work in Progress (WIP)

Hierbei handelt es sich um die Sammlung aller Aufgaben, die vom Entwicklungsteam aktuell bearbeitet werden. Aus dieser Sammlung kann die Auslastung eines Projektteams betrachtet und für eine reibungslose Abarbeitung gesorgt werden.

Planning Poker
Ein Verfahren zur Einschätzung von Aufwänden (Zeit, Kosten, Manpower)

Business Value
Erzeugung eines frühzeitigen Kundennutzen

Team Velocity
Eine abstrakte Ermittlung der Arbeitsgeschwindigkeit eines Teams. Daraus Vorhersage der Teamleistung.

Agile Methoden

WAS SIND AGILE METHODEN?

Agile Methoden sind Vorgehensweisen, die aus den Werten und Prinzipien des Agilen Manifests Strukturen entwickelt haben, die für jeden Prozess eingesetzt werden können. Es handelt sich dabei um Rahmenwerke, die sich ähneln und somit immer wiederkehrende Aufgaben einheitlich lösen können.

Das von allen Methoden wohl bekannteste ist **SCRUM**, eine agile Methode zur Umsetzung von Softwareprodukten, aber auch außerhalb des Softwarebereiches einsetzbar. Scrum ist theoretisch sehr einfach aufgebaut, doch für die Umsetzung bedarf es mindestens erste Erfahrungen. Das trifft auch für alle anderen agilen Methoden zu.

Es fällt auf, dass agile Methoden schwerer im Unternehmen umzusetzen sind als agile Werkzeuge. Vermutlich liegt es daran, dass Erfolge zuerst nicht erkennbar und mit einem entsprechenden Zeitverzug erkennbar sind. Das Team innerhalb eines Agilen Prozessmanagements sollte also bereits erste Erfahrung in der Anwendung agiler Methoden haben.

AUSWAHL VON WERKZEUGEN UND METHODEN IM AGILEN PROJEKTMANAGEMENT

Eine Vielzahl von traditionellen Techniken finden Sie, etwas verfeinert, im agilen Projektmanagement wieder. Alle diese Techniken sollen die Agilität den agilen Prozess sinnvoll unterstützen. Kenner des traditionellen Projektmanagements werden daher viele dieser Techniken sofort wiedererkennen.

Die Auswahl der geeignetsten Werkzeuge und Methoden ist der schwierigste Start eines Prozesses. Sie ermitteln entweder nach Wissen und Gewissen oder nutzen auch hierfür wieder Hilfsmittel. Das bekannteste ist die Stacey-Matrix, benannt nach dem britischen Wissenschaftler Ralph Douglas Stacey. Mit dieser Matrix können agile Methoden ausgewählt werden.

Genau genommen, handelt es sich bei dieser Matrix um einen einfachen Quader. Dieser Quader ermöglicht über 2 Dimensionen die Auswahl geeigneter agiler Werkzeuge.

Dabei zeigt die **Achse „X"** (von links nach rechts) = Kundenbedürfnisse und die Werte „klar" bis „unklar" an.

Dagegen zeigt die **Achse „Y“** (von unten nach oben) = Bekanntheit der Lösung und die Werte „klar“ bis „unklar“ an.

Es entsteht ein Koordinatensystem, indem 4 Bereiche definiert sind.

Bereich 1 beschreibt Methoden, deren Bedürfnisse und Lösungen bekannt sind und umgesetzt werden können.

Bereich 2 beschreibt Projekte, bei denen der überwiegend größte Teil aller Bedürfnisse und Lösungen bekannt ist.

Bereich 3 sind die Bedürfnisse und Lösungen größtenteils bekannt, allerdings sind die Anforderungen und technische Belange unklar.

Bereich 4 zeigt die Projekte und Aufgaben, zu deren Projekt-Anforderungen und technischen Belangen absolute Unklarheit besteht.

AGILE METHODEN UND WERKZEUGE/TECHNIKEN IM EINSATZ

Schon von der Titulierung ist anzunehmen, dass agile Werkzeuge und Techniken innerhalb agiler Methoden im Unternehmen eingesetzt werden. Dabei können die Werkzeuge und Techniken in den unterschiedlichsten Anwendungsgebieten eingesetzt werden. Agile Methoden und Techniken finden Sie unter anderem innerhalb der Unternehmensführung, bei Planung, Umsetzung und Entwicklung vor Produkten, im Personalbereich, der IT und allgemeinen Unternehmensorganisationen.

Es ist heutzutage bereits gängig, agile Werkzeuge einzusetzen. Erst wenn zusätzlich agile Methoden zum Einsatz kommen, erkennt der Anwender die Agilität. Einige wichtige Werkzeuge und Methoden, die bereits heute im operativen Geschäft zum Einsatz kommen, sind:

Kanban = Prozesssteuerung zur Optimierung der Wertschöpfungskette

Daily-Standup-Meeting = Ein ca. 15-minütiges Mitarbeitermeeting, indem jedes Mitglied eines Teams ein kurzes Statement zu Aufgaben, Fortschritten und Schwierigkeiten abgibt. Dieses Meeting ist der Ort, an dem kurzfristige Hilfestellung eingefordert werden kann.

Task-Boards = Ein visuelles Hilfsmittel zum Anzeigen von Aufgabenständen und Fortschritten.

Definition-of-Done = Eine Auflistung aller Kriterien, die ein Endergebnis erfüllen muss.

Definition-of-Ready = Eine Auflistung aller Kriterien, die eine Aufgabe erfüllen muss. Bevorzugte Methode, wenn ein Produkt an einen anderen Bereich übergeben werden muss.

Fokuszeit = Hierbei handelt es sich um einen Zeitraum von täglich einer Stunde, in der ein Freiraum geschaffen wird, in dem sich der Mitarbeiter konzentriert seinen Aufgaben widmet. In dieser Zeit finden keine Meetings statt, werden keine Mails bearbeitet, stehen die Telefone still und wird jeglicher Small-Talk untereinander eingestellt.

Auch in Führungsebenen finden sich heutzutage gängige agile Werkzeuge und Techniken. Das für Mitarbeiter effektivste Werkzeug ist:

Servant Leadership = Der Chef wird zum Dienstleister seines Teams. Er dient als Coach oder Mentor, setzt Maßnahmen zur Verbesserung seines Teams um und räumt Hindernisse aus dem Weg.

Scrum

KURZBESCHREIBUNG SCRUM

Bei Scrum handelt es sich um eine Rahmenstruktur (Framework) für das agile Projektmanagement. Durch dieses Framework werden die Anwender in die Situation versetzt, komplexe Aufgabenstellungen zu starten. Sie werden damit in die Situation versetzt, Produkte kreativ und produktiv zu planen, herzustellen und auszuliefern. Entwickelt und mittlerweile weit verbreitet ist Scrum in der Softwareentwicklung. Aber auch in anderen Bereichen, wie zum Beispiel in der Arbeitsorganisation, Produktentwicklung und der Personalplanung findet es mittlerweile als Methode Verwendung.

Wenn man die Grundlagen von Scrum erst einmal verstanden hat, wird man schnell erkennen, dass Scrum zwar durchaus einfach aufgebaut, aber durchaus schwierig umzusetzen ist. Innerhalb von Scrum wird mit Teams, mit Rollen, mit Erkenntnissen und mit Artefakten gearbeitet.

Die Regeln dafür sind im Scrum Guide beschrieben. Dieser Guide wurde geschrieben, da anfänglich gerade diese Regeln sehr unterschiedlich interpretiert wurden. Im Jahr 2009 setzten sich daher zwei Software-Entwickler, Ken Schwaber und Jeff Sutherland, zusammen und legten fest, was mit Scrum gemeint ist. Diese Regeln verfassten Sie im Scrum Guide. Der Scrum Guide ist kostenlos im Internet erhältlich, ist aber am Ende dieser Ausarbeitung als separate Anlage beigefügt. Er wird mittlerweile regelmäßig überarbeitet, da sich auch die Rahmenbedingungen im Projektmanagement ändern. Die letzte Änderung erfolgte im Jahr 2017.

Sämtliche Ereignisse, Artefakte und Rollen müssen bei Scrum in der Rahmenstruktur vor Einsatz konkretisiert werden. Ohne diese Zuarbeit kann Scrum nicht aktiviert werden. Durch die Nutzung von Scrum erfahren die Projektteilnehmer einen großen Spielraum in der Gestaltung des Prozessmanagements. Scrum beruht auf Erfahrung, aufeinander aufbauend mit häufigen Wiederholungen von Prozessschritten. Die Kernerfahrung bei Scrum liegt in der Tatsache, dass bei Prozessen am Anfang nicht alle Anforderungen und Lösungen zweifelsfrei feststehen. Durch Zwischenergebnisse werden fehlende oder unklare Anforderungen und Lösungen optimiert. Das bedeutet eine kontinuierliche Verfeinerung der Prozessschritte.

Innerhalb von Scrum findet sich die Theorie des Empirismus wieder. Diese Theorie gründet sich in der Erkenntnis, dass sich Wissen aus Erfahrung bildet und Entscheidungen ihren Grundstock in diesem Wissen haben. Dies sind geeignete Voraussetzungen für ein agiles Arbeiten und dem Einsatz von Scrum. Für agiles Arbeiten geeignete Mitarbeiter bringen ihr Wissen mit und sind somit in der Lage, Störungen des Projektablaufs sofort zu analysieren und die richtigen Entscheidungen zu treffen.

Begleitende Werkzeuge in einem Scrum Projekt sind **das Product Backlog**, in dem die Anforderungen und Veränderungen festgehalten und visualisiert werden. Die Planung des Projektes wird in **Sprints** und **Releases** vorgenommen. Mit Sprint werden die Entwicklungsschritte des Produktes beschrieben, die aufgrund der Reaktionsfähigkeit des Prozessablaufes möglichst klein gehalten werden sollten. Um dann jeden einzelnen Projektschritt abzuschließen, benötigt man eine Freigabe, das Release. Beide Werkzeuge werden ebenfalls visualisiert. Hierfür nutz man ein **Sprint Backlog** und ein **Release Backlog**.

ROLLEN IN SCRUM

Ein agiles Projektmanagement unterscheidet sich im Vergleich zu anderen Verfahren eines Projektmanagements durch die geringere Anzahl der beteiligten Personen, dargestellt in den Rollen. Scrum zum Beispiel kommt gerade mal mit 3 Rollen aus. Wer jetzt aber glaubt, die Arbeit eines derart aufgestellten Teams würde zu Ergebnis- und Qualitätsverlusten führen, der irrt. Genau das Gegenteil tritt ein. Die Zusammenarbeit, die flache Hierarchie, die kurzen Entscheidungswege und die Bündelung der Fähigkeiten aller Projektteilnehmer führen zu erfolgreichen Ergebnissen.

Der Product Owner

Die erste Rolle im agilen Projekt bekleidet der Product Owner (PO). Er ist im Projektteam zuständig für die Tätigkeiten im Team und die (Weiter-)Entwicklung des Produktes. Zu seinen administrativen Aufgaben gehört die stetige Verbesserung des Produktes und dessen Optimierung für den Kunden. Er hält die Verbindung zu dem, in dem Projekt integrierten, Auftraggeber und ist die entscheidende Schnittstelle für das Projektteam, dessen Arbeit er mit seinen Vorstellungen und Strategien vorantreibt. Operativ beteiligt sich der Product Owner mit der Verfeinerung der Produktanforderungen. Er passt dabei regelmäßig die aktuellen Anforderungen an das Produkt an. Administrativ ist der Product Owner zuständig für das Product Backlog.

Das Product Backlog ist, einfach ausgedrückt, eine lebendige Auftragsliste. Wobei diese Liste den aktuellen Stand der Prozessaufgaben aktuell widerspiegelt. Die Pflege diese Backlogs obliegt ausschließlich dem Product-Owner. Er ordnet Aufgaben, auch neue, die sich aus den aktualisierten Erkenntnissen entwickelt haben, den Teammitgliedern zu. Dabei muss er sicherstellen, dass das Product Backlog derart eindeutig und aktuell ist, dass für alle erkennbar ist, woran das Scrum-Team als nächstes arbeitet. Entscheidungen des Product Owners müssen in Inhalt und Reihenfolge des Product Backlogs sichtbar sein.

Der Product Owner kann Aufgaben auch eigenverantwortlich durchführen, muss sie also nicht zwingend durch das Entwicklungsteam durchführen lassen. Der Product Owner bleibt jedoch immer rechenschaftspflichtig. Das gilt sowohl für das Management des Unternehmens, wie auch dem Kunden und den Teammitgliedern gegenüber.

Damit der Product Owner erfolgreich sein kann, muss die gesamte Organisation seine Entscheidungen respektieren. Die Entscheidungen des Product Owners sind in Inhalt und Reihenfolge des Product Backlogs sichtbar.

Das Entwicklungsteam

Die zweite Rolle im agilen Projekt übernimmt das **Entwicklungsteam**. Dieses Team setzt die Anforderungen des Kunden bis zur Fertigstellung des Produktes um. Die Entwickler haben dabei eine starke Verantwortung, sollten daher aus Fachleuten zusammengesetzt werden. Sie müssen eigenverantwortlich das Projekt technisch umsetzen und dabei richtungsweisende Entscheidungen treffen. Sie sind auch für die richtige Staffelung der Einzelaufgaben verantwortlich. Dies sind alles Verpflichtungen, die in einem traditionellen Projektmanagement der Projektleiter übernehmen würde. Lediglich der Product Owner hat (nur) fachlichen Einfluss auf das Entwicklungsteam. Niemand darf das Entwicklungsteam zwingen, andere Anforderungen zu bearbeiten. Zu beachten ist, dass Entwickler nur für dieses eine Projekt arbeiten dürfen. Ein arbeiten außerhalb von Scrum würde den Ablauf des Projektes behindern.

Das Entwicklungsteam arbeitet in sogenannten Sprints. Dabei handelt es sich um Teilschritte im gesamten Projektablauf. Wichtig ist, dass erst nach Fertigstellung eines Sprints ein neuer gestartet werden darf. Ein fertiggestellter Sprint kann aber auch durchaus ein fertiges Teilprodukt erzeugen, das auch an den Kunden ausgeliefert werden kann.

Das Entwicklungsteam ist organisatorisch so aufgebaut, dass es die eigene Arbeit selbst organisiert und koordiniert. Die Teammitglieder sind nicht hierarchisch aufgestellt, alle sind gleichberechtigt und arbeiten nach ihren ausgewählten Fähigkeiten. Das führt zu synergetischen Effekten innerhalb des Teams. Rechenschaftspflichtig ist das gesamte Team.

Der Scrum Master

Die letzte und damit dritte Rolle im agilen Projekt obliegt dem **Scrum Master.** Er ist für die Weiterbildung der Projektteilnehmer zuständig und übernimmt in Problemsituationen die Beratung und den Support. Er übernimmt auch den informellen Teil des Projektes gegenüber Führungskräften innerhalb eines

Unternehmens, die nicht direkt am Projekt beteiligt sind. Er sollte daher durch einen hohen Grad an Überzeugungskraft ausgestattet sein um mit seiner Informationsaufgabe gleichzeitigt das agile Arbeiten im Unternehmen zu bewerben. Genau genommen ist er ein Dienstleister gegenüber dem Team und seiner Einzelpersonen, sowie als Förderer der agilen Arbeitsweise zu verstehen.

Gegenüber dem Product Owner unterstützt der Scrum Master unter anderem durch:

- Sicherstellung, dass der Umfang des Projektes und die festgelegten Ziele im Team verstanden werden
- Vermittlung eines effektiven Product Backlogs und das Verständnis für klare Einträge in diesem Hilfsmittel.
- Sicherstellung, dass Eintragungen im Product Backlog so angeordnet sind, dass sie den größten Wert für den Gesamtprozess erreichen.
- Information über die agile Denkweise und deren Umsetzung.
- Gegenüber dem Entwicklungsteam unterstützt der Scrum Master unter anderem durch:
- Coaching der Teammitglieder zu einer selbstorientierten, funktionsübergreifenden Selbstorganisation
- Unterstützung bei Problemen und Beseitigung von Hindernissen.

Der Scrum Master übernimmt aber auch Aufgaben gegenüber dem Unternehmen bzw. der Organisation.

Er überzeugt durch sein Auftreten und seiner Überzeugungskraft für die agile Denkweise und deren Umsetzung.

Er übernimmt eine Schnittstellenfunktion mit anderen Scrum Mastern innerhalb der Organisation

Beim Sprint Review (siehe Schlagworte) werden die abgeschlossenen Entwicklungsschritte oder das entwickelte Teilprojekt vorgestellt, ggf. auch dem Kunden. Die Teammitglieder erfahren dabei den aktuellen Stand des Projektes und können ggf. nachsteuern.

Bei der Sprint Retrospektive (siehe Schlagworte) analysieren die Teammitglieder die Zusammenarbeit untereinander, sowie die eingesetzten Werkzeuge und Methoden. Das Ziel soll dabei sein, Hinderungsmerkmale zu erkennen, auszuschalten und gleichzeitig Verbesserungsmaßnahmen einzuleiten.

Die Größe eines Entwicklungsteams

Bei der finalen Festlegung einer Teamgröße zeigen sich normalerweise im Ergebnis eigentlich immer nur zwei Varianten:
Zu viele Teammitglieder
Zu wenige Teammitglieder

Es gibt keine „goldene" Faustregel, um die richtige Anzahl der Teammitglieder festzulegen. Man sollte allerdings die Grundregeln der Agilität der Ermittlung der Teamstärke zugrunde legen, die da sind:
Die Entwicklungsteams sollten klein genug sein, um flink zu reagieren. Die Teammitglieder sollten über das entsprechende Knowhow verfügen, um die gestellten Aufgaben professionell erledigen zu können.

Das kann durchaus bedeuten, dass zum Beispiel 3 Mitarbeiter (wenig) nicht mehr die geforderte Reaktionsgeschwindigkeit haben, ggf. vielleicht auch nicht das komplette Knowhow. Es besteht dadurch die Gefahr, dass kein positives Produkt entsteht. Anderweitig können zum Beispiel 12 Mitarbeiter den gleichen Effekt erzeugen, selbst wenn die Teammitglieder ein großes Knowhow vorweisen. Diese höhere Anzahl von Mitarbeitern muss koordiniert werden, was im Umkehrschluss bedeutet, dass die Selbstorganisation und damit die Reaktionsgeschwindigkeit leidet.

Was ist also die richtige Größe? Ein bisschen Vorarbeit ist dabei zu leisten.

Nutzen Sie eine erste, grobe Planung über das oder die Endprodukte, den Arbeitsaufwand für die Fertigstellung dieser Produkte, das vorhandene und ggf. noch zu schulende Knowhow der Teammitglieder. Binden Sie ggf. Experten in diese Vorplanung ein und stellen Sie dann ihr Projektteam zusammen. Wenn Sie dann zu Ihrem ersten Team-Meeting zusammenkommen, und gemeinsam die Aufgabenverteilung vornehmen, werden Sie feststellen, dass Sie intuitiv die passende Teamstärke ermittelt haben. Im Übrigen: Kein Teammitglied muss von Anfang an am Projekt beteiligt sein. Eine normale „Fluktuation" ist nicht unnormal. Im Gegenteil: Das ist Agilität.

WEITERE SCHLAGWORTE AUS SCRUM

Iteration (Bedeutung: Sich schrittweise, wiederholend der Lösung nähern)

Das agile Projektmanagement geht bereits vom Grundsatz davon aus, dass zur Entstehung eines Produktes/Teilproduktes mehrere Schritte oder Zyklen benötigt werden. Zum Vergleich und Unterscheidung: Im traditionellen Projektmanagement erfolgt dies in einem Produktionsschritt. Die Teilprodukte, die in diesen Schritten oder Zyklen entstehen, können frühzeitig vorgestellt werden und können mit den Erwartungen des Kunden abgeglichen werden.

Somit wird das Prinzip 3 des Agilen Manifestes erfüllt = liefere funktionierende Software / Produkte regelmäßig innerhalb weniger Wochen oder Monate und bevorzuge dabei die kürzere Zeitspanne.

Mit jeder Iteration wird also das Gesamtprodukt vorangebracht. Das ist insbesondere wichtig, da ja am Anfang in der agilen Arbeitsweise die Anforderungen an das Endprodukt noch eingeschränkt bekannt sind.

Inkrement

Das Inkrement ist das fertige Teilprodukt, entstanden aus den Iterationen eines Sprints (siehe nachfolgend). Jedes Inkrement ist dabei in einem funktionierenden Zustand. Der Kunde könnte, wenn er es denn wollte, dieses Teilprodukt sofort verwenden.

Sprint

Hiermit bezeichnet man die Summierung der einzelnen Iterationen von dem Start bis zum Ende des Produktes. Man bezeichnet den Ausdruck Sprint auch als das Herz von Scrum. Die Zeitspanne eines Sprints sollte maximal 1 Monat betragen. Innerhalb dieser Zeitspanne sollte der Sprint abgeschlossen sein und ein neuer Sprint kann gestartet werden. Änderungen während eines laufenden Sprints sind ausgeschlossen. Sie würden das Sprint Ziel gefährden. Lediglich der Umfang einer Anforderung kann neu definiert werden. Dazu müssten aber sowohl dem Entwicklerteam, als auch dem Product Owner Erkenntnisse vorliegen, die diese Maßnahme rechtfertigt.

Dies aber nur, wenn sich neue Erkenntnisse ergeben haben, zwischen dem Product Owner und dem Entwicklungsteam **Sprint Planning**

Zu Beginn eines jeden Sprints muss dieser geplant werden. Bei dieser Planung definiert man genaustens die Anforderungen, die innerhalb des Sprints umgesetzt werden sollen. Diese Planung wird gemeinschaftlich durch das gesamte Team vorgenommen. Damit erreicht man, dass alle Teammitglieder nicht nur hinter dieser Planung stehen, vielmehr diese motiviert und zielstrebig umsetzen.

Daily Scrum

Daily Scrum ist ein täglich stattfindendes Meeting, das im Stehen, somit kurz abgehalten wird und der Koordination des Teams dient. Bei diesem Meeting geht es im Prinzip um drei Fragen:

- Wer hat seine Arbeiten am Projekt nach dem letzten Daily Scrum erledigt
- Wer arbeitet heute an welchem Projektschritt
- Wer stößt an Probleme, die den Entwicklungsprozess behindern

Sprint Review

Sprint Review ist ebenfalls ein Meeting, das am Schluss eines jeden Sprints abgehalten wird. Hierbei wird den wichtigen Stakeholdern, vorrangig dem Kunden, das entwickelte Teilprodukt vorgestellt. Des Weiteren wird der mit diesem Review der aktuelle Arbeitstand des Projektes festgestellt und es besteht dabei die Möglichkeit, das Projektziel aufgrund neuer Erkenntnisse anzupassen. Das ist auch durchaus ein gewünschter Effekt, insbesondere wenn dadurch eine zeitliche Einsparung erfolgt.

Sprint Retrospektive

Ein weiteres Meeting, welches innerhalb des Projektteams abgehalten wird. Dabei wird die Zusammenarbeit des Teams, die angewandten Techniken, die Methoden, die Werkzeuge und der Prozess im Ganzen durchleuchtet. Das angestrebte Ziel ist es, Verbesserungen im Ablauf zu erkennen und entsprechende Änderungsmaßnahmen vorzunehmen.

Wichtig sind die Termine, zu der diese Reviews abgehalten werden. Diese sind in Scrum klar vorgegeben.

- Daily Scrum = täglich maximal 15 Minuten
- Sprint Review = mit Ende des fertiggestellten Sprints
- Sprint Retrospektive = zwischen Sprint Review und Start des neuen Sprints, maximal 3 Stunden

Artefakte

Bei den Artefakten handelt es sich um eine Sammlung verschiedener Prozessdokumente.

Sie dienen zur Abstimmung der Teammitglieder und der Orientierung des Projektstandes. Zu den Artefakten (in dieser Ausarbeitung bereits beschrieben) gehören:

VOR- UND NACHTEILE VON SCRUM

Natürlich muss vor Einführung von Scrum zuerst einmal abgewogen werden, ob Scrum als Rahmenstruktur (Framework) für das geplante agile Prozessmanagement überhaupt geeignet ist.

Es kann durchaus sinnvoll sein, sollte der Einsatz von Scrum nicht sinnvoll sein, ohne diese Techniken im Projektmanagement zu arbeiten. Über die Vor- bzw. Nachteile sollte man sich im Vorfeld des Einsatzes von Scrum im Klaren sein.

Vorteile von Scrum

- Die Regeln sind überschaubar. Sie sind einfach gehalten, somit leicht zu verstehen und unkompliziert umzusetzen.
- Es werden schlanke Kommunikationswege genutzt
- Eine anpassungsfähige Planung lässt eine flexible Tätigkeit zu
- Die Selbstorganisation verhilft zu hoher Wirksamkeit
- Die Meetings und Backlogs verhelfen zu einer großen Durchsichtigkeit der Projektschritte
- Eine Umsetzung neuer Produkteigenschaften bzw. Inkremente erfolgt sehr schnell
- Kontinuierlicher Verbesserungsprozess
- Kurzfristige Problem-Identifikation
- Geringer Verwaltungsaufwand

Nachteile von Scrum

- Fehlender Gesamtüberblick über den Projektverlauf
- Der Gesprächs- und damit Klärungsaufwand ist sehr hoch
- Genau definierte Handlungsschritte fehlen
- „Tunnelblick-Gefahr“ bei Fokussierung auf einzelne Aufgaben
- Erschwerte Projektabstimmung bei mehreren Entwicklerteams
- Fehlende Zuständigkeiten und Hierarchien in Scrum verursachen Unsicherheit
- Bestehenden Unternehmensstrukturen lassen sich nur schwer einbinden

FINDUNGSPHASE EINES SCRUM TEAMS

Soll Scrum in einem Projekt Anwendung finden, müssen Mitarbeiter des Entwicklungsteams natürlich einen entsprechenden Wissensstand haben. Mitarbeiter, für die Scrum absolutes Neuland ist, werden aber sehr schnell einen Zugang zu den Methoden und Techniken finden. Dies insbesondere dann, wenn die erfahrenen Mitarbeiter durch ihre Begeisterung überzeugen.

Aber gehen wir schrittweise in den konkreten Einsatz.

Schritt 1: Bestimmung des Wissenstandes

Im Regelfall findet sich ein Entwicklungsteam neu, besser gesagt, wird neu zusammengestellt. Daher müssen die Mitglieder des Entwicklungsteams zuerst einmal abklären, wie die zukünftige Zusammenarbeit innerhalb des Teams aussehen soll. Dazu gehört es auch seinen eigenen Platz im Team genau zu definieren. Wer sich bzw. den Kollegen/Kollegin nicht richtig einschätzen kann, wird mit ziemlicher Sicherheit das angestrebte Ziel nicht gemeinsam erreichen. Sollten im Vorfeld Probleme erkennbar werden, sind sie zu diesem Zeitpunkt noch zu beheben. Im Laufe der Projektabwicklung würde eine derartige Situation vermutlich das Scheitern des Projektes verursachen. Zur Vereinfachung dieser Teamkonstellation nennen wir diese Gruppe TEAM1.

Sollte das Team bereits zusammengearbeitet haben, ist es ratsam, vor Start des Projektes zu vereinbaren, wie Reibungen im vorherigen Projekt verbessert werden können. Verbesserungspotenzale zu erkennen, umzusetzen und daraus neue Erfahrungen zu sammeln, ist die beste Voraussetzung für agiles Arbeiten und den Einsatz von Scrum. Da die Mitglieder des Teams bereits Erfahrungen besitzen, bietet sich eine Retrospektive des letzten Projektes an. Diese Teamkonstellation nennen wir TEAM2.

Schritt 2: Scrum lernen

Die Ausbildung eines Entwicklungsteams ist von besonders großer Wichtigkeit. Es reicht nicht den Product Owner oder den Scrum Master zu schulen. Das Entwicklungsteam muss eigentlich am intensivsten geschult werden. Wer hier spart, wird im Entwicklungsprozess Reibungsverluste erleben. Nachfolgend müssen wir wieder zwischen den Teams 1 und 2 unterscheiden.

Für Team 1 gilt es über Schulungen schnell das Verständnis für die Techniken und Werkzeuge von Scrum bzw. vom agilen Projektmanagement zu erlernen. Vor dem Start des Projektes kann natürlich nur theoretisch geschult werden. Aber es können natürlich Beispiele aus dem Alltag durchgespielt werden. Es ist ein bisschen vergleichbar mit dem Erlangen eines Kfz-Führerscheins. Theoretischer Unterricht, gepaart mit Fahrstunden. Die richtige Qualifikation zum Führen eines Kfz lernt man erst in der Zeit des praktischen Fahrens. So wird es auch mit Scrum sein. Umso mehr die Teammitglieder über die Techniken und Möglichkeiten von Scrum erfahren, umso schneller werden sie zu Spezialisten.

Ein wichtiges Augenmerk bei Schulungen ist auf das Thema Selbstorganisation zu legen. Es ist die wichtigste Funktion eines Entwicklerteams, kann allerdings nicht erlernt werden. Der Vorteil von Selbstorganisation zu Steuerungs- und Kontrollorganisation sollte aber vorgestellt werden. Der Rest ist eigentlich ein Selbstläufer. Sehr schnell werden die unerfahrenen Teammitglieder Fragen an die Kollegen stellen, um Rat fragen, Vorschläge unterbreiten und Lösungsmöglichkeiten unterbreiten. Vereinfacht gesagt: ein klassisches Learning by Doing.

Bei dem Team 2 dürfte es mit einer Nachschulung ausreichend sein.

Schritt 3: Wir starten

Das Team 1 soll mit dem Projekt starten. Aber „Vollgas" wird nicht funktionieren. Besser ist es, langsam zu starten. Dafür bietet sich ein Konzept aus Japan an, das **Shu-Ha-Ri**. Es ist eigentlich ein Lernprozess aus japanischen Kampfkünsten, der grundsätzlich auf drei Stufen basiert. Man lernt von außen (Ri) in die Mitte (Ha) nach innen (Shu). Im Berufsleben kann man diese Dreigliederung relativ einfach erkennen. Man startet als Lehrling (Ri), wird danach Geselle (Ha) und in der Spitze wird man Meister (Shu). So sollte es auch mit unserem Team 1 starten. Aller Anfang ist zwar schwer, doch erfahrungsgemäß wird nach Erledigung von 3 Sprints die Vorgehensweise eingespielt sein. Aber zum Start macht es keinen Sinn den Unerfahrenen mit den Aufgaben eines Meisters zu betrauen. Umgekehrt wäre es Vergeudung von Erfahrung. Es liegt also an der Selbstorganisation zu Beginn eines Projektes die richtige Mitarbeiterauswahl zum richtigen Arbeitsschritt zu treffen.

Team 2 wird dieses Problem nicht haben. Trotzdem sollte auch hier zumindest auf die individuelle Kenntnis der Teammitglieder geachtet werden.

Ab dieser Stelle definieren wir nur noch ein Team, das Entwicklerteam.

Schritt 4: Das Entwicklerteam entwickelt sich

Die Entwicklung eines Teams erfolgt in vier Phasen:

- **Das Zusammenfinden**

Alle Positionen oder Rollen im Team müssen zuerst von den Mitarbeitern gefunden und übernommen werden.

- **Das Losstürmen**

Die ersten Schritte in das Projekt starten. Jeder ist voller Enthusiasmus und Tatendrang.

- **Die Normalität**

Nach überstandener Sturm-Phase beginnt die produktive Zusammenarbeit. Gemeinsame „Spielregeln" werden erstellt. Es entsteht das bekannte „Wir-Gefühl".

- **Die Selbstbestimmung**

Der Arbeitsrhythmus hat sich gefunden. Das Team läuft reibungslos und arbeitet selbstbestimmend.

Schritt 5: Selbstorganisation

Das Team übernimmt sehr schnell seine Selbstorganisation und legt alle anstehenden Projektschritte selbst fest. Die weiteren Personen im Projekt, der Product Owner und der Scrum Master, sind nicht befugt, in den Arbeitsprozess des Entwicklerteams einzugreifen. Beide beobachten aber den Projektfortschritt und informieren bei Notwendigkeit das Entwicklerteam. Doch nicht jedes Mitglied im Team ist von der Möglichkeit der Selbstorganisation überzeugt. Dieser, grundsätzlich positive, Ansatz kann auch schnell zur Last werden. Erfahrene Teammitglieder und auch Product Owner, sowie Scrum Master müssen hier schnell reagieren und die Unsicherheit wieder in Begeisterung umwandeln.

Unterstützend kann bei einer sinkenden Begeisterung zur Selbstorganisation ein Mentoring eingesetzt werden. Allerdings sollte nicht jeder von sich glauben, ein guter Mentor zu sein. Für diese Aufgabe sollte schon eine Methodenkompetenz vorliegen.

Ein Beispiel aus der Praxis

Dieses Beispiel bezieht sich auf ein Projekt innerhalb eines Software-Unternehmens, kann aber durchaus auf jedes andere Unternehmen umgesetzt werden.

Sie, als Leser dieser Ausarbeitung, werden für dieses Beispiel in die Person Klaus Browser versetzt.

Klaus Browser ist Inhaber eines kleinen Software-Unternehmens, das sich auf unterstützende DV-Programme in Arzt-Praxen spezialisiert hat. Er hat insgesamt 5 Mitarbeiter, alles ausgebildete IT Fachleute.

BEISPIEL – START

SCHRITT 1 = PROJEKTSTART

Sie haben heute einen neuen Kunden, Herrn Dr. med. Auweh, zu einem Gespräch eingeladen. Dr. Auweh hatte bereits im Vorfeld des Treffens Ihnen gegenüber in einem Telefonat seinen Auftrag erläutert. Er benötigt für seine Praxis ein neues Termin-/Kalenderprogramm. Da Herr Dr. Auweh sich aber noch nicht endgültig über die Projektanforderungen im Klaren ist, treffen Sie sich heute mit dem Kunden, um zu hinterfragen, was genau sich Dr. Auweh im Detail vorstellt.

SCHRITT 2 = ANFORDERUNGEN DES KUNDEN

Dieses erste Gespräch ist sehr wichtig, da hier der Grundstein für eine erfolgreiche Projektabwicklung liegt. Herr Dr. Auweh erläutert noch einmal seinen Auftrag. Im Regelfall ist dies der Zeitpunkt, an dem noch sehr undeutlich das Produkt vom Kunden dargestellt wird. Sie lassen sich aber alle Forderungen bis ins kleinste Detail beschreiben. Achten Sie darauf, dass immer hinterfragt wird, was genau dieses neue Programm aus der Sicht des Kunden und seiner Mitarbeiter erfüllen soll. Sie überlegen also gemeinsam mit Dr. Auweh, welchen Mehrwert die neue Software gegenüber dem vorhandenen Programm bietet soll und entwerfen bereits die erste Darstellung der Oberfläche der Software. Daraus entwickeln Sie, noch sehr grob, die angedachten Funktionsschritte der Software.

Herr Dr. Auweh weist darauf hin, dass er auf jeden Fall ein festgelegtes Budget und einen feststehenden Endtermin anstrebt. Dies ist ein klassischer Fall, um ein agiles Projektmanagement anzuwenden.

Beachten Sie, dass Sie bei dem ersten Gespräch mit Dr. Auweh für ihr anstehendes agiles Projekt die ersten Maßnahmen und Werkzeuge gedanklich festlegen.

SCHRITT 3 = GROBE KONZEPTION

Im Laufe des Gesprächs mit Dr. Auweh haben Sie sich eine Menge Anforderungen des Kunden notiert. Es könnten zum Beispiel folgende sein:

- Dr. Auweh möchte, losgelöst der Sprechstundenhilfe, Termine eintragen, verändern oder löschen.
- Die privaten Termine von Dr. Auweh und die Urlaubszeiten seiner Mitarbeiter sollen gespeichert werden.
- Dr. Auweh möchte eine Tages-, Wochen-, Monats- und Jahresansicht einsehen können.
- Eine Sortierung der Patienten nach Krankheitsfall soll möglich sein.

Da Sie sich in Ihrem Geschäft auskennen und aufgrund der notierten Kundenvorgaben, können Sie die Dauer des Projektes abschätzen und dem Kunden bereits einen Endtermin mitteilen. Sie vereinbaren mit dem Kunden gleichzeitig eine regelmäßige Präsentation oder ein Feedback über erledigte Teilschritte bzw. Teilprodukte (Vorschlag = 14 tägig). Herr Dr. Auweh erklärt sich im Gegenzug bereit, für kurzfristige Nachfragen zur Verfügung zu stehen.
Sehr wichtig. Der Kunde muss im agilen Projektmanagement bis zum Endtermin eingebunden sein!

SCHRITT 4 = VERFEINERTE KONZEPTION

Beachten Sie, dass mit diesem ersten Gespräch für ihr anstehendes agiles Projekt die ersten Maßnahmen und Werkzeuge gedanklich festlegen.

Aus Ihrem Gespräch mit dem Kunden könnten Sie zum Beispiel folgende agilen Techniken angewendet werden.

Use Cases,

Mit Hilfe Ihren gezielten Fragen, ermitteln Sie die Anforderungen des Auftraggebers an das Produkt, die ja schlussendlich zum Ergebnis des Projektes führen sollen.

User Stories,
Mit Hilfe Ihrer Fragen ermitteln Möglichkeiten, die Wünsche und Anforderungen ungeahnt für den Kunden verbessern.

SCHRITT 5 = PLANUNG MIT DEM TEAM
Sie wollen mit der Entwicklung des Produktes starten und rufen zuerst einmal ihr Team zusammen. Sie informieren Ihre Mitarbeiter über die Kundenanforderung und die Terminachse.
Danach legen Sie die ersten Entwicklungsschritte fest. Dabei spielen folgende Kriterien eine Rolle:
Was ist dem Kunden besonders wichtig?
Können Verknüpfungen der Anforderungen hergestellt werden?
Was sollte aufgrund von Rahmenbedingungen (kann zum Beispiel Urlaub sein) zuerst erledigt werden.
Was kann in den ersten zwei Wochen (Termin=Feedback mit dem Kunden) erledigt werden?
Daraus resultierend wird eine To-Do-Liste erstellt, die für alle sichtbar im Büro aufgehängt wird. Damit setzen Sie ein weiteres Werkzeug des agilen Prozessmanagements ein, das
Task Board.
Das Task Board ist das visuelle Hilfsmittel zum Darstellen des aktuellen Projektes. Es hilft dem Projektteam zur Selbstorganisation.

SCHRITT 6 = 1. PRODUKTENTWICKLUNG
Die Mitarbeiter des Teams nehmen Ihre Aufgaben, die gemeinsam erarbeitet wurden, auf.

SCHRITT 7 = KONTROLLE (LAUFEND)
Mit Hilfe des Task Boards sind nicht nur die Projektteilnehmer permanent auf dem laufenden Stand. Auch der Projektleiter oder das Managements des Unternehmens sind ständig informiert. Der Projektleiter muss dabei aber dringend beachten, dass der persönliche Austausch nicht zu kurz kommt. Neben der eigentlichen Kontrollfunktion des Projektleiters, muss ein anonymisierter Informationsaustausch unbedingt vermieden werden. Das würde nicht im agilen Geiste dazu führen, das Projekt zu einem guten Ende zu führen. Um dies zu vermeiden bietet sich ein tägliches Teammeeting am Task Board an. Dieses Werkzeug nennt man

Daily Stand-up, (detailliert erläutert unter Punkt 3.4)

Daily Stand-up dient zum täglichen Austausch von Information und bedarf lediglich einer kurzen Zeitspanne. Das Meeting muss aber täglich zu einer festgelegten, nicht veränderbaren Uhrzeit erfolgen.

SCHRITT 8 = FEETBACK GEGENÜBER DEM KUNDEN (LAUFEND)

Wie mit Dr. Auweh vereinbart, stellen Sie den Status des Projektes oder bereits erledigte Punkte bei einem regelmäßigen Feedback mit dem Kunden vor. Dr. Auweh kann vielleicht schon erste Schritte ausprobieren, ggf. Änderungswünsche einbringen und/oder neue Termine vorgeben. Sie nehmen alles auf und veranlassen mit Ihrem Team ein Anpassungsgespräch. Auf gar keinen Fall dürfen Sie jetzt an das Task Board gehen und Änderungen aufgrund des Kundenwunsches vornehmen. Neben der Tatsache, dass Sie mit ziemlicher Sicherheit die Projektkosten verändern würden, bringen Sie Ihr Team aus der Projektaktivität.

SCHRITT 9 = ANPASSUNG DER PLANUNG

Sie setzen sich mit Ihrem Team zusammen, stellen die Änderungswünsche von Dr. Auweh vor und ermitteln mit Ihrem Team den erhöhten Aufwand an Zeit und Kosten. Sie haben nun mehrere Möglichkeiten, mit dieser Änderung des Auftrages umzugehen. Die drei wahrscheinlichsten sind:

Sie fügen die neuen Anforderungen dem bestehenden Auftrag hinzu. Wenn Sie aber die Projektlaufzeit nicht erhöhen wollen, müssen Sie zwangsläufig eine andere Anforderung, die dem Kunden vielleicht nicht so wichtig ist, streichen.

Sie fügen die neuen Anforderungen dem bestehenden Projekt zu und erhöhen damit die Laufzeit. Sie fügen die neue Anforderung unter Erhöhung des Budgets dem Projekt zu. Sie stellen nun alle drei Möglichkeiten dem Kunden vor. Ausschließlich der Kunde entscheidet über die veränderte Planung.

Herr Dr. Auweh Ist von Anfang an in dem Projekt eingebunden. Er hat zu Beginn des Projektes gemeinsam mit Ihnen die Anforderungen genau festgelegt. Somit wird er sich über die Konsequenzen seiner Änderungswünsche, unter anderem bei Kosten und Laufzeit, im Klaren sein.

Das ist ein großer Vorteil im agilen Projektmanagement. Der Kunde ist ein Teil des Teams!

Es ist aber auch ein Vorteil für den Kunden. Durch seine Einbindung im Projekt ist er permanent über die Entwicklung des Produktes informiert. Sie liefern ihm das **Business Value.**

SCHRITT 10 = 2. PRODUKTENTWICKLUNG

Nach dem Meeting mit Dr. Auweh und den daraus resultierenden Veränderungen, ermitteln Sie mit Ihrem Projektteam die weiter Vorgehensweise. Alle bereits genutzten agilen Werkzeuge behalten ihre Gültigkeit, werden aber auf den aktuellen Stand gebracht. Zu beachten ist jetzt: Sollten Sie aus der aktualisierten Planung Erkenntnis erhalten, nicht alle Anforderungen innerhalb des ersten Zeitplans erledigen zu können, halten Sie umgehend Rücksprache mit dem Kunden, Dr. Auweh. Möglichkeiten auftretender Probleme nach der Planungsänderung könnten zum Beispiel sein:

Teilprojekte, die Dr. Auweh als nicht so wichtig ansieht, werden auszulagern und in ein neues, dem ursprünglichen Projekt ergänzendes Projekt aufgenommen und später erledigt.

Ergebnis: Der Erstauftrag wird zwar reduziert, der Zeitplan aber eingehalten. Der Folgeauftrag wird neu geplant und terminisiert. Das Gesamtbudget reduziert sich nicht.

Anforderungen, die man durchaus als „Luxus“ bezeichnen kann, werden komplett gestrichen.

Ergebnis: Das Budget des Erstauftrages reduziert sich, der Zeitplan wird eingehalten.

Hier zeigt sich ein wesentlicher Unterschied zum klassischen Projektmanagement. Beim agilen Projektmanagement reduzieren Sie die zwar die Anforderungen, halten aber trotzdem einen geplanten Termin ein und stellen den Kunden weiterhin zufrieden. Im klassischen Projektmanagement würden Sie die Anforderungen (auch Meilensteine genannt) verändern, damit aber auch den Zeitplan verschieben.

SCHRITT 11 = WEITERE PRODUKTENTWICKLUNG

Im Laufe des Gesamtprojektes stehen Sie im ständigen Austausch mit Dr. Auweh. Sie gleichen ständig die Anforderungen mit dem Kunden ab und nähern sich damit kontinuierlich dem Produkt, das der Kunde wirklich einsetzen kann. Hier zeigt sich ein weiterer Vorteil gegenüber dem klassischen Projektmanagement. Das Agile Projektmanagement beinhaltet „bewegliche“ Projektanforderungen, das bedeutet, sie können jederzeit angepasst werden. Am Anfang des Projektes vielleicht noch unklar, am Ende jedoch eindeutig.

SCHRITT 12 = TEST DES PRODUKTES

Vor Übergabe an den Kunden testen Sie, gemeinsam mit Ihrem Team, das komplette Produkt.

Bei der Übergabe und der Präsentation beim Kunden muss jetzt alles funktionieren und den Kunden zufriedenstellen.

SCHRITT 13 = ÜBERGABE DES PRODUKTES

Sie haben gemeinsam mit Ihrem Team das Produkt fertiggestellt und terminisieren mit Dr. Auweh den Übergabetermin. Zu diesem Termin stellen Sie das Produkt in den Räumen des Kunden vor. Sollten jetzt wirklich, oder auch noch zukünftig, weitere Ergänzungen gewünscht werden, im Regelfall durch die Mitarbeiter des Kunden, können diese nur in einem ergänzenden Auftrag erledigt werden. Diesen Auftrag sollten Sie, analog der gespielten elf Schritte, abwickeln, aber natürlich in der agilen Variante.

BEISPIEL - ENDE

Scrum als Teil des Agilen Projektmanagements

Den Umgang mit einem agilen Projektmanagement kann man erlernen. Die nachfolgende Übung können Sie mit Mitarbeitern eines Unternehmens spielerisch erarbeiten und sie kann in jedem Besprechungs- oder Schulungsraum durchgeführt werden. Sie selbst sind in diese Schulung integriert. Das Ziel ist es, spielerisch agile Prozesse kennenzulernen und diese auch zu verstehen. Einfache Hilfsmittel ersetzen manuelle Bauaktivitäten auf einer Baustelle. Für diese Schulungsmaßnahme müssen Sie agiles Projektmanagement bereits erlernt haben.

Die Aufgabenstellung lautet:
Errichtung einer 24-Zimmer-Villa, einer angeschlossenen Garage mit 4 Stellplätzen, einem separaten Wintergarten von 60 qm Größe, einem Außenpool mit einer Länge von 25 m und einem Tennisplatz mit 2 Spielflächen.

Vorausgesetzt ist, auch erkennbar an den deutlichen Vorgaben, dass ein intensives Vorgespräch mit dem Auftraggeber stattgefunden hat.

Arbeitsmaterial:
Zur Bewältigung dieser Aufgabe wird den Mitarbeitern diverses Arbeitsmaterial ausgehändigt.

- div. Kartonkarten
- Klebeband, Klebestift
- farbige Kartonkärtchen

Zeitbedarf
Mindestens 2 Tage.

Vorgabe:

Sie (Leser) werden in diesem Beispiel sowohl in die Person des Scrum Masters als auch in die Funktion des Product Owners versetzt

BEISPIEL - START

Sie sind in diesem Beispiel bereits agil versiert und anders, als die Mitarbeiter, bereits in den Ablauf eingearbeitet. Für Schulungsmaßnahmen müssen Sie damit am Anfang in eine "Moderatoren-Funktion" schlüpfen und die ersten fünf Punkte als IST-Zustand berichten. Sie sind ja über alles informiert und geben dies quasi als Einstand des Projektes an die Mitarbeiter weiter. Ab Schritt 6 übernehmen Sie die Funktion des Scrum Masters und wirken beratend ein. Zusätzlich spielen Sie auch den Kunden, Herrn Reiche. Selbstverständlich kann es vorkommen, dass Teilnehmer der Schulung Fragen stellen. Beantworten Sie diese, achten aber darauf, dass keine langen Diskussionen entstehen.

1.

Sie wurden bereits vor einigen Tagen von Ihrem Vorgesetzten, Herrn Schlau, in sein Büro gerufen. Dort hat er Sie über folgendes informiert. Ihr Unternehmen hat einen neuen Auftrag erhalten. Herr Reiche, ein angesehener Geschäftsmann aus der Region, möchte sich und seiner Familie ein neues Domizil bauen lassen. Ihr Chef, Herr Schlau, möchte dieses Projekt mit einem agilen Projektmanagement und der Methode Scrum abwickeln. Da Sie bereits Erfahrungen mit einem agilen Projektmanagement und auch Scrum haben, ernennt Sie Herr Schlau zum Projektbeauftragten, agil ausgedrückt zum Scrum Master. Sie nehmen diese Ernennung an und machen sich umgehend an die Realisierung des Projektes.

2.

Sie melden sich am nächsten Tag telefonisch bei Herrn Reiche und bitten um ein Gespräch. In diesem Gespräch möchten Sie die Vorstellungen und Wünsche von Herrn Reiche ergründen.

3.

Das Gespräch mit Herrn Reiche findet am nächsten Tag statt. Sie lassen sich alle Vorstellungen und Wünsche von Herrn Reiche bis ins kleinste Detail erläutern. Diese Infos notieren Sie sich in einem Gesprächsprotokoll.

>> Sie nutzen die beiden ersten Techniken des Agilen Projektmanagements: Persona = Kundenperspektive und Use Care = Kundenwünsche.

4.

Sie stellen sich nunmehr aus den Mitarbeitern des Unternehmens ein mögliches Team auf dem Papier zusammen. Ihre Wahl trifft dabei auf Mitarbeiter, die bereits Erfahrung im agilen Management vorweisen können und Mitarbeiter, die

Erfahrungen im Bereich Baugewerbe haben. Sie legen sich auch bereits auf den Projektleiter fest.

Ihre erste Wahl besprechen Sie noch am Nachmittag des Tages mit Ihrem Chef ab. Beim Gespräch geht es um die Einschätzung, ob sich die ausgewählten Mitarbeiter mit dem Unternehmen identifizieren können und ob sie bisher ihre Tätigkeit sehr selbstbewusst und zielorientiert erledigt haben.

5.

Sie rufen die ausgewählten Mitarbeiter am Vormittag an und bitten Sie für den Nachmittag des nächsten Tages in den Konferenzraum. Sie informieren bei diesem Meeting über das Projekt, über das Verfahren der Abwicklung, über die Zeitleiste, über das Budget und (ganz wichtig!) den Grund, warum jeder Einzelne für diese Arbeit ausgewählt wurde. Alle Mitarbeiter zeigen sich begeistert und die Start-Up Sitzung wird für die nächsten 2 Tage vereinbart. Dabei sollen alle Schritte eines Agilen Projektmanagements durchlaufen werden.

Sie haben den nächsten Schritt im agilen Projektmanagement definiert (Definition oder Initiierung). Alle Rahmenbedingungen für einen Projektstart liegen nun vor.

6.

Die Schulung beginnt (1. Tag)
Sie erwähnen mit keinem Wort den Ablauf eines Agilen Projektmanagements. Die Mitarbeiter sollen spielerisch dazulernen. Um den Meinungsaustausch innerhalb der Mitarbeiter zu fördern, bitten Sie, dass sich drei gleichstarke Gruppen bilden. Die Zusammensetzung überlassen Sie den Teilnehmern. Alle Gruppen arbeiten dann parallel.

Sie stellen sich als Projektverantwortlichen (Nicht Product Owner) vor und erläutern im Detail die Anforderung des Kunden. Sie berichten, dass dieses Projekt in vier Phasen abgewickelt werden soll. Die Phasen lauten Planung > Bauen > Review > Retrospektive.

7.

Es beginnt die erste Phase, die Planung. Die drei Gruppen erhalten den Auftrag, die vom Kunden gestellte Anforderung (24-Zimmer-Villa, Garage mit 4 Stellplätzen, separater Wintergarten, Außenpool und Tennisplatz) in einen Flächenbedarf nachzustellen und die Gebäude und Außenanlagen spielerisch darzustellen. Das Ergebnis soll Ihnen dann um 13:00 Uhr vorgestellt werden. Sie greifen in dieser Phase nicht ein, werden aber feststellen, dass die Mitarbeiter in den drei Gruppen planen, wieder verwerfen, erneut planen, sich untereinander austauschen und es einige Zeit in Anspruch nimmt, bis jede Gruppe ihr Ergebnis präsentieren kann. Diese Ergebnisse beinhalten bereits auch den Innenausbau.

Bei der Präsentation der Ergebnisse werden Sie eine weitere Erfahrung machen. Jede Gruppe hält das eigene Modell für das Beste. Aber nur eins kann umgesetzt werden. Nun beginnt das Spiel von vorne. Die drei Gruppen müssen sich auf ein Modell einigen.

Ein weiterer Schritt eines Agilen Projektmanagements. Probleme, Störungen und Änderungen müssen innerhalb des Teams geregelt werden.

Die drei Gruppen entwickeln sich in dieser Entscheidungsphase zu einem Team. Es wird noch etwas verändert bzw. korrigiert, aber am Schluss findet sich das Modell, das alle Mitarbeiter favorisieren. Dieses Modell wird Ihnen dann vorgestellt.

Die nächsten Schritte eines Agilen Projektmanagements sind eingeleitet. Der Meinungs- und Ideenaustausch untereinander findet statt. Alle Teammitglieder stehen hinter dem Projekt und entscheiden völlig gleichberechtigt.

Um das Projektmanagement zu starten, fehlt noch die Besetzung des Projektleiters, dem Product Owner.

Die Festlegung auf eine Person könnten Sie in Ihrer Funktion als Scrum Master selber vornehmen, besser wäre es aber, Sie lassen das Team darüber entscheiden. Nach einer kurzen Erläuterung zu der Funktion (auch hier nicht auf die Agilität hinweisen) des „Projektleiters“ lassen Sie das Team diese Person / Funktion bestimmen.

Alternativ:
Sie können diese Planungssituation noch etwas „erschweren“ indem Sie vorgeben, welche Gebäudetypen geplant werden sollen. Diese Maßnahme erhöht natürlich den Austausch in den Teams und folgend unter den Teams. Beispiel: Haupthaus mit 1 oder 2 Etagen, mit Spitz- oder Flachdach. Ebenso die Garagenform. Der Wintergarten komplett verglast, einseitig gemauert, mit Flachdach oder Spitzdach. Bei dieser Variante werden natürlich mehrere Ergebnisse präsentiert, eben für jeden Gebäudetyp eins.

8.

Jetzt soll die Übung in die nächste Phase gehen, in das Bauen.
Es kommen jetzt die bereitgestellten Arbeitsmaterialien zur Geltung, aus denen die festgelegten Gebäude gebaut werden. Wenn mehrere Gebäudetypen vorgegeben waren, werden natürlich auch mehrere gebaut. Diese Situation dient nicht nur dazu, einen ersten Eindruck auf die Ansicht des Produktes zu gewinnen. Jetzt muss auch der Auftraggeber, Herr Reiche, einbezogen werden. Die Person Herr Reiche übernehmen Sie.

Wir gehen jetzt einmal von der besten Ausgangssituation aus: Herr Reiche ist von den Entwürfen begeistert. Sowohl die Gebäudetypen als auch der Innenausbau begeistern ihn und er erteilt sein Einverständnis zur Umsetzung.

Alternativ:

Sie, in Person Herr Reiche, sind nicht begeistert. In diesem Fall muss der Product Owner die Änderungswünsche von Herrn Reiche einholen und das Procedere der Planung beginnt von vorne. Diesmal allerdings nicht mehr in drei Teams, sondern nur noch im Gesamtteam. (z.B. Maurer-, Klempner-, Elektroarbeiten usw.)
Jetzt einmal weiter mit der besten Ausgangssituation. Um die Anforderung des Kunden jetzt in die Wirklichkeit umzusetzen, plant der Product Owner, verantwortliche Mitarbeiter für bestimmte Teilfunktionen innerhalb der Bautätigkeiten (z.B. Maurer-, Klempner-, Elektroarbeiten usw.) zu bestimmen.

Eingreifen:

Jetzt müssen Sie, um die Schulung in die agile Richtung zu lenken, eingreifen. Sie übernehmen kurzzeitig wieder die Funktion des Scrum Masters und schlagen für eine bessere Übersicht der Aktivitäten vor, diese an einer Wandtafel zu signalisieren. Sie erklären kurz die Anwendung dieses Boards. Der Product Owner verteilt darauf diese farbigen Kartonkarten und die Projektteilnehmer vermerken darauf ihre Aufgaben und den aktuellen Stand. Letzteres kann nur mit „aktuell anstehend" vermerkt sein. Weiterhin vereinbaren Sie mit dem Team ein tägliches Meeting, 08:30 Uhr, mit einer maximalen Zeitspanne von 10 Minuten.

Weiterer Schritte eines agilen Projektmanagements. Task Board und Teammeeting.

9.

Die Teammitglieder machen sich an die Arbeit. Sie organisieren spielerisch die Handwerker, vereinbaren Termine und beobachten den Baufortschritt. Alle Aktivitäten werden auf dem Task Board vermerkt, besser gesagt die Kartonkarten werden aktualisiert und in Richtung Fertigstellung verschoben.

Sowohl Sie, aber vorrangig der Product Owner beobachten die Aktivitäten. Er stellt fest, dass die ersten Teammitglieder mit ihren Aktivitäten fertig oder zumindest fast fertig sind. Nun sollen die übrigen Vorgaben des Kunden umgesetzt werden (Außenpool, Tennisplatz). Diese Aktivitäten werden den Mitarbeitern zugeteilt, die sich mit ihren Aufgaben dem Ende nähern. Auch dies wird auf dem Task Board gepflegt.

10.

Das Projekt nähert sich dem Ende. Der Product Owner möchte ein erstes Resümee ziehen. Er setzt ein Meeting an, bei dem die Teammitglieder ihren Eindruck und Gefühle ausdrücken können. Ausdrücklich möchte der Product Owner auch erfahren, ob es Verbesserungsvorschläge für zukünftige Projekte gibt.

Sie befinden sich im Review des agilen Projektmanagements.

An diesem Punkt werden Sie feststellen, dass so mancher Mitarbeiter unbewusst mit agilen Argumenten hervorsticht. Wenn dies der Fall ist, hat dieses „Spielchen" seinen Sinn erfüllt.

11.

Kommen wir zum letzten Schritt, dem Abschluss des Projektes. Der Product Owner trifft sich mit Herrn Reiche (Sie) und übergibt ihm das Endprodukt (das mittels Pappe und Klebeband erstellte Areal). Nach der Übergabe trifft sich der Product Owner im Beisein des Scrum Masters und berichtet von der Übergabe. Er weist noch einmal auf den abgeschlossenen Prozess und dessen Einzelschritte hin, bedankt sich bei den Teammitgliedern und freut sich auf das nächste Projekt.

BEISPIEL - ENDE

Kanban

WAS BEDEUTET KANBAN

Ganz einfach gesagt ist Kanban der vereinfachte Einstieg ins agile. Es ist eine weitere, eigenständige Methode im agilen Projektmanagement, kann aber auch in Verbindung mit Scrum eingesetzt werden. Kanban legt das Augenmerk auf die Visualisierung eines Prozesses. Das Wort Kanban ist ein Kunstwort und ist aus den japanischen Worten „kann" und „ban" zusammengesetzt. Die Bedeutung ist ungefähr „Signalkarte". Kanban wurde ursprünglich in den 40er Jahren des letzten Jahrhunderts in Japan, bei der Firma Toyota für die Fertigung entwickelt. Was heute, insbesondere in der Automobilindustrie selbstverständlich und im Allgemeinen als „Just-in-time" bezeichnet wird, war zur damaligen Zeit ein Meilenstein in der Unternehmenswelt. Das erste Mal wurde die Produktion nicht auf vorher festgelegte Mengen festgelegt, sondern der Kundennachfrage angepasst.

Erreicht wurde es mit einfachen Signalkarten, die in der Produktion anzeigten, ob ein Artikel vorrätig, ausgängig oder bestellt ist. Kanban ist also einfach formuliert ein Tool zur Beschaffung von Bauteilen, etwas wissenschaftlicher erklärt ein Steuerungswerkzeug für Produktionsprozesse. Mittlerweile findet Kanban aber immer mehr Einsatz in unterschiedlichsten Unternehmensbereichen, vorrangig im Softwarebereich. Natürlich geht es im Softwarebereich nicht mehr um Produktionseinheiten. Im agilen Prozessmanagement steuert Kanban die Abwicklung der Aufgaben des Projektteams. Einfach formuliert: Erst wenn die Aufgabe abgearbeitet ist, wird eine weitere angegangen. Ein weiterer Zweck von Kanban ist das Vermeiden von Störeffekten, die zu wertmäßigen Verlusten führen könnten. Das eigentliche Ziel von Kanban ist es, einen Wertzuwachs für den Kunden zu realisieren, ohne dabei eine Budgetüberschreitung einzugehen. Um Kanban im agilen Projektmanagement visuell einzusetzen, nutzt man das Kanban-Board.

Kanban und Scrum können durchaus zusammen genutzt werden. So kann Spring Backlog das führende Board sein, Kanban dagegen als Unterboard, z.B. für kleinere Maßnahmen innerhalb eines Hauptentwicklungsschrittes dienen. Kanban wird in vier Grundprinzipien und sechs Praktiken unterteilt.

KANBAN PRINZIPIEN

Prinzip 1: Starte mit dem, was Du zurzeit gerade erledigst
Kanban erfordert keine besonderen Prozess-Voraussetzungen. Es kann jederzeit in ein Projektmanagement eingeführt werden und deckt sofort Schwachpunkte auf. Es kann somit unkompliziert in jedem Unternehmen angewandt werden.

Prinzip 2: Ausbleibende Steigerungen verfolgen
Mit der Kanban-Methode erreicht man Steigerungen des aktuellen Prozesses ohne großen Widerstand. Änderungen in einem Prozessverlauf lösen im Regelfall bei Teammitgliedern Unsicherheiten aus. Das vermeidet Kanban.

Prinzip 3: Aktuelle Prozesse, Rollen, Verantwortlichkeiten berücksichtigen
Alle Verantwortlichkeiten, Prozesse, Rollen und die Beibehaltung einzelner Prozessschritte lässt Kanban unberührt. Umfassende Änderungen werden generell nicht zugelassen, um Ängste zu vermeiden, die den Entwicklungsprozess aufhalten oder behindern.

Prinzip 4: Die Verantwortung zur Führung auf allen Ebenen ermutigen
Die besten Führungsqualitäten zeigen sich in den alltäglichen Verhaltensmustern der Teammitglieder. Dabei müssen alle Projektteilnehmer ständig kontinuierliche Verbesserungen an ihrem Wirken umsetzen. So erreicht ein Projektteam eine optimale Leistung.

KANBAN PRAKTIKEN

Jedes Unternehmen muss bei der praktischen Nutzung der Kanban-Methode im Vorfeld genaustens prüfen, dass bei der Einführung wichtige Praktiken erfüllt sind oder werden.

Die nachfolgend aufgeführten sechs Praktiken führen mit Sicherheit zum Erfolg.

Praktik 1: Der automatisierte Geschäftsprozess muss sichtbar gemacht werden
Will man Kanban einsetzen, muss vorausgesetzt werden, dass der aktuelle Geschäftsprozess (Workflow) genau verstanden wird. In wenigen Worten gesagt: Man muss wissen, wie entsteht aus einem Plan oder einer Anfrage ein fertiges

Produkt. Erst dann kann durch Anpassung oder Veränderung ein optimiertes Produkt fertiggestellt werden

Um diesen veränderten Prozess mit Kanban sichtbar zu machen, benötigen Sie das Kanban-Board mit den dazugehörigen Spalten und den Kanban-Karten. Die Spalten auf dem Kanban Board dienen dabei für jeweils einen Schritt in dem Geschäftsprozess, als Workflow bezeichnet. Jede Kanban-Karte entspricht einem Prozessschritt. Beim Start des Prozesses befinden sich die Karten links, in der Spalte „To Do" (Beginn) und wandern je nach Erledigungsstand nach rechts über eventuelle Zwischenspalten „In Progress" (in Bearbeitung) bis maximal in die Spalte „Done" (Erledigt).

Dadurch werden der aktuelle Stand und Fortschritt verfolgt und eventuelle Engpässe können entdeckt werden. Dem Letzteren muss dann entsprechend gegengesteuert werden.

Praktik 2: Die aktuelle Arbeit begrenzen

Die größten Störfaktoren im Prozess sind das ständige Umschalten zwischen verschiedenen Aufgaben, sowie ein durchgehendes Multitasking. Die laufende Arbeit muss daher so begrenzt werden, dass die Projektteilnehmer sich auf die machbaren Aufgaben gezielt konzentrieren können. In der Kanban-Literatur bezeichnet man diese Praktik als WIP (Work-in-Progress-Limits). Ohne diese WIP funktioniert kein Kanban!!!

Um zu gewährleisten, dass die laufende Arbeit sich bei den Projektteilnehmern nicht schleichend zum Problem entwickelt, begrenzt man die WIP. Eingesetzt wird dabei ein sogenanntes Pull-System. Bei diesem System wird die maximale Belastung eines Projektteilnehmers festgelegt. Somit kann nur dann mit einem neuen Arbeitsschritt begonnen werden, wenn wieder neue Kapazität zur Verfügung steht. Störungen werden rechtzeitig erkannt und können behoben werden.

Praktik 3: Workflow Management

Der Hauptgrund beim Einsatz des Kanban-Systems in einem Projektmanagement, liegt in der Implementierung einer reibungslosen Abarbeitung für die einzelnen Prozessschritte. Dadurch soll eine hohe, aber auch gleichbleibende Geschwindigkeit im Gesamtprozess erreicht werden. Resultierend daraus sollte sich eine kurzfristige Wertschöpfung des Produktes ergeben. Im Nebeneffekt sollen ungeplante Verzögerungen vermieden und dadurch entstehende Kosten minimiert, zumindest kalkulierbar werden.

Praktik 4: Prozessrichtlinien ausformulieren

Eine allgemeine Weisheit besagt, dass man nur verbessern kann, was man im Vorfeld auch versteht. Deshalb muss der Ablauf im Projektmanagement auf das Genaueste definiert und innerhalb des Teams nicht nur abgesprochen, sondern auch akzeptiert sein. Kein Mensch begeistert sich für eine Aufgabe, die er nicht nachvollziehen kann. Das ist bei den Teammitgliedern innerhalb eines Projektteams nicht anders und wird den gesamten Prozess behindern. Entscheidungen zu treffen und damit positive Veränderungen des Prozesses herbeizuführen, wird somit ausbleiben.

Praktik 5: Feedbackschleifen

Um positive Veränderungen zu erreichen und diese auch kontinuierlich in den Prozess einzubringen, benötigt man ein weiteres, allgemein bekanntes Hilfsmittel, das Teammeeting als individuellen Gedankenaustausch. Der Grundgedanke für ein derartiges Meeting resultiert aus einem Baustein der Lean-Philosophie. Bei dieser Philosophie geht es um die Optimierung innerhalb einer Organisation, in der jeder einzelne Mensch selbst gestaltend einwirkt, unter anderem mit einer grundlegend positiven Denkweise für die Prozesse und Strukturen des Projektes. Diese Meetings bezeichnet man im Kanban-System als Feedbackschleifen. Das kann zum Beispiel das tägliche Stand-Up-Meeting für die Team-Synchronisierung sein. Vor dem Kanban-Board berichtet jedes Mitglied des Teams den anderen, was heute ansteht, Tags zuvor erledigt wurde und heute angefangen wird. Die Dauer derartiger Meetings sollte die Gesamtzeit von 15 Minuten nicht überschreiten. Bei sehr großen Teams und äußerst umfangreichen Projekten kann ein Meeting natürlich zeitlich etwas länger angesetzt werden.

Praktik 6: Die Zusammenarbeit verbessern

Nur die gemeinsame Vision, eine bessere Zukunft zu erreichen und das Verständnis, Probleme zu meistern, führen zu kontinuierlichen Verbesserungen bei den Prozessen in einem Unternehmen. Das ist erst einmal keine neue Weisheit, spiegelt aber den Grundgedanken in der Arbeit eines Projektteams wider. Teams, die sich mit den Aufgabenstellungen, mit deren Umsetzung, mit den Workflows, mit den Schwierigkeiten und Risiken, sowie dem Projektablauf im Ganzen, positiv identifizieren, entwickeln Gemeinsamkeiten, die dann zu einem positiven Erfolg im Projekt führen.

ARBEITEN MIT DEM KANBAN-BOARD

Das Arbeiten mit Kanban verändert bestehende Arbeitsweisen nicht. Es wird kein agiles Projektmanagement oder Scrum angepasst bzw. verändert. Auch alle Prozesse, Rollen, Methoden, Techniken und die Größe des Projektteams bleiben erhalten.

Wofür dann also Kanban? Das Ziel von Kanban ist der stetige Wandel zu Ablaufoptimierungen und der daraus zu erwartenden wirtschaftlichen Wertschöpfung. Doch genauso wie bei Scrum sieht Kanban den Menschen im Mittelpunkt des Prozesses, denn genau diese streben nach Verbesserungen. Ein vorhandenes System kann grundsätzlich keine Verbesserungen erreichen. Kanban-Projektteams arbeiten nach vier Prinzipien.

Kurz gesagt: Kanban ist ein weiteres, ergänzendes agiles Werkzeug innerhalb eines Projektmanagements. Mit Kanban kann man gleichzeitig den Stand der Teamarbeit sichtbar machen und ggf. gleichzeitig verbessern. Für den Start mit Kanban benötigt man keine wochenlangen Schulungen oder Seminare. Auch speziell geschulte Moderatoren sind überflüssig. Ein ganz simples Whiteboard und ein Raum für ein kurzes Meeting reichen vollkommen aus. Das Board ist in drei Spalten aufgeteilt:

- angefordert
- in Bearbeitung
- erledigt

Der jeweilige Prozess-Stand kann dabei mittels einem einfachen „Post-It", besser mit einer Karte aus festem Karton (Kanban-Karte) ersichtlich gemacht werden. Das Augenmerk wird dabei auf die Menge der zu bearbeitenden Anforderungen gelegt. Diese legt man im Vorfeld des Projektes fest und sind mengen- und zeitmäßig nicht vorgegeben. Das unterscheidet das Kanban-Board von dem bereits angesprochenen Sprint Backlog im Scrum Verfahren. Hat das Projektteam freie Zeiten, holt es sich neue Aufgaben bzw. signalisiert diese neu auf dem Board. Jedes Teammitglied kann somit sehen, welche Prozesse bearbeitet werden, welcher Mitarbeiter daran arbeitet und welche Prozesse erledigt sind.

VORAUSSETZUNGEN FÜR DEN EINSATZ VON KANBAN

Grundsätzlich ist der Einsatz von Kanban an keine Grundvoraussetzungen geknüpft. Lediglich das Projekt muss zu Kanban passen und da es ziemlich einfach aufgebaut ist, passt es eigentlich für alle Projekte. Nur ist Kanban in den meisten Fällen mit seinem Portfolio nicht ausreichend. Allerdings wird aber auch eine große Anzahl von Projekten von sehr kleinen Teams und wenigen Mitarbeitern abgewickelt, die sich nur sehr selten in Vollzeit dem Thema annehmen können. Eine hochkomplexe Methode wie Scrum wäre in diesen Fällen nicht nur ungeeignet, auch die Grundvoraussetzungen für eine Arbeit mit Scrum wären nicht erfüllt.

Kanban ist jedoch auf derartige Konstellationen bestens zugeschnitten. Kleine Arbeitsschritte bzw. Arbeitspakete, leicht überschaubar, unabhängig voneinander planbar sind die idealen Voraussetzungen für den Einsatz von Kanban.

VOR- UND NACHTEILE VON KANBAN

Kanban und Scrum sind die beiden am meisten genutzten Methoden im Projektmanagement. Kanban wird dabei von einigen Projektteilnehmern als langweilig, unflexibel und sogar primitiv angesehen. Doch das stimmt so nicht! Durch die, im Vorfeld sehr genau definierten Vorgaben, kommen bei Kanban kaum falsche Schätzungen (Zeit, Budget etc.) und damit Projektfehler vor.

Vorteile von Kanban

- Flexible Verteilung der Projektrollen
- Jederzeit Übersicht auf den Gesamtprozess
- Kontinuierliche Pflege vom Gesamtprozess

Nachteile von Kanban

- Höherer Kontrollaufwand
- Möglicherweise fehlende Mitarbeiter-Disziplin

Weitere Agile Methoden

Zusätzlich zu den bereits beschriebenen agilen Arbeitsweisen, haben sich in den letzten Jahren eine Vielzahl weiterer Methoden entwickelt. Alle sind problemlos im agilen Projektmanagement einsetzbar. Nachfolgend sind einige, inklusive einer Kurzbeschreibung aufgeführt. Diese Methoden greifen teilweise ineinander.

Design Thinking

Hierbei handelt es sich um eine Methode, die sich mit der Entwicklung neuer Ideen und Produkte beschäftigt. Diese Methode weist viele Ähnlichkeiten zum agilen Projektmanagement auf. So werden z.B. kleine Projektschritte initiiert, um schnelle Teilerfolge zu erzielen. Wichtig ist der Kontakt zum Kunden und dessen Einbindung in das Projekt. Auch bei Design Thinking liegt das Augenmerk darin, die Vorstellungen des Kunden komplett zu erfüllen.

Der wichtigste Unterschied der beiden Arbeitsweisen liegt auf dem Weg zum Endprodukt. Während im agilen Projektmanagement die Kundenwünsche schon sehr genau definiert sind und damit das Projekt startet, kann Design Thinking mit deutlich unklareren Kundenwünschen starten. Häufig weiß man am Start fast nichts über das Ergebnis.

Design Sprint

Beim Design Sprint wird es schon etwas deutlicher als beim Design Thinking. Es enthält Methoden nicht nur aus dem Design Thinking, sondern aus vielen agilen Methoden. Es sind aber die Kundenwünsche etwas klarer, sodass daraus zunächst ein Musterprodukt entwickeln werden kann. Konzipiert ist der Sprint auf einen Zeitraum von fünf Tagen (Montag – Freitag). Innerhalb dieser Zeitspanne ist genau vorgegeben, was an welchem Tag zu welcher Zeit erledigt wird.

Holokratie

Hierbei handelt es sich um ein Konzept, in dem alle Mitarbeiter des Unternehmens transparent eingebunden sind. Alte, hierarchische Führungsstile wird man bei dieser Methode nicht finden. Die Mitarbeiter werden nicht mehr in den klassischen Rollen und Funktionen eines Gesamt-Unternehmens betrachtet. Sie werden in einer Vielzahl von überschaubaren Kreisen (Gruppen) aufgeteilt, in denen die Zuständigkeiten aber klar geregelt sind. Sollten diese Kreise (Gruppen) zu groß werden, können „Unterkreise" eingerichtet werden. Das Prinzip dabei ist, dass jeder Kreis Bestandteil eines anderen Kreises ist.

Holokratie stützt sich auf folgende Prinzipien:

- Selbstorganisation der Mitarbeiter
- Ideenfindung aus dem Wissensstand der Mitarbeiter
- Einsatz agiler Methoden
- Intelligente Entscheidungen in der Gruppe
- Übertragung von Verantwortung an alle Mitarbeiter

Lean Startup

Diese Methode dient dazu, herauszufinden, wie das aus dem Design Sprint entwickelte Musterprodukt getestet werden kann. Dabei wird, gemeinsam mit dem Kunden, ermittelt, was er nun genau wünscht. Danach wird das Produkt umgehend auf dem Markt angeboten. Sollte es dann floppen, wird es genauso schnell wieder aus dem Markt herausgenommen.

Das Lean Startup ist im Gegenteil zu den vorher erwähnten Methoden noch sehr jung. Diese Methode wurde entwickelt, um Start-Up Unternehmen mit geringem Kapital zu unterstützen. Mittlerweise wird diese Methode aber auch von etablierten Unternehmen genutzt.

Business Modell Vanvas

Bei dieser Methode haben wir bereits ein getestetes, damit fertiges Produkt und wollen es auf den Markt bringen. Dafür soll aber noch ein Business Plan erstellt und ein Geschäftsmodell konzipiert werden. Über eine gezielte Fragestellung wird dem Unternehmer der Einstieg in den Markt erleichtert.

Coaching Techniken für agile Teams

Für einen Projektleiter liegt die wichtigste Aufgabe einen Führungsstil vorzuleben, der auf Eigenverantwortlichkeit der Mitarbeiter setzt. Auch Gleichheit unter den Teammitgliedern, die Selbstorganisation und Meinungsfreiheit muss der Projektleiter unterstützen. Zusätzlich sind bewehrte Techniken hilfreich, um beispielsweise Konflikte zu beherrschen und die Kommunikation mit dem Auftraggeber optimal zu gestalten. Alle diese Techniken sind zusammengefasst in dem Überbegriff systemisch-lösungsorientiertes Coaching.

Einige interessante Techniken daraus sind:

Das lösungsorientierte Coaching.

Der Inhalt dieses Namens spiegelt bereits den Ansatz der Aktivität vor: lösungsorientiert. Es geht dabei darum, einem Mitarbeiter nicht bei der Lösung seines Problems zu helfen. Vielmehr sollen ihm mögliche Lösungsansätze aufgezeigt werden, die sein Problem beheben können. Man kann ja davon ausgehen, dass der Mitarbeiter sich mit seinem Problem bereits im Vorfeld beschäftigt hat. Der Mitarbeiter kann darin vermutlich als Fachmann bezeichnet werden. Nur nützt ihm das nicht besonders. Das lösungsorientierte Coaching soll dem Mitarbeiter dagegen möglichen Sichtweisen auf sein Problem darstellen und ihm so bei der Lösung unterstützen.

Systemisches Coaching

Das systemische Coaching zielt darauf ab, aufgabenbezogen und lösungsorientiert den Mitarbeiter in seiner ganzen Systematik zu sehen. Dazu muss man wissen, dass bei einem Mitarbeiter viele Elemente (Gedanken) in Wechselwirkung einwirken und ein scheinbar unlösbares Problem auslösen. Das systemische Coaching beeinflusst daher diese Wechselwirkungen und unterstützt dadurch die Problemlösung.

Lösungs- und systemisches Coaching können auch als gemeinsames Coaching eingesetzt werden!!!

Musterunterbrechung

Physiologisch betrachtet läuft das Denken beim Menschen in festen Mustern ab. Menschen, die sich belastend mit einem Problem beschäftigen, verfallen dann sehr schnell in eingefahrene Denkmuster. Sie drehen sich mit ihren Gedanken über das Problem quasi im Kreis. Dabei erarbeiten sie keine vernünftigen Lösungsansätze. Menschen sind in diesem Moment nicht nur mit dem eigentlichen Problem beschäftigt, sie sind auch für alle anderen anstehenden Aufgaben blockiert. Ziel des Coachings ist in diesen Fällen, die Denkweisen des Mitarbeiters und den damit entstandenen Kreislauf zu unterbrechen. Er wird aus einem problemorientierten Denkmuster zurück in ein lösungsorientiertes Denkmuster zurückversetzt. Das vorhandene Denkmuster wird somit unterbrochen. Daher die Bezeichnung „Musterunterbrechung".

Askese

Diese Coaching-Methode basiert auf der Erkenntnis, dass der Mitarbeiter nicht nur sein Problem am besten kennt, sondern auch das nötige Wissen besitzt, dieses Problem zu lösen. Lediglich, das Problem aus der richtigen Perspektive zu betrachten, erreicht der Mitarbeiter nicht. Hierbei hilft der Coach, wobei er selbst keine eigenen Aktivitäten zum Lösen des Problems unternimmt. Der Coach verzichtet dabei auf eine eigene Lösung des Problems. Askese = Verzicht.

Ressourcenfokussierung

Häufig ist die Wahrnehmung des Problems beim Mitarbeiter eingeschränkt. Das Problem wird von unzähligen Varianten beherrscht und das Problem scheint immer grösser und umfangreicher zu werden. Der Mitarbeiter ist nicht mehr handlungsfähig. Die Aufgabe des Coaches besteht jetzt darin, dem Mitarbeiter wieder seine Stärken und Fähigkeiten ins Bewusstsein zu rufen und damit das Problem wieder „verständlicher" zu machen.

Scrum mit mehreren Teams

Bisher wurde das Thema Agiles Projektmanagement aus dem Sichtfeld eines Entwicklungsteams betrachtet. So ist auch der Scrum-Guide inhaltlich auf ein Entwicklungsteam ausgerichtet. Erwähnt wurde auch schon, dass die Idealbesetzung eines Entwicklerteams neun Personen nicht überschreiten sollte. Was aber, wenn das Gesamtprojekt so groß ist, dass ein Team nicht ausreicht? Ist Scrum überhaupt geeignet, größere Aufträge abzuwickeln? Hier heißt die Antwort ganz klar: ja, es ist geeignet. Das Projekt muss in diesem Fall in Einzelprojekte aufgeteilt werden und mehrere Teams zum Einsatz kommen. Dieses Verfahren nennt sich „skalierendes Scrum" (scalae (lat.) = Leiter, Treppe, Stufe) und bedeutet die Vergrößerung des Aufgabenfeldes.

Beim Einsatz mehrerer Teams müssen aber einige Voraussetzungen eingehalten werden. Das Erreichen des Projektziels bleibt einzig, soll bedeuten, dass die Teams nicht parallel am gleichen Prozess arbeiten. Ein mögliches Sicherheitsdenken nach dem Motto, „Einer wird es schon rechtzeitig schaffen", greift hier nicht. Der Zeitfaktor des Projektes bleibt auch bestehen, das Volumen des Auftrags ebenfalls.

Es macht also Sinn, jedes einzelne Team mit Einzelschritten des Projektes zu betrauen. Diese Teams müssen synchronisiert arbeiten und die Zuarbeiten für das Gesamtprojekt müssen abgestimmt werden, um das Projektziel störungsfrei zu erreichen.

Das agile Projektmanagement wird ständig angepasst und gemäß den Erfahrungen verbessert. Auch für das Framework Scrum trifft dies zu. Für die Einbindung mehrerer Teams entstanden im Laufe der Jahre Rahmenwerke zur optimalen Steuerung der Teams. Die bekanntesten sind:

- Large-Scale Scrum (LeSS)
- Scaled Agile Framework (SAFe)
- Nexus Framework

Large-Scale Scrum

Large-Scale Scrum wurde gezielt für den Einsatz vieler Teams konzipiert, die an einem Projekt arbeiten. Zwei eigene Frameworks sorgen dafür, dass Scrum für sich sehr schlank aufgeteilt bleibt. Man unterscheidet das Framework LeSS (2-8 Teams) und LeSS Huge (> 8 Teams). Einige Benennungen ändern sich, die Funktionen bleiben überwiegend die gleichen. So wird z.B. aus dem

Entwicklungsteam ein Feature-Team. Es bleiben aber auch einige Bezeichnungen identisch, z.B.: Product Owner, Product-Backlog oder Sprint.

Scaled Agile Framework

Dieses Framework wurde entwickelt, um die Agilität in einem auch in einem sehr großen Unternehmen einzusetzen. Genutzt werden dabei die Methoden Scrum und Kanban. Der Aufbau besteht aus drei Ebenen, in denen Teams (als Feature-Teams) selbständig arbeiten.

Diese Teams nutzen die bekannten Scrum Rollen Entwicklungsteam, Scrum Master und Product Owner.

- Ebene 1 = Teamebene

Mehrere Feature-Teams arbeiten u. A. mit Scrum und Kanban

- Ebene 2 = Programmebene

Mehrere SAFe Agile Team bilden auf dieser Ebene einen sogenannten Agile Release Train. In etwas längeren Sprints wird ein Produkt Schritt für Schritt entwickelt.

- Ebene 3 = Portfolioebene

Auf dieser Ebene werden mehrere Projektschritte analysiert, terminisiert und an die Agile Release Train zur Umsetzung zurückgegeben. Auf dieser Ebene kommt auf jeden Fall Kanban zum Einsatz.

Nexus Framework

Hierbei werden die Abhängigkeiten für bis zu neun Scrum-Teams koordiniert und in Einklang gebracht. Ausgegangen wird von einem einzigen, für alle Teams geltenden, Product Backlog. Neu ist das Nexus Sprint Backlog, in dem die Aufgaben aller Teams aufgelistet sind.

Nexus wurde unter dem Aspekt entworfen, im Projektmanagement klein zu starten und langsam zu wachsen. Auch Nexus nutzt die Bezeichnungen Scrum Master und Product Owner (einer für alle Teams!)

Zu bemerken ist noch. Dass in allen drei Frameworks von einem Product-Owner gesprochen wird. In LeSS und Nexus jeweils einer gesamt, in SAFe einer pro Team. Im Scrum Guide wird dessen Funktion deutlich beschrieben. Nicht vorgesehen ist darin die Situation bei SAFe mit einem Product Owner pro Team. Doch beim genauen nachlesen wird klargestellt, dass der Product Owner in einem Großprojekt mit mehreren Teams einige seine Aufgaben, z.B. Backlog Pflege durch das jeweilige Entwicklungsteam erledigen lassen kann.

Wie sieht es aber im gleichen Zug mit dem Scrum Master aus. Hierzugibt es keine pauschale Aussage, lediglich die Aufgabenbeschreibung des Scrum-Masters lässt Rückschlüsse zu. Er hat zum überwiegenden Teil Coaching-Aufgaben zu erledigen. Besteht die Teams nun aus Spezialisten, kann er sicherlich mehrere Teams betreuen. Ist die Qualifikation er Teammitglieder nicht so hoch anzusetzen, kann es von Vorteil sein, einen weiteren Scrum Master einzusetzen. Wichtig dabei ist aber die einheitliche Innen- und Außendarstellung dieser Personen. Bei der Aufteilung der Projektmitarbeiter auf verschiedene Teams ist besonderes Augenmerk von Nöten.

Der größte Fehler dabei dürfte die Aufteilung nach Organisationseinheiten des Unternehmens sein. Große Unternehmen haben im Regelfall eine Marketing-, eine Einkaufs-, eine IT, eine Entwicklungsabteilung usw. usf. Da jedes Entwicklungsteam bekanntlich interdisziplinär arbeiten soll, wäre eine gleichmäßige Aufteilung nach Fähigkeiten der Mitarbeiter die optimale Lösung. Dadurch wird kein Team bei der Entwicklung der Teil-Produkte Zeit verlieren. Die Zusammenführung aller Teil-Produkte ist zum Schluss mehr als einfach.

Natürlich gibt es auch hier wieder die Ausnahme vom Idealfall. Wir alle nutzen hier und da einmal ein Reiseportal im Internet. Zu buchen gibt es Reisen, Übernachtungen, Kreuzfahrten, Flüge usw. Stellen Sie sich jetzt einmal als Auftrag die Programmierung eines neuen Reiseportals vor. Da bietet es sich ja geradezu an, Entwicklungsteams nach Organisationsgedanken aufzustellen. Da kümmert sich das eine Entwicklungsteam um das Thema Übernachtung, das nächste um die Flüge, ein weiteres um die Übernachtung usw. Jedes Entwicklungsteam arbeitet bei diesem Beispiel ein separates Produkt aus. Dieses entstandene Produkt kann bereits separat eingesetzt werden oder wird am Ende der Zeitreise zu einem großen Ergebnis zusammengeführt. In dieser Konstellation wird es den angedachten Ideenaustausch nur zwischen den Entwicklern des Einzelprojektes geben, aber nicht teamübergreifend.

Wie sieht es mit Teams aus, die an untereinander entfernten Standorten arbeiten? Für ein agiles Arbeiten nicht ideal, ohne Frage. Es ist besonders schwierig, den Teamspirit unter den Teams zu schaffen oder aufrecht zu erhalten. Die Nähe zum Kollegen bzw. Mitarbeiter, das tägliche Meeting, sich dabei „in die Augen schauen", die Diskussionen: Alles nicht möglich!!! Das Ergebnis erlebt man in der Berufswelt immer wieder. Das Team am Ort „A" schimpft über das Team am Ort „B". Es ist eine Ausgangslage, wie sie in Konzernen durchaus vorkommen kann. Diese Situation ist auch keine besonders gute Empfehlung für den Einsatz eines Agilen Projektmanagements. Aber auch hierzu gibt es eine Lösung! Denken Sie an den Absatz zuvor: Das Reiseportal. Dabei gab es eine Trennung nach Fachgebieten. Dies kann auch in einem überregionalen Projektmanagement umgesetzt werden.

Lassen Sie einfach jedes Team, auch wenn es vom Kenntnisstand heterogen aufgestellt ist, an einem Teilprojekt arbeiten. Denken Sie daran, dass diese Situation auch an einem Standort mit mehreren Teams zutreffen wurde. Jetzt liegt eben nicht der Flur zwischen den Teams, sondern ein „X"-Km-Entfernung.

Fragen und Antworten

Zum Abschluss, nach der Menge an Informationen, finden Sie in dieses Handout noch einen entspannten Abschluss, ganz dem Grundgedanken für agiles Arbeiten. Nachfolgend kommen einige Fragen, zu denen Ihnen drei Antworten zur Auswahl stehen. Markieren Sie einfach die richtige Antwort oder die richtigen Antworten.

Sie erinnern sich an die Seite 4 dieses Hand-Outs und auf den Hinweis: **„Diese Passage bitte vorerst nicht beachten“.**
Das ist die Auflösung des kleinen Fragekatalogs.

Frage 1:
Was bedeutet das Wort „agil“ im Projektmanagement?

a) Es ist ein sportliches Event
b) Ein eigenverantwortliches Arbeiten ist möglich
c) Man erreicht schneller den Feierabend

Frage 2:
Wieviel Grundregeln bilden das Gerüst des agilen Projektmanagements?

a) 4
b) 7
c) 12

Frage 3:
Wieviel Phasen durchläuft jedes Projektmanagement?

a) 4
b) 7
c) 9

Frage 4:
Welche nachfolgende Aussage entspricht einem Irrtum im agilen Projektmanagement?

a) Agile Arbeiten kann man nur mit 1 Team
b) Agiles und hybrides Projektmanagement sind identisch
c) Agil ist schneller als traditionelles Projektmanagement

Frage 5:
Was versteht man unter dem Scrum Guide?

a) Einen Reiseführer für die Insel Scrum
b) Ein Regelwerk für die agile Methode Scrum
c) Einen Kautschukbaum

Frage 6:
Wie nennt sich das optische Hilfsmittel für die Anzeige aktueller Aufgaben?

a) Wake Board
b) Body Board
c) Task Board

Frage 7:
Wie nennt man das kurze, im Stehen stattfindende Mitarbeiter-Meeting?

a) Daily Scrum
b) Bulli Scrum
c) Stromboli

Frage 8:
Wie nennt man einen Teilabschnitt innerhalb des Projektmanagements?

a) Run
b) Sprint
c) Walk

BONUS-Notizen

Prozess-Richtlinien

To Do	Work in Progress	Done

To Do	Work in Progress	Done

Stand-Up-Meeting Tag 1

Stand-Up-Meeting Teilnehmer

#	Teilnehmer	Anwesend?	Grund für Abwesenheit

Stand-Up-Meeting Updates

#	Gestern	Heute	Hindernisse

Generelle Schwierigkeiten:

#	Schwierigkeit

Stand-Up-Meeting Tag 2

Stand-Up-Meeting Teilnehmer

#	Teilnehmer	Anwesend?	Grund für Abwesenheit

Stand-Up-Meeting Updates

#	Gestern	Heute	Hindernisse

Generelle Schwierigkeiten:

#	Schwierigkeit

Stand-Up-Meeting Tag 3

Stand-Up-Meeting Teilnehmer

#	Teilnehmer	Anwesend?	Grund für Abwesenheit

Stand-Up-Meeting Updates

#	Gestern	Heute	Hindernisse

Generelle Schwierigkeiten:

#	Schwierigkeit

Nützliche Adressen:
https://www.deutsche-startups.de
www.signo-deutschland.de
https://www.lda.bayern.de/media/muster/muster_9_online-shop_verzeich-
nis.pdf
https://www.e-recht24.de/impressum-generator.html
https://www.e-recht24.de/muster-disclaimer.html
https://www.e-recht24.de/muster-datenschutzerklaerung.html

https://www.kfw.de/inlandsfoerderung/Unternehmen/Gr%C3%BCnden-Nachfolgen/F%C3%B6rderprodukte/ERP-Gr%C3%BCnderkredit-Startgeld-(067)/
https://www.kfw.de/inlandsfoerderung/Unternehmen/Gr%C3%BCnden-Nachfolgen/F%C3%B6rderprodukte/ERP-Kapital-f%C3%BCr-Gr%C3%BCn-dung-(058)/
https://www.kfw.de/inlandsfoerderung/Unternehmen/Gr%C3%BCnden-Nachfolgen/F%C3%B6rderprodukte/ERP-Gr%C3%BCnderkredit-Universell-(073_074_075_076)/
https://www.de.digital/DIGITAL/Navigation/DE/Gruenderwettbewerb/gru-enderwettbewerb.html
https://www.exist.de/DE/Programm/Exist-Gruenderstipendium/inhalt.html
https://high-tech-gruenderfonds.de/de/
https://www.eif.org/
https://www.innoenergy.com/
https://www.fuer-gruender.de/businessplan-vorlage/preiskalkulation/
https://www.fuer-gruender.de/businessplan-vorlage/marketingtool-marke-tingbudget/
www.facebook.com/ads/tools/text_overlay

Impressum

Herausgeber: Pegoa Global Media GmbH / Am Sandtorkai 27 / 20457 Hamburg
Kontakt: kontakt@pegoamedia.de
Coverbild: Shutterstock

Haftungsausschluss:
Die Nutzung dieses Buches und die Umsetzung der enthaltenen Informationen, Anleitungen und Strategien erfolgt auf eigenes Risiko. Der Autor kann für etwaige Schäden jeglicher Art aus keinem Rechtsgrund eine Haftung übernehmen. Haftungsansprüche gegen den Autor für Schäden materieller oder ideeller Art, die durch die Nutzung oder Nichtnutzung der Informationen bzw. durch die Nutzung fehlerhafter und/oder unvollständiger Informationen verursacht wurden, sind grundsätzlich ausgeschlossen. Rechts- und Schadenersatzansprüche sind daher ausgeschlossen. Dieses Werk wurde sorgfältig erarbeitet und niedergeschrieben. Der Autor übernimmt jedoch keinerlei Gewähr für die Aktualität, Vollständigkeit und Qualität der Informationen. Druckfehler und Falschinformationen können nicht vollständig ausgeschlossen werden. Es kann keine juristische Verantwortung sowie Haftung in irgendeiner Form für fehlerhafte Angaben vom Autor übernommen werden. Die bereitgestellten Analysen, Vorschläge, Ideen, Meinungen, Kommentare und Texte sind ausschließlich zur Information bestimmt und können ein individuelles Beratungsgespräch nicht ersetzen. Alle Informationen dieses Buches entsprechen dem Kenntnisstand zum Zeitpunkt des Verfassens dieses Buches. Eine Haftung für mittelbare und unmittelbare Folgen aus den Informationen dieses Buches ist somit ausgeschlossen.
Informieren Sie sich weitläufig aus unterschiedlichen Quellen und bedenken Sie, dass am Ende nur Sie für die Entscheidungen verantwortlich sind.

Haftung für externe Links:
Unser Angebot enthält Links zu externen Websites Dritter, auf deren Inhalte wir keinen Einfluss haben. Deshalb können wir für diese fremden Inhalte auch keine Gewähr übernehmen. Für die Inhalte der verlinkten Seiten ist stets der jeweilige Anbieter oder Betreiber der Seiten verantwortlich. Die verlinkten Seiten wurden zum Zeitpunkt der Verlinkung auf mögliche Rechtsverstöße überprüft. Rechtswidrige Inhalte waren zum Zeit-punkt der Verlinkung nicht erkennbar.

Wir danken Ihnen für Ihr Interesse und Ihr Vertrauen. Als Dankeschön dafür, haben wir eine besondere Überraschung. Wir haben einen **grandiosen Guide der zu mehr Erfolg in Alltag und Beruf verhilft,** exklusiv für Sie. Und diesen erhalten Sie vollkommen kostenlos. Das klingt wunderbar? Dann warten Sie nicht lange und holen Sie sich Ihr Gratis-Geschenk.

Hier geht es zu Ihrem Gratis-Geschenk:

https://forms.gle/8MPHWgx1ZET791gy8

1. **Öffnen Sie die Kamera-App auf Ihrem Smartphone und richten Sie die Kamera auf den QR-Code.**
2. **Klicken Sie auf den Link, der Ihnen angezeigt wird und schon werden Sie zur Website weitergeleitet.**